大学基础化学实验

主　编　冯建成

副主编　肖厚贞　朱　莉　王华明
　　　　苗树青　朱文靖

主　审　张玉苍

中国科学技术大学出版社

内容简介

　　本书是为大学基础化学实验课而编写的适用教材,将具有基础性、综合性、设计性及研究性的实验整合到一起,从大学基础化学实验中的基本知识、常用实验技术及仪器入手,介绍了无机化学实验、分析化学实验、有机化学实验、物理化学实验、基础生物化学实验和仪器分析实验的基本原理与技能。内容涉及面广,可根据需要选做不同实验。

　　本书适用于普通高等学校农林学科、药学、制药工程、生物科学、生物技术、生物工程、海洋、水产等非化学专业的本科生,也可供其他相关专业教师及学生参考使用。

图书在版编目(CIP)数据

大学基础化学实验/冯建成主编. —合肥:中国科学技术大学出版社,2013.6
ISBN 978-7-312-03206-6

Ⅰ.大⋯　Ⅱ.冯⋯　Ⅲ.化学实验—高等学校—教材　Ⅳ.O6-3

中国版本图书馆 CIP 数据核字(2013)第 076170 号

出版	中国科学技术大学出版社
	安徽省合肥市金寨路 96 号,230026
	网址:http://press.ustc.edu.cn
印刷	合肥现代印务有限公司
发行	中国科学技术大学出版社
经销	全国新华书店
开本	787 mm×1092 mm　1/16
印张	19
印数	2000 册
字数	462 千
版次	2013 年 6 月第 1 版
印次	2013 年 6 月第 1 次印刷
定价	32.00 元

前　　言

　　"大学基础化学实验"是大学本科一、二年级学生最早接触的一门基础实验课程,主要是训练学生化学方面的基本实验技能和基本操作技术,熟悉化学实验常用的仪器,同时可为本科生科研素质提高与创新能力培养奠定坚实基础。其基础性及与其他学科的关联性,决定了它在培养高素质人才过程中的关键作用。因此,编写一本适用的"大学基础化学实验"教材意义重大。

　　本书适用于高等理工农林院校开设基础化学实验课程的相关专业,同时可作为科研、生产部门相关科技人员的参考用书。本书内容分为三大部分:第一部分为基础化学实验基本知识;第二部分为基础化学实验常用实验技术及仪器;第三部分为具体实验操作,由无机化学实验、分析化学实验、有机化学实验、物理化学实验、基础生物化学实验及仪器分析实验整合而成,共精选实验73项。另外附录中列出了一些相关常数。

　　本书的主要特点是基础性和可操作性。本书编写人员都是多年从事大学基础化学实验教学的一线教师,在教材编写中注意结合自身教学实践经验,对实验材料和方法、实验过程等关键环节做了改进,同时注重参考同类优秀教材,力求为本科生化学基础实验技能培养提供突出基础性和可操作性的教材,力争为他们后续专业提高实验、综合实验和创新应用实验的学习打下基础。

　　本书由冯建成主编,张玉苍主审,肖厚贞、朱莉、王华明、苗树青、朱文靖任副主编,其中冯建成编写了第四章(第二节～第四节)、第五章(第一节和第四节)、第六章(实验一～实验七)、第十章、附录(附录一和附录二),并负责全书的统稿;肖厚贞编写了第五章(第五节和第六节)、第九章、附录(附录五～附录七);朱莉编写了第二章(第四节和第五节)、第三章、第四章(第一节)、第七章;王华明编写了第十一章、附录(附录三、附录四、附录八);苗树青编写了第二章(第六节～第八节)、第八章;朱文靖编写了第一章、第二章(第一节～第三节)、第四章(第五节～第七节)、第五章(第二节和第三节)、第六章(实验八～实验十三)。张玉苍教授审阅了全稿,并提出了很好的修改意见。

　　本书编写过程中得到海南大学材料与化工学院领导、应用化学系领导和老师及海南省化学工程与技术重点学科的大力支持,借此书出版之际,深表谢意! 编写中参考了许多同类优秀教材,在此一并表示感谢!

　　尽管编写的初衷和追求是好的,但由于编写人员水平所限,书中存在疏漏不足之处在所难免,在此恳请同行专家及使用这本教材的广大师生批评指正。

冯建成

2013 年 3 月于海南大学

目　　录

第一部分　基础化学实验基本知识

第二部分　基础化学实验常用实验技术及仪器

第三部分　具体实验操作

第一部分

基础化学实验基本知识

第一章　实验室安全及防护知识

在化学实验过程中，要接触许多化学药品，其中包括易燃、易爆、有毒、有害、有腐蚀性的药品，还要经常使用水、气、火、电等，潜藏着诸如爆炸、着火、中毒、灼伤、割伤、触电等危险，因此应十分重视实验室的安全问题。实验前，应积极学习实验室安全及防护知识；实验过程中，要态度认真，操作规范，注意安全，避免事故的发生。

第一节　实验室安全守则

（1）实验过程中，应穿实验服，配备必要的护目镜；实验完毕，必须洗净双手，断水断电，关闭门窗。

（2）易燃、易爆的药品一定要远离明火；有毒、有腐蚀性的药品操作时要特别注意安全，不得入口或接触伤口；具有挥发性药品取用一定要在通风橱中进行。

（3）不能俯视正在加热的液体；使用试管加热时，切记不要使试管口对着自己或他人；浓缩液体时，特别是有晶体出现后，应不停地搅拌；加热过程中，不得擅自离开。

（4）浓酸、浓碱及具有腐蚀性的药品使用时，要十分小心，不要洒在衣服和皮肤上，尤其要保护眼睛。稀释浓硫酸，应在搅拌的同时，将它慢慢倒入水中，以免迸溅。

（5）不要直接嗅闻气体。必须要借助嗅觉来判断气体的气味时，面部应远离容器，用手将逸出容器的气体轻轻地扇向自己的鼻孔。

（6）实验中，必须按照正确的操作和安全须知进行实验，不得随意更改实验内容；严禁随意将药品混合，随意乱做实验。对于独立构思和试验性的实验，应事先征询老师意见，同意后方可进行。

第二节　实验室规则

（1）实验室内应保持安静，不得大声喧哗、嬉戏、打闹。

（2）严禁在实验室内饮食、吸烟。

（3）实验前必须做好预习工作，明确目的、原理、方法和步骤。

（4）实验前应先检查器材、药品是否完整，如发现缺少或损坏，应及时报告，进行补充和更新。

（5）实验室内应保持空气流通，废液不能随意倒入下水道。实验过程中产生的废物不能随意丢弃，应放在指定地点。

（6）爱护仪器，节约药品，严格按照规定的量称取药品。取完药品后，应立即盖上瓶塞，放回原处。

（7）实验过程中，仔细观察现象，积极思考原因，实事求是做好记录。

（8）实验完毕，清洁实验桌面，清洗实验仪器并摆放整齐，将实验室打扫干净后方可离开。

第三节　实验室事故的处理

（1）创伤。在实验室工作，被碎玻璃割伤时有发生。伤口处若有玻璃，应先将碎玻璃从伤处挑出。轻伤可涂紫药水（或碘酒），撒上消炎粉后包扎或贴创可贴。若伤势严重，血液从伤口涌出，受伤者需躺下，将受伤部位略抬高，用一垫子稍用力压住伤口，千万不要用止血带或压脉器止血，同时第一时间拨打急救电话120。

（2）烫伤。切勿用水冲洗伤处。若伤处皮肤未破，可在伤处涂上饱和碳酸氢钠溶液，或者将碳酸氢钠粉调成糊状敷于伤处，也可涂烫伤膏。若伤处皮肤已破，可涂些紫药水或浓度为1%的高锰酸钾溶液。

（3）酸灼伤。立即用大量水冲洗，然后用饱和碳酸钠溶液，或稀氨水，或肥皂水冲洗，最后再用水冲洗。若是氢氟酸灼伤，应立即按上述方法将伤口洗至苍白色，并涂以甘油与氧化镁糊（2:1）。

（4）碱灼伤。先用大量水冲洗，然后用2%的醋酸溶液或3%的硼酸溶液冲洗，最后再用水洗。如果溅入眼内，先用大量水冲洗，再用3%的硼酸溶液冲洗，最后再用蒸馏水冲洗。

（5）溴灼伤。用乙醇或10%的 $Na_2S_2O_3$ 溶液洗涤伤口，然后用水冲洗干净，最后涂敷甘油。

（6）磷灼伤。用1%的 $AgNO_3$ 溶液，或5%的 $CuSO_4$ 溶液，或 $KMnO_4$ 溶液洗涤伤口，然后再用浸过 $CuSO_4$ 溶液的绷带包扎。

（7）吸入有毒气体。吸入氯或氯化氢等气体时，可吸入少量酒精和乙醚的混合气体解毒。因吸入硫化氢或一氧化碳气体而感到身体不适时，立刻到室外呼吸新鲜空气。

（8）毒物入口。把5～10 mL 稀 $CuSO_4$ 溶液加入一杯温水中，内服后，用手指深入咽喉部促使呕吐，然后立即送往医院。

（9）火灾。防止火势蔓延，切断电源，移走易燃、易爆等物品，同时要立即灭火，根据起火原因选择合适的灭火方法和设备。如火势较大，拨打火警电话119。

（10）触电。应立即切断电源，必要时进行人工呼吸，找医生抢救。

<h1 style="text-align:center">第四节　实验室三废的处理</h1>

实验室"三废",指的是废气、废液和废渣,其种类繁多。实验过程中产生的有毒气体、废液和废渣如果不经过任何处理,直接排放,会对环境造成污染,损害人体健康。因此,推进绿色化学教育势在必行。一方面,大力推广微型化实验,从而节约试剂,减少污染物;另一方面,对实验中产生的"三废"做必要的处理后再排出,对某些贵重有用的物质要采取有效措施回收。

一、常用废气处理方法

1. 溶液吸收法

溶液吸收法是用适当的液体吸收剂处理气体混合物,从而除去其中的有害气体。方法是将含有有害气体的废气通入液体吸收剂中,使有害气体被吸收。常用的液体吸收剂有水、碱性溶液、酸性溶液、氧化剂溶液和有机溶液,可用于净化含有 Cl_2、H_2S、HCl、HF、SO_2、NH_3、汞蒸气、酸雾和各种组分的有机物蒸气。

2. 固体吸收法

固体吸收法是将废气通入固体吸附剂,污染物被隔离在吸附剂的表面,从而达到分离的目的。常用的固体吸附剂有四种,分别是活性炭、活性氧化铝、硅胶和分子筛。

二、常用废液处理方法

1. 中和法

实验室常采用酸碱中和的方法来处理酸质量分数小于5%的酸性溶液和碱质量分数小于3%的碱性溶液。若废液中不含其他有害物质,则中和稀释,然后排放;若废酸液中含有较多的重金属离子,可先用碱性试剂中和,然后再做进一步处理。

2. 沉淀法

对于废液中含有的重金属离子、碱土金属离子及某些非金属(如硫、砷、硼等),常采用沉淀法除去,即选择合适的化学试剂,加入废液中,使其与污染物发生化学反应,生成沉淀(一般为氢氧化物或硫化物)从而分离。

3. 氧化还原法

如果废液中的污染物具有较强的氧化性或还原性,可通过加入适当的试剂,使其发生氧化还原反应,从而转化为无害的新物质或易从水中分离除去的形态。常用的氧化剂有漂白粉、$KMnO_4$,常用的还原剂有 $FeSO_4$、Na_2SO_3、锌粒等。

4. 电化学净化法

此方法主要用来净化废水。在直流电场的作用下,废水污染物通过电解槽在阳极氧化或在阴极还原或发生二次反应转化为无害成分,最终使废水得到净化。

三、常用废渣的处理方法

实验室里的废渣不能随意丢弃，一般都要放入指定的废渣容器里。有毒物质先经过化学处理，最后将其在适当的地方集中掩埋。

第二章 实验基本操作

第一节 玻璃仪器的清洗

在化学实验中,盛放反应物质的玻璃仪器经过化学反应后,往往有残留物附着在仪器的内壁,一些经过高温加热或放置反应物质时间较长的玻璃仪器,还不易洗净。使用不干净的仪器,会影响实验效果,甚至让实验者观察到错误现象。因此玻璃仪器的清洗十分重要。

附在玻璃仪器上的污物主要为尘土、可溶性物质、不溶性物质、油污及其他的有机物。实验室常用水来清洗玻璃仪器,必要时用去污粉、洗液等物质。由于每次实验的要求不同、玻璃仪器的种类不同、玻璃仪器污染物的性质及污染程度不同,因此应选择不同的洗涤方法。

(1)用水刷洗。这是实验室清洗玻璃仪器最简单的方法。用毛刷蘸水,先刷洗待清洗玻璃仪器的外壁,然后在此仪器中加入少量水,用毛刷刷洗内壁,最后再用水冲洗几次。此方法可以洗去附在玻璃仪器上的尘土和可溶性物质,而不溶于水的沉淀物、油污和有机溶剂则很难被去除。

(2)用去污粉和合成洗涤剂刷洗。去污粉是由碳酸钠、白土、细沙等混合而成的。碳酸钠是碱性物质,具有较强去油污能力。白土和细沙,刷洗时起摩擦作用,使洗涤效果更好。合成洗涤剂的主要成分是十二烷基苯磺酸钠,同时具有憎水性和亲水性基团,可以去除仪器上的油污。具体方法如下:先将仪器用自来水润洗,然后洒少许去污粉或合成洗涤剂,再用毛刷刷洗,最后用自来水将仪器冲洗干净。

(3)用洗液洗。对于口径较小、容积精确的仪器,如容量瓶、吸量管、滴定管等,不宜用毛刷刷洗,可选用洗液清洗。实验室常用洗液有铬酸洗液、碱性高锰酸钾洗液、NaOH-乙醇洗液等。洗液一般具有较强的氧化性或碱性,因而去污能力特别强。

洗涤时,在仪器中加少量洗液(洗液体积约为待洗仪器体积的1/5),将仪器倾斜并慢慢转动,使仪器内壁全部被洗液润湿,再转动仪器,使洗液在仪器内壁流动,转动几圈,待洗液与污物充分作用后,把洗液倒回原瓶,最后用自来水冲洗仪器,将残留的洗液去除。对污染严重的仪器,可用洗液浸泡一段时间,或用热的洗液洗,效果更好。

(4)用有机溶剂洗。有机溶剂如汽油、甲苯、二甲苯、丙酮、酒精、乙醚等可用来清洗带有脂肪性污物的仪器,效果较好。但用有机溶剂洗涤玻璃仪器,浪费较多,成本较高,同时存在一定的危险性,一般只在特殊的情况下才使用。

(5)用超声波清洗。用超声波清洗机清洗玻璃仪器,省时且方便。把用过的玻璃仪器放在配有洗涤剂的溶液中,利用声波的震动和能量,即可达到清洗仪器的目的。

仪器洗净的标准为：水能顺着器壁留下，器壁上只有一层均匀的水膜，无水珠附在上面。对于已经洗净的仪器，不能用纸或布去擦内壁，否则布或纸的纤维可能会残留在器壁上。

第二节　沉淀的过滤

过滤法是最常用的固体与液体的分离方法之一。当沉淀与溶液一起经过过滤器时，沉淀留在过滤器上；溶液则通过过滤器流入接收的容器中，过滤所得溶液称为滤液。

溶液的温度、黏度，过滤时的压力和沉淀物的状态，都会影响过滤的速度。通常，热的溶液比冷的溶液易过滤；溶液的黏度越大，过滤速度越慢；减压过滤比常压过滤速度快。如果溶液中有胶状沉淀或细颗粒沉淀，过滤前要先破坏胶态或使沉淀聚沉，使细小的颗粒凝聚成较大的颗粒，便于过滤。过滤时，应考虑各种因素的影响而选择不同方法。

常用的过滤方法有三种：常压过滤、减压过滤、热过滤。

1. 常压过滤

此方法最为简单、常用。过滤时，使用圆锥形带颈玻璃漏斗和滤纸。根据沉淀量的多少来选择漏斗的大小。根据灼烧后灰分的不同，滤纸分为定性滤纸和定量滤纸两种，根据实验的需要加以选择。在无机定性实验中常选用定性滤纸，在分析实验中做定量分析时常选用定量滤纸。根据孔隙的大小，滤纸又分为"快速"、"中速"和"慢速"三种。根据沉淀的性质来选择滤纸的类型。选择滤纸，还要考虑沉淀量的多少，一般要求沉淀的总体积不得超过滤纸锥体高度的1/3。同时，滤纸的大小还要与漏斗的大小相匹配，一般滤纸的边缘要低于漏斗上沿约 1 cm。

折叠滤纸前应该先把手洗净擦干，以免弄脏滤纸。折叠方法是先将滤纸对折，然后再对折，具体操作如图 2.1(a)所示。如果漏斗规格不标准(漏斗标准规格如图 2.1(b)所示)，为了保证滤纸和漏斗密合，第二次对折先不要折死，先放入漏斗，可稍微改变滤纸的折叠角度，以便漏斗和滤纸更好地密合，这时可以把第二次的折边折死。为了使滤纸和漏斗内壁贴紧而无气泡，把三层滤纸外面两层撕去一角。用食指按住三层滤纸的一边，用少量去离子水或蒸馏水润湿滤纸，使滤纸紧贴在漏斗壁上，用玻璃棒轻压滤纸，赶走滤纸和漏斗壁之间的气泡。加水至滤纸边缘，此时漏斗颈中应充满水，形成水柱(若不能形成水柱，可一边用手堵住漏斗的下口，一边稍微掀起三层那一边的滤纸，在滤纸和漏斗之间加水，使漏斗颈和锥体大部分被水充满后，一边轻轻按下掀起的滤纸，一边放开堵在出口的手指，即可形成水柱)。这样，过滤时的滤液以本身的质量拽引漏斗内液体下漏，可大大加快过滤速度。

常压过滤的注意事项：

(1) 过滤遵循"两低三靠"原则。"两低"：滤纸的边缘低于漏斗的边缘；滤液低于滤纸。"三靠"：烧杯的尖嘴要紧靠玻璃棒；玻璃棒的下端紧靠三层滤纸处；漏斗颈紧靠接收容器的内壁。如图 2.1(c)所示。

(2) 过滤时采用倾析法，先将上层清液转移到滤纸上，再将沉淀转移到滤纸上。转移时用玻璃棒引流，溶液滴在三层滤纸处。

(3) 每次转移的溶液不得超过滤纸高度的2/3。

如果需要洗涤沉淀,则等溶液转移完毕后,往盛有沉淀的容器中加入少量洗涤剂,充分搅拌并放置,待沉淀下沉后,把洗涤液转移入漏斗,如此重复操作两三遍,再把沉淀转移至滤纸上。洗涤时应采取少量多次原则,这样洗涤效率才会高。检查滤液中杂质含量,可以判断沉淀是否已经洗涤干净。

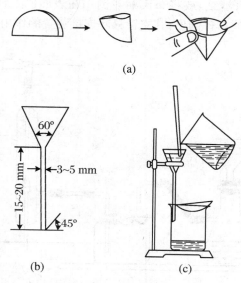

图 2.1　常压过滤

2. 减压过滤

又称吸滤或抽滤。该方法不仅能加快过滤速度,还可以把沉淀抽吸得比较干燥,适合沉淀颗粒较大的溶液。胶状沉淀在有压力差时更容易透过滤纸;颗粒很细的沉淀容易在滤纸上形成一层密实的沉淀,使溶液不易透过,反而不能加速过滤,因此这两种情况不宜选用减压过滤。减压过滤装置如图 2.2 所示。

布氏漏斗是瓷质平底漏斗,上面有许多瓷孔,下端颈部装有橡皮塞,借以和吸滤瓶相连。橡皮塞的高度不宜超过漏斗颈高度的 1/2。

(1) 吸滤瓶。接收过滤下来的滤液,由支管与抽气系统连接。安装时布氏漏斗的下口应朝吸滤瓶支管方向。

(2) 安全瓶。减压抽滤时,吸滤瓶内压力低于外界压力,关闭水泵时或水流突然增大又减少时,自来水会溢入吸滤瓶内(这一现象称为倒吸),污染滤液。因此在吸滤瓶和水泵之间装一个安全瓶,起缓冲作用。

(3) 水泵。在泵内有一窄口,当水流急剧至窄口时,水把空气带走,从而使与水泵相连的仪器减压。

减压过滤操作步骤如下:

(1) 按如图 2.2 所示连接好仪器。选择合适的滤纸平铺在布氏漏斗中,滤纸的直径应略小于漏斗内径又恰好盖住所有的小孔。用蒸馏水微微润湿滤纸。微启水龙头,减压,使滤纸贴紧漏斗。

(2) 溶液沿玻璃棒流入漏斗中,注意加入的溶液不要超过漏斗容积的 2/3。开大水龙头,等溶液流完后再转移沉淀,继续减压过滤,可以将沉淀抽得比较干。

(3) 沉淀洗涤时,应关小水龙头或暂停抽滤,加入洗涤剂使其与沉淀充分接触后,再开大水龙头将沉淀抽干。

(4) 过滤完毕后,先拔掉连接吸滤瓶的乳胶管,再关闭水龙头,防止倒吸。

(5) 用玻璃棒轻轻揭开滤纸,或将布氏漏斗倒扣在表面皿上,轻轻拍打漏斗,以便取出滤纸和沉淀。滤液应从吸滤瓶口倒出,其支管只起连接装置的作用,不是滤液出口。

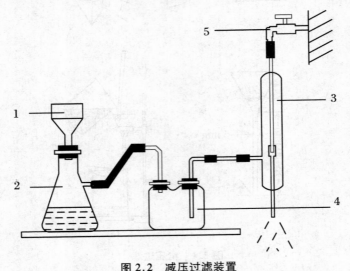

图 2.2   减压过滤装置

1—布氏漏斗;2—吸滤瓶;3—水泵;4—安全瓶;5—自来水龙头

如果溶液具有强酸性、强碱性或强氧化性,减压过滤时不宜选用滤纸,因为溶液会与滤纸发生化学反应从而将其破坏,这时可用石棉纤维或尼龙布来代替滤纸。

第三节   加热及冷却方法

一、加热器具

1. 酒精灯

酒精灯由灯罩、灯芯、灯壶三部分组成。酒精灯的加热温度为 $400\sim500$ ℃,适用于不需太高加热温度的实验。正常酒精灯的火焰可分为焰心、内焰、外焰三部分。外焰温度最高,内焰次之,焰心温度最低,所以加热时常用外焰。酒精灯的使用应注意以下几点:

(1) 用漏斗将酒精加入到酒精灯壶中,最多加入量为灯壶体积的 2/3,但也不要少于其体积的 1/2;

(2) 点燃之前,要先将灯头提起,吹去灯内的酒精蒸气;

(3) 点燃酒精灯时,要用火柴引燃,不能用燃着的酒精灯引燃,避免灯内的酒精洒在外面着火而引起事故；

（4）熄灯时，不要用嘴吹，用灯罩盖上灯芯，隔绝空气，达到阻燃的目的，火焰熄灭片刻后，再次提起灯罩一下，以免冷却后灯内产生负压，下次打开困难。

2. 酒精喷灯

酒精喷灯靠气化酒精的燃烧产生 700～900 ℃ 的高温，主要用于需加强热的实验、玻璃加工等。常用酒精喷灯有挂式酒精喷灯（图 2.3）和座式酒精喷灯（图 2.4）两种类型。酒精喷灯都是金属制成，有灯管和一个燃烧酒精用的预热盘。挂式酒精喷灯的预热盘下方有一支加热管，经过橡皮管与酒精贮罐相通，座式酒精喷灯的预热盘下面有一个贮存酒精的空心灯座，它们使用方法相似。使用前，先往预热盘上注入一些酒精，点燃酒精使灯管受热，待酒精接近烧完时开启开关使酒精从酒精贮罐或灯座内进入灯管而受热气化，并与来自进气孔的空气混合。用火柴点燃，可得到高温火焰。实验完毕时只要关闭开关，就可熄灭。

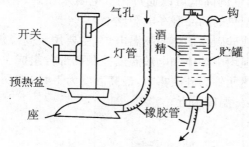

图 2.3　挂式酒精喷灯

图 2.4　座式酒精喷灯

酒精喷灯正常的火焰分为三个区域：

内焰（焰心）——温度较低，大约 300 ℃。

中层（还原焰）——酒精不完全燃烧，并分解为含碳产物，所以这部分火焰具有还原性，称为"还原焰"。这部分温度较高，火焰呈淡蓝色。

外焰（氧化焰）——完全燃烧，过剩的空气使这一部分火焰具有氧化性，称为"氧化焰"，温度最高。最高温度处在还原焰顶端上部的氧化焰中，约 700～900 ℃，火焰呈淡紫色，实验时一般用氧化焰来加热（图 2.5）。当酒精和空气的量都过大时，会产生临空火焰（图 2.6）；当酒精量小，空气量大时，会产生侵入焰（图 2.7）。这两种情况下都需要关闭酒精喷灯，待灯管冷却后重新调节再点燃。

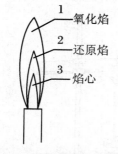

1——氧化焰
2——还原焰
3——焰心

图 2.5　酒精喷灯的正常火焰

图 2.6　临空火焰

图 2.7　侵入焰

使用酒精喷灯应注意以下几点：

（1）点燃前，灯管必须充分预热，否则酒精在灯管内不能完全气化，开启蒸气开关时，会有液态酒精从管口喷出，形成"火雨"。这时应立即关闭蒸气开关，重新预热。

（2）座式喷灯一次最多连续使用半小时，挂式喷灯也不可将罐里的酒精一次用完。若连续使用时，应待喷灯熄灭，冷却，添加酒精后再次点燃。

（3）不用时，需将储罐口用盖子盖紧，关好储罐酒精开关，以免酒精挥发或漏失。

3. 电加热装置

实验室常用的电加热装置有电炉、管式炉和马弗炉等。

电炉由底盘和在其上盘绕的电阻丝等组成，电阻丝是一种镍铬合金。根据功率，有500 W、800 W、1 000 W、1 500 W等规格。电炉可以代替煤气灯或酒精灯加热盛于容器里的液体。使用时一般在电炉丝上放一块石棉网，再放需要加热的仪器，这样既可以受热均匀，又能增加受热面积，还可以保护电炉丝。电炉温度的高低可以通过调节电阻来控制。使用时还应注意安全，加热液体时搅拌要小心，不要把热的药品溅在电炉丝上。

管式电炉和马弗炉均属于用电热丝或硅碳棒加热的高温电炉，主要用于高温灼烧，熔解或进行高温反应，尽管它们的外形不同，但均由炉体和电炉温度控制两部分组成。当加热元件为电热丝时，最高温度为900 ℃；当加热元件为硅碳棒时，最高温度为1 400 ℃。高温电炉配有一套控温系统，可以把温度控制在某一温度附近。

二、加热方法

加热方法主要有两种：一种是直接加热，即热源与受热物体间直接进行热交换；另一种是热浴间接加热，即先用热源加热某些介质，介质再将热量传递给被加热的物体。

1. 直接加热

用酒精灯、酒精喷灯或煤气灯加热试管时应该用试管夹，不要用手直接拿，以免烫手。加热液体时，试管应稍倾斜，管口向上，管口不能对着别人或自己，以免溶液在煮沸时溅到脸上，造成烫伤；液体的量不能超过试管高度的1/3。加热时，应使液体各部分受热均匀（图2.8），先加热液体中部，再慢慢往下移动，然后不时地上下移动，不要集中加热某一部分，否则易造成局部沸腾而迸溅。试管中的固体的加热方法不同于液体，药品应平铺于试管的末端，管口应略向下倾斜，使释放出来的冷凝水珠不会倒流到试管的灼热处而使试管炸裂（图2.9）。开始加热时，先移动灯焰将试管预热，由前端开始向末端移动，然后将灯焰固定在固体部分加热。

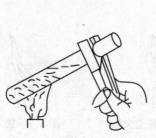

图2.8　加热试管中的液体

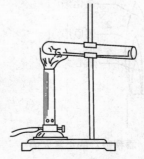

图2.9　加热试管中的固体

用火直接加热烧杯、锥形瓶、烧瓶等玻璃器皿中的液体时，必须放在石棉网上，所盛的液体不应超过烧杯的1/2或锥形瓶、烧瓶的1/3。加热蒸发皿时，应放在石棉网或泥三角上，所盛的液体不要超过其体积的2/3。

当需要高温加热固体时，可以把固体放在坩埚中灼烧，坩埚置于泥三角上（图2.10）。开始时，先小火烘烧，使坩埚受热均匀，然后逐渐加大火焰灼烧。达到要求后，停止加热。先在泥三角上稍冷，再用坩埚钳夹至干燥器内冷却。

要夹取高温下的坩埚时，必须使用干净的坩埚钳（图2.11）。使用前先在火焰旁预热一下坩埚钳的尖端，然后再去夹取。坩埚钳用后，应平放在桌上，尖端朝上，保证坩埚钳尖端洁净。

2. 水浴

当被加热的物体要求受热均匀而温度不超过100 ℃时，可采用水浴加热。水浴加热（图2.12）常在水浴锅中进行。水浴锅的盖子由一组大小不同的同心金属圆环组成，可根据被加热容器的大小来选择合适的圆环。水浴锅内的水量不要超过其容积的2/3。

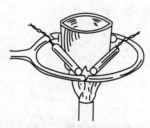 

图2.10　灼烧坩埚　　　**图2.11　坩埚钳**　　　**图2.12　水浴锅加热**

实验室也常用烧杯代替水浴锅，做简易水浴。此时用大小烧杯相叠的方式进行，小烧杯放在一个塑料加热圈上，加热圈卡在大烧杯杯口。另一种更方便的水浴装置是恒温水浴箱，它采用电加热，带有自动控温装置，可同时加热多个样品。如果要求加热的温度稍高于100 ℃，可选用无机盐类的饱和水溶液作为热浴液。

三、冷却方法

在化学实验的过程中，有些反应或操作需要在低温下进行，因此需要选择合适的冷却方法。降温冷却的方法通常是将装有待冷却物质的容器浸入制冷剂中，通过容器壁的传热达到冷却的目的。特殊情况下也将制冷剂直接加入被冷却的物质中。冷却方法操作简单，容易进行。实验室常用的冷却方法如下：

（1）流水冷却。需要冷却到室温的溶液，可用此法，将需要冷却的物品直接用流动的自来水冷却。

（2）冰水冷却。将需要冷却的物品直接放入冰水中可以快速降温。如果水的存在不影响被冷却的物质或正在进行的反应，也可以将干净的冰直接加入到被冷却的容器内。

（3）冰盐浴冷却。冰盐浴由容器和制冷剂（冰盐或水盐的混合物）组成，可冷却到273 K以下。冰盐的比例和盐的品种决定了冰盐浴的温度。干冰和有机溶剂混合时，制冷效果更好。为了保证冰盐浴的效果，要选择绝热较好的容器，如杜瓦瓶等。表2.1列出了常用制冷剂及其要达到的温度。

表 2.1   常用制冷剂及其要达到的温度

制冷剂	$T(\mathrm{K})$	制冷剂	$T(\mathrm{K})$
30 份 NH_4Cl + 100 份水	270	125 份 $CaCl_2 \cdot 6H_2O$ + 100 份碎冰	233
4 份 $CaCl_2 \cdot 6H_2O$ + 100 份碎冰	264	150 份 $CaCl_2 \cdot 6H_2O$ + 100 份碎冰	224
29 g NH_4Cl + 18 g KNO_3 + 冰水	263	5 份 $CaCl_2 \cdot 6H_2O$ + 4 份冰块	218
100 份 NH_4NO_3 + 100 份水	261	干冰 + 二氯乙烯	213
75 g NH_4SCN + 15 g KNO_3 + 冰水	253	干冰 + 乙醇	201
1 份 $NaCl$(细) + 3 份冰水	252	干冰 + 乙醚	196
100 份 NH_4NO_3 + 100 份 $NaNO_3$ + 冰水	238	干冰 + 丙酮	195

第四节   移液管和容量瓶的使用

一、移液管

移液管是准确移取一定液体体积的量出式玻璃量器。中间有一部分膨大(称为球部),上、下两端(称为管颈)为细长的玻璃管,如图 2.13 所示。

另有一种带有分刻度的直形玻璃管称为吸量管,如图 2.14 所示,一般只用于精确量取不同体积的溶液。通常根据所移液体的体积和要求选择合适规格的移液管或吸量管来使用,其移取的体积可准确到 0.01 mL。

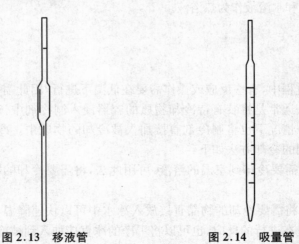

图 2.13   移液管   图 2.14   吸量管

正确使用移液管或吸量管的操作步骤如下。

(1) 检查移液管或吸量管的尖嘴有无破损,若有破损则不可使用。

（2）洗涤：使用前先以自来水淋洗 3 次，洗至内壁及其下部的外壁不挂水珠。若水洗达不到要求，可将铬酸洗液慢慢吸至管内的刻度以上部分，等待片刻后，将洗液放出。也可用铬酸洗液浸泡后，用自来水冲洗，再用蒸馏水润洗 3 次，最后用洗瓶吹洗管的外壁。

（3）润洗：移液前，应用吸水纸将洗净的移液管（吸量管）的下端内外的水吸干。然后摇匀待移溶液，将待移溶液倒一小部分于一洁净干燥的小烧杯中，以其润洗 2～3 次。润洗方法为：用右手的拇指和中指拿住移液管标线上部，无名指和小指辅助拿住移液管，用左手拿吸耳球，排除空气后插入移液管口。将移液管管尖伸入溶液中慢慢松开左手手指使溶液吸入管内，待吸至球部的 1/4 处时，立即用右手食指按住管口，切勿使溶液流回原溶液中。移出移液管，横持，转动移液管并使溶液布满全管内壁，将管直立，使溶液由下端尖嘴放出，弃去。如此反复 3～4 次。润洗是保证移液管内和待吸液保持相同浓度的重要步骤。吸量管的润洗与此类似，都遵循少量多次的原则。

（4）移液：移液时，用右手大拇指和中指拿住移液管标线上方，将润洗过的移液管下端伸入液面 1～2 cm 深处。按上述方法吸液，如图 2.15 所示。注意移液管插入溶液不能太深，并要边吸边往下插入，始终保持此深度。当溶液上升到高于刻度线 0.5～1.0 cm 时，迅速移去吸耳球，右手食指按住管口。将移液管提离液面，左手拿吸液容器倾斜 30°，使移液管尖嘴靠在吸液容器内壁，略微放松食指或用拇指和中指轻轻转动移液管，使溶液慢慢流出，液面降至刻度线时，立即用食指堵紧管口，不让溶液再流出，去掉尖嘴处液滴。此时将移液管取出插入接收容器中，将移液管直立，接收器倾斜，管下端紧靠接收器内壁，放开食指，让溶液沿接收器内壁流下，管内溶液流完后，保持放液状态停留 15 s，将移液管尖嘴在接收器内壁轻轻转动一圈，移去移液管。残留在移液管尖的溶液一般不用吸耳球吹入接收容器中，除非移液管上注明"吹"字。因为校准移液管时，已考虑了末端残留溶液的体积，如图 2.16 所示。

图 2.15　吸取溶液的操作

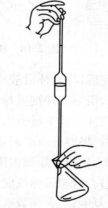
图 2.16　放出溶液的操作

吸量管的操作方法同上。使用吸量管时，通常是使液面从吸量管的最高刻度降到另一刻度，两刻度之间的体积恰好为所需体积。在同一实验中移取同一溶液尽可能使用同一吸量管的同一段部位。

用移液管或吸量管量取液体时，必须使用吸耳球，切勿用嘴吸；尖嘴要保护好，不要损坏；用完后洗净放在移液管架上，以免滚落摔坏。

二、容量瓶

容量瓶是细长颈的梨形平底玻璃瓶,配有磨口塞。瓶塞须用橡皮筋或细线系在容量瓶颈,以防弄错、损坏或丢失。瓶颈刻有环形标线,瓶身标有容积和温度,如图 2.17 所示。容量瓶主要用于准确地配制一定浓度的溶液,故常和分析天平、移液管配合使用。容量瓶有无色和棕色两种,棕色的用来配制见光易分解的溶液。

使用容量瓶时,必须检查瓶塞处是否漏水。检查的方法是:加自来水至刻度线附近,塞好瓶塞后,右手的食指按住塞子,左手五指托住瓶底,将瓶倒立 2 min,如图 2.18 所示。若不漏水则将瓶直立,旋转瓶塞 180°后,再倒立 2 min,若不漏水则洗涤干净后即可使用。容量瓶的洗涤原则和方法同前。

若用固体物质配制标准溶液时,通常将准确称量的待溶固体置于小烧杯中,先用相应溶剂将其溶解,然后将溶液定量转移至容量瓶中。转移时,右手拿玻棒,左手拿烧杯,使烧杯嘴紧靠玻棒,玻棒悬空伸入容量瓶,下端靠在瓶颈内壁上。慢慢倾斜烧杯,使溶液沿玻棒流入容量瓶,如图 2.19 所示。

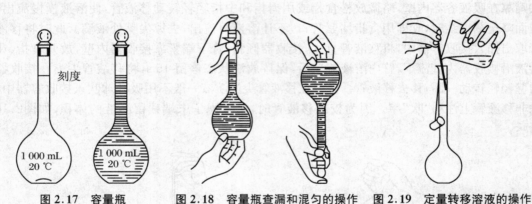

图 2.17　容量瓶　　　图 2.18　容量瓶查漏和混匀的操作　图 2.19　定量转移溶液的操作

待烧杯中溶液流完后,将烧杯沿玻棒微微上提,同时使烧杯直立。将玻棒放回烧杯(不得将玻棒靠在烧杯嘴),用溶剂冲洗玻棒和烧杯内壁,再将洗涤液转入容量瓶中。如此重复3~4次,以保证转移彻底(注意少量多次)。继续加溶剂并将瓶颈附着的溶液冲下,待溶剂加至容量瓶的 3/4 容积时,将容量瓶拿起,向同一方向摇动几周使溶液初步混匀。当溶剂加至距标线 1 cm 处时,稍等,使附在瓶颈内壁的溶液流下后,再用滴管滴加溶剂至凹液面与标线相切(滴管勿接触溶液)。若超过标线应弃去重做。最后盖上瓶塞,右手食指压住瓶塞,左手五指托住瓶底,将瓶反复倒转、振摇数次,使溶液充分混匀,此过程即为定容。

若是浓溶液稀释,则用移液管移取准确体积的浓溶液于容量瓶中,按上述方法稀释定容。

注意　一般不能在容量瓶中溶解固体试剂,热的溶液要冷却到室温后再转入、稀释到标线。配好的溶液,不宜在容量瓶内长期存放。若需长期存放,应转移到磨口试剂瓶中。若需使用干燥的容量瓶时,可将容量瓶洗净后,用乙醇等易挥发溶剂荡洗后晾干或用电吹风冷风吹干。若容量瓶长期不用,则将其洗净晾干后,在磨口处塞纸片将磨口与瓶塞隔开。

移液管、吸量管和容量瓶都是有刻度的精密玻璃量器,不能烘干,不能直接加热,用毕应及时洗涤干净。

第五节 试纸的使用

试纸是浸过指示剂或试剂溶液的小纸条,用于检验某种化合物、元素或离子的存在,常见试纸及其用途如表 2.2 所示。

表 2.2 常见试纸的用途

试 纸	用 途
红色石蕊试纸	在被 pH≥8.0 的溶液润湿时变蓝;用纯水浸湿后遇碱性蒸气(溶于水溶液 pH≥8.0 的气体,如氨气)变蓝。常用于检验碱性溶液或蒸气等
蓝色石蕊试纸	被 pH≤5 的溶液浸湿时变红;用纯水浸湿后遇酸性蒸气或溶于水呈酸性的气体时变红。常用于检验酸性溶液或蒸气等
酚酞试纸,白色	遇碱性溶液变红,用水润湿后遇碱性气体(如氨气)变红,常用于检验 pH≥8.3 的稀碱溶液或氨气等
淀粉碘化钾试纸,白色	用于检测能氧化 I^- 的氧化剂,如 Cl_2、Br_2、NO_2、O_3、$HClO$、H_2O_2 等,润湿的试纸遇上述氧化剂变蓝,也可以用来检测 I_2
淀粉试纸,白色	润湿时遇 I_2 变蓝。用于检测 I_2 及其溶液
醋酸铅试纸,白色	遇 H_2S 变黑色,用于检验痕量的 H_2S
铁氰化钾试纸,淡黄色	遇含 Fe^{2+} 的溶液变成蓝色,用于检验溶液中的 Fe^{2+}
亚铁氰化钾试纸,淡黄色	遇含 Fe^{3+} 的溶液呈蓝色,用于检验溶液中的 Fe^{3+}
pH 试纸	有精密和广泛两种,通过颜色变化来检测溶液的 pH

在使用试纸检验溶液的性质时,一般取一小块试纸在表面皿或玻璃片上,用沾有待测液的玻璃棒点试纸的中部,不可直接伸入溶液,观察颜色的变化,判断溶液的性质。

在使用试纸检验气体的性质时,一般先用蒸馏水把试纸润湿,粘在玻棒的一端,用玻棒把试纸放到盛有待测气体的试管口或集气瓶口(注意不要接触),观察颜色的变化,判断气体的性质。

第六节 重 结 晶

重结晶提纯法是利用混合物中各组分在某种溶剂中的溶解度不同,或在同一溶剂中不同温度时溶解度不同,而使它们相互分离。重结晶只适宜杂质含量在 5% 以下的固体有机混合物的提纯。从反应粗产物直接重结晶是不适宜的,必须先采取其他方法初步提纯,然后再重结晶提纯。

一、重结晶的原理

固体有机物在溶剂中的溶解度与温度有密切关系。一般是温度升高,溶解度增大。若把固体溶解在热的溶剂中达到饱和,冷却时即由于溶解度降低,溶液变成过饱和而析出晶体。利用溶剂对被提纯物质及杂质的溶解度不同,可以使被提纯物质从过饱和溶液中析出,而让杂质全部或大部分仍留在溶液中(若在溶剂中的溶解度极小,则配成饱和溶液后经过滤除去),从而达到提纯的目的。

二、重结晶的一般步骤

1. 溶剂的选择

理想的溶剂必须具备下列条件:不与被提纯物质起化学反应;在较高温度时能溶解多量的被提纯物质,而在室温或更低温度时,只能溶解很少量的该种物质;对杂质的溶解非常大或者非常小(前一种情况是使杂质留在母液中不随被提纯物晶体一同析出,后一种情况是使杂质在热过滤时被滤去);容易挥发(溶剂的沸点较低),易与结晶分离除去;能给出较好的晶体;无毒或毒性很小,便于操作;价廉易得。

一般化合物可以通过查阅手册或辞典中的溶解度一栏相关数据选择合适的溶剂。但溶剂的最后选择是通过实验方法决定的,当不能选择到一种合适的溶剂时,常使用混合溶剂而得到满意的结果。在进行试验时,必须严防易燃溶剂着火。

2. 溶解固体

通过试验结果或查阅溶解度数据计算被提取物所需溶剂的量,再将被提取物晶体置于锥形瓶中,加入较需要量稍少的适宜溶剂,加热到微微沸腾一段时间后,若未完全溶解,可再添加溶剂,每次加溶剂后需再加热使溶液沸腾,直至被提取物晶体完全溶解(但应注意,在补加溶剂后,发现未溶解固体不减少,应考虑是不溶性杂质,此时就不要再补加溶剂,以免溶剂过量)。

注意 溶剂量的多少,应同时考虑两个因素:溶剂少则收率高,但可能给热过滤带来麻烦,并可能造成更大的损失;溶剂多,显然会影响回收率。故两者应综合考虑。一般可比需要量多加20%左右的溶剂。可以在溶剂沸点温度时溶解固体。但必须注意实际操作温度是多少,否则会因实际操作时,被提纯物晶体大量析出。但对某些晶体析出不敏感的被提纯物,可考虑在溶剂沸点时溶解成饱和溶液。故应因具体情况决定,不能一概而论。为了避免溶剂挥发及可燃性溶剂着火或有毒溶剂中毒,应在锥形瓶上装置回流冷凝管,添加溶剂可从冷凝管的上端加入。

3. 除去杂质(热过滤)

如含有不溶性杂质时,趁热过滤掉。有颜色时,先加活性炭脱色,用量为样品重的1%～5%。禁止往沸腾的液体中加活性炭,否则会发生暴沸溢出。趁热过滤是为了防止在过滤过程中,由于温度的降低而在滤纸上析出结晶。

为了保持滤液的温度使过滤过程尽快完成可以采用:方法一,用热水漏斗趁热过滤。若用有机溶剂,过滤时应先熄灭火焰或使用挡火板。方法二,可把布氏漏斗预先烘热,然后便可趁热过滤。上述两种方法在过滤时,应先用溶剂润湿滤纸,以免结晶析出而阻塞滤纸孔。

4. 晶体的析出

将滤液在室温或保温下静置使之缓缓冷却(如滤液已析出晶体,可加热使之溶解),析出晶体,再用冷水充分冷却。必要时,可进一步用冰水或冰盐水等冷却(视具体情况而定,若使用的溶剂在冰水或冰盐水中能析出结晶,就不能采用此步骤)。

有时由于滤液中有焦油状物质或胶状物存在,使结晶不易析出,或有时因形成过饱和溶液也不析出晶体。在这种情况下,可用玻棒摩擦器壁以形成粗糙面,使溶质分子成定向排列而形成结晶的过程较在平滑面上迅速和容易;或者投入晶种(同一物质的晶体,若无此物质的晶体,可用玻棒蘸一些溶液,稍干后即会析出晶体),供给定型晶核,使晶体迅速形成。

有时被提纯化合物呈油状析出,虽然该油状物经长时间静置或足够冷却后也可固化,但这样的固体往往含有较多的杂质(杂质在油状物中常较在溶剂中的溶解度大;其次,析出的固体中还包含一部分母液),纯度不高。用大量溶剂稀释,虽可防止油状物生成,但将使产物大量损失。这时可将析出油状物的溶液重新加热溶解,然后慢慢冷却。一旦油状物析出时便剧烈搅拌混合物,使油状物在均匀分散的状况下固化,但最好是重新选择溶剂,使其得到晶形产物。

5. 晶体的收集与洗涤

为使结晶和母液迅速有效地分离和有利于干燥,一般常用抽气过滤(减压过滤)。

6. 结晶的干燥

用重结晶法纯化后的晶体,其表面还吸附有少量溶剂,要根据重结晶所用溶剂及结晶的性质来选择恰当的干燥方法:

(1) 空气晾干。不吸潮的低熔点物质在空气中干燥是最简单的干燥方法。

(2) 烘干。对空气和温度稳定的物质可在烘箱中干燥,烘箱温度应比被干燥物质的熔点低 20~50 ℃。

(3) 用滤纸吸干。此方法易将滤纸纤维污染到固体物上。

(4) 置于干燥器中干燥。

第七节　萃　取

萃取也是分离和提纯有机化合物常用的操作之一。通常被萃取的是固态或液态的物质。

一、萃取的原理

萃取和洗涤是利用物质在不同溶剂中的溶解度不同来进行分离的操作。萃取和洗涤在原理上是一样的,只是目的不同。从混合物中抽取的物质,如果是我们需要的,这种操作叫作萃取或提取;如果是我们不要的,这种操作叫作洗涤。

萃取是利用物质在两种不互溶(或微溶)溶剂中溶解度或分配比的不同来达到分离、提取或纯化目的的一种操作。将含有机化合物的水溶液用有机溶剂萃取时,有机化合物就在两液相间进行分配。在一定温度下,此有机化合物在有机相中和在水相中的浓度之比为一常数,此即所谓的"分配定律"。假如一物质在两液相 A 和 B 中的浓度分别为 C_A 和 C_B,则在一定温度条件下,$C_A/C_B = K$,K 是一常数,称为"分配系数",它可以近似地看作为此物质在两溶剂中溶解度之比。

另外一类萃取是萃取剂能与被萃取物质起化学反应。这种萃取通常用于从化合物中移去少量杂质或分离混合物。常用的这类萃取剂,如 5%氢氧化钠水溶液,5%或 10%的碳酸钠、碳酸氢钠水溶液,稀盐酸、稀硫酸及浓硫酸等。碱性的萃取剂可以从有机相中移出有机酸,或从溶于有机溶剂的有机化合物中除去酸性杂质(使酸性杂质形成钠盐溶于水中);稀盐酸及稀硫酸可从混合物中萃取出有机碱性物质或用于除去碱性杂质;浓硫酸可用于从饱和烃中除去不饱和烃,从卤代烷中除去醇及醚等。

二、萃取溶剂

萃取溶剂的选择,应根据被萃取化合物的溶解度而定,同时要易于和溶质分开,所以最好用低沸点溶剂。一般难溶于水的物质用石油醚等萃取;较易溶者,用苯或乙醚萃取;易溶于水的物质用乙酸乙酯等萃取。

每次使用萃取溶剂的体积一般是被萃取液体的 1/5～1/3,两者的总体积不应超过分液漏斗总体积的 2/3。

三、操作方法

1. 液-液萃取

液体萃取最常用的仪器是分液漏斗,一般选择容积较被萃取液大 1～2 倍的分液漏斗。

在活塞上涂好润滑脂,塞后旋转数圈,使润滑脂均匀分布,再用小橡皮圈套住活塞尾部的小槽,防止活塞滑脱。关好活塞,装入待萃取物和萃取溶剂。塞好塞子,旋紧。先用右手食指末节将漏斗上端玻塞顶住,再用大拇指及食指和中指握住漏斗,用左手的食指和中指蜷握在活塞的柄上,上下轻轻振摇分液漏斗,使两相之间充分接触,以提高萃取效率。每振摇几次后,就要将漏斗尾部向上倾斜(朝无人处)打开活塞放气,以解除漏斗中的压力。如此重复至放气时只有很小压力后,再剧烈振摇 2～3 min,静置。待两相完全分开后,打开上面的玻塞,再将活塞缓缓旋开,下层液体自活塞放出。有时在两相间可能出现一些絮状物,也应同时放去。然后将上层液体从分液漏斗上口倒出,却不可也从活塞放出,以免被残留在漏斗颈上的另一种液体所沾污。如图 2.20 和图 2.21 所示。

2. 液-固萃取

自固体中萃取化合物,通常是用长期浸出法或采用脂肪提取器(图 2.22)。前者是靠溶剂长期的浸润溶解而将固体物质中的需要成分浸出来,效率低,溶剂量大。

脂肪提取器是利用溶剂回流和虹吸原理,使固体物质每一次都能被纯的溶剂所萃取,因而效率较高。为增加液体浸溶的面积,萃取前应先将物质研细,用滤纸套包好置于提取器中。提取器下端接盛有萃取剂的烧瓶,上端接冷凝管,当溶剂沸腾时,冷凝下来的溶剂滴入提取器中,待液面超过虹吸管上端后,即虹吸流回烧瓶,因而萃取出溶于溶剂的部分物质。就这样利用溶剂回流和虹吸作用,使固体中的可溶物质富集到烧瓶中,提取液浓缩后,将所得固体进一步提纯。

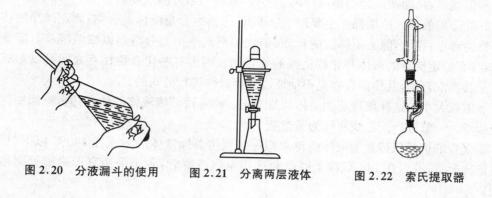

图2.20　分液漏斗的使用　　　图2.21　分离两层液体　　　图2.22　索氏提取器

第八节　蒸馏和分馏

蒸馏是纯化和分离液态物质的一种常用的方法,通过蒸馏还可以测定纯液态物质的沸点。液态物质受热沸腾化为蒸气,蒸气经冷凝又转变为液体,这个操作过程就称为蒸馏。

一、常压蒸馏

1. 原理和应用

蒸馏装置主要包括蒸馏瓶、冷凝管和接收器三部分,如图2.23所示。

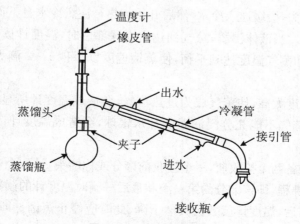

图2.23　常压蒸馏装置

　　纯的液态物质在一定压力下具有确定的沸点,不同的物质具有不同的沸点。蒸馏就是利用不同物质的沸点差异对液态混合物进行分离和纯化的。当液态混合物受热时,由于低沸点物质易挥发,首先被蒸出,而高沸点物质因不易挥发或挥发出的少量气体易被冷凝而滞留在蒸馏瓶中,从而使混合物得以分离。不过,只有当组分沸点相差在30 ℃以上时,蒸馏才有较好的分离效果。蒸馏操作主要用于以下几个方面:分离液体混合物;测定纯净液体有机化合物的沸点;提纯,除去不挥发的杂质;回收溶剂或蒸出部分溶剂以浓缩溶液。需要指出的是:具有恒定沸点的液体并非都是纯的化合物。因为有些化合物相互之间可以形成二元或三元共沸混合物,共沸混合物是不能通过蒸馏操作进行分离的。

　　蒸馏瓶大小的选择依待蒸馏液体的量而定。通常待蒸馏液体的体积约占蒸馏瓶体积的1/3~2/3。一般选择圆底烧瓶作为蒸馏瓶。

　　冷凝管的选择依待蒸馏液体的沸点而定。当待蒸馏液体的沸点在140 ℃以下时,应选用直形冷凝管;沸点在140 ℃以上时就要选用空气冷凝管,若仍采用直形冷凝管则易发生爆裂。

　　蒸馏装置中所采用的尾接管和接收瓶之间应留有缝隙,以确保蒸馏装置与大气相通。否则,封闭体系受热后会引起事故。

　　为了消除在蒸馏过程中的过热现象,保证沸腾的平稳状态,常加入素烧瓷片或沸石,或一端封口的毛细管,防止加热时产生暴沸现象。同时,必须注意的是,若在蒸馏时忘记加入沸石,千万不可以在液体接近沸腾或沸腾的时候再加入,这样反而会造成猛烈的暴沸。如果蒸馏的是易燃液体,将会引起火灾。另外也不能将沸石直接从蒸馏头上投进去,以防弄烂蒸馏瓶。正确的做法是:先停止加热,待液体稍冷片刻后再补加沸石。由于用过的沸石会失活,必须活化后才能重新使用,因此如果中途停止蒸馏,后来又需要继续蒸馏,也必须在加热前补加新的沸石,以免出现暴沸。

　　蒸馏低沸点易燃液体(如乙醇)时,千万不要用明火直接加热。特别是乙醚,一定要使用水浴加热蒸馏法进行蒸馏。用明火加热时,烧瓶底部一定要放置石棉网,以防因烧瓶受热不均而爆裂。

　　2. 操作

　　先打开冷凝水龙头,缓缓通入冷水,然后开始加热。注意冷水自下而上,蒸气自上而下,两者逆流冷却效果好。当液体沸腾,蒸气到达水银球部位时,温度计读数急剧上升,调节热源,让水银球上液滴和蒸气温度达到平衡,使蒸馏速度以每秒1~2滴为宜。此时温度计读数就是馏出液的沸点。

　　蒸馏时若热源温度太高,使蒸气成为过热蒸气,会造成温度计所显示的沸点偏高;若热源温度太低,馏出物蒸气不能充分浸润温度计水银球,会造成温度计读得的沸点偏低或不规则。

　　收集馏出液时准备两个接收瓶,一个接收前馏分或称馏头,另一个(需称重)接收所需馏分,并记下该馏分的沸程,即该馏分的第一滴和最后一滴时温度计的读数。

　　在所需馏分蒸出后,温度计读数会突然下降,此时应停止蒸馏。即使杂质很少,也不要蒸干,以免蒸馏瓶破裂或发生其他意外事故。

　　蒸馏完毕,应先撤出热源,然后停止通水,最后拆除蒸馏装置(与安装顺序相反)。

二、减压蒸馏

1．原理和应用

减压蒸馏是分离和提纯有机化合物的常用方法之一。它特别适用于那些在常压蒸馏时未达沸点即已受热分解、氧化或聚合的物质。液体的沸点是指它的蒸气压等于外界压力时的温度，因此液体的沸点是随外界压力的变化而变化的。如果借助于真空泵降低系统内压力，就可以降低液体的沸点，这便是减压蒸馏操作的理论依据。

2．装置

减压蒸馏装置（图2.24）主要由蒸馏、抽气（减压）、安全保护和测压四部分组成。

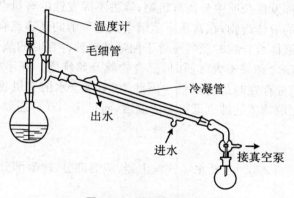

温度计
毛细管
冷凝管
出水
进水
接真空泵

图2.24　减压蒸馏装置

蒸馏部分由蒸馏瓶、克氏蒸馏头、毛细管、温度计及冷凝管、接收器等组成。克氏蒸馏头可减少由于液体暴沸而溅入冷凝管的可能性；而毛细管的作用，则是作为气化中心，使蒸馏平稳，避免液体过热而产生暴沸现象。毛细管口距瓶底约 1～2 mm，为了控制毛细管的进气量，可在毛细玻璃管上口套一段软橡皮管，橡皮管中插入一段细铁丝，并用螺旋夹夹住。蒸出液接收部分，通常用多尾接液管连接两个或三个梨形或圆形烧瓶，在接收不同馏分时，只需转动接液管。在减压蒸馏系统中切勿使用有裂缝或薄壁的玻璃仪器，尤其不能用不耐压的平底瓶（如锥形瓶等），以防止内向爆炸。抽气部分用减压泵，最常见的减压泵有水泵和油泵两种。安全保护部分一般有安全瓶。若使用油泵，还必须有冷阱与分别装有粒状氢氧化钠、块状石蜡及活性炭或硅胶、无水氯化钙等的吸收干燥塔，以避免低沸点溶剂，特别是酸和水汽进入油泵而降低泵的真空效能。所以在油泵减压蒸馏前必须在常压或水泵减压下蒸除所有低沸点液体和水以及酸、碱性气体。测压部分采用测压计。

3．操作方法

仪器安装好后，先检查系统是否漏气，方法是：关闭毛细管，减压至压力稳定后，夹住连接系统的橡皮管，观察压力计水银柱是否有变化，无变化说明不漏气，有变化即表示漏气。为使系统密闭性好，磨口仪器的所有接口部分都必须用真空油脂润涂好，检查仪器不漏气后，加入待蒸的液体，量不要超过蒸馏瓶的一半，关好安全瓶上的活塞，开动油泵，调节毛细管导入的空气量，以能冒出一连串小气泡为宜。当压力稳定后，开始加热。液体沸腾后，应注意控制温度，并观察沸点变化情况。待沸点稳定时，转动多尾接液管接收馏分，蒸馏速度以每秒 0.5～1 滴为宜。蒸馏完毕,除去热源,慢慢旋开夹在毛细管上的橡皮管的螺旋夹,待蒸馏瓶稍冷后再慢慢开启安全瓶上的活塞平衡内外压力(若开得太快,水银柱很快上升,有冲破测压计的可能),然后再关闭抽气泵。

三、水蒸气蒸馏

1. 原理和应用

水蒸气蒸馏操作是将水蒸气通入不溶或难溶于水但有一定挥发性的有机物(近 100 ℃时其蒸气压至少为 1 333.2 Pa)中,使该有机物在低于 100 ℃的温度下,随着水蒸气一起蒸馏出来。水蒸气蒸馏是用以分离和提纯有机化合物的重要方法之一,常用于下列几种情况:从大量树脂状杂质或不挥发性杂质中分离有机物;除去不挥发性的有机杂质;从固体多的反应混合物中分离被吸附的液体产物;在常压下蒸馏会发生分解的高沸点有机物质。

两种互不相溶的液体混合物的蒸气压等于两液体单独存在时的蒸气压之和。当组成混合物的两液体的蒸气压之和等于大气压时,混合物就开始沸腾。互不相溶的液体混合物的沸点,要比每一物质单独存在时的沸点低。因此,在不溶于水的有机物质中,通入水蒸气进行水蒸气蒸馏时,在比该物质的沸点低得多的温度,而且比 100 ℃还要低的温度就可以使该物质蒸馏出来。

2. 装置

水蒸气蒸馏装置(图 2.25)包括水蒸气发生器、蒸馏部分、冷凝部分和接收部分。

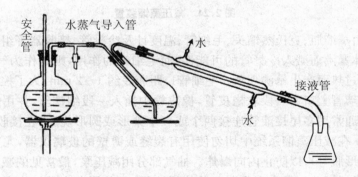

图 2.25　水蒸气蒸馏装置

水蒸气发生器一般是用金属制成的,也可用短颈圆底烧瓶代替。导出管与一 T 形管相连,T 形管的支管套一短橡皮管,管上用螺旋夹夹住,T 形管另一端与蒸馏部分的水蒸气导入管相连。这段水蒸气导管应尽可能短些,以减少水蒸气的冷凝。T 形管用来除去冷凝下来的水,有时在出现不正常情况时,使水蒸气发生器与大气相通。蒸馏部分常采用长颈圆底烧瓶,被蒸馏的液体分量不能超过其容积的 1/3,将其斜放与桌面成 45°,这样可以避免由于蒸馏时液体跳动十分剧烈而使液体从导出管冲出,沾污馏出液。瓶上配双孔软木塞,一孔插入水蒸气导入管,管的末端应接近烧瓶底部,以便水蒸气与蒸馏物充分接触,起搅拌作用。另一孔插入馏出液导管与冷凝管相连。此管在靠近烧瓶的这一段应尽可能短些,减少蒸气冷凝回烧瓶,另一段可长些,起冷凝作用。

3．操作

把要蒸馏的物质倒入烧瓶中，其量约为烧瓶容量的 1/3。操作前，水蒸气装置应经过检查，必须严密不漏气。开始蒸馏时，先把 T 形管上的夹子打开，电炉加热发生器里的水到沸腾。当有水蒸气从 T 形管的支管冲出时，再旋紧夹子，让水蒸气通入烧瓶中，这时可以看到瓶中的混合物翻腾不息，不久在冷凝管中就出现有机物质和水的混合物。调节火力，使瓶内的混合物不致飞溅得太厉害，并控制馏出液的速度约为每秒 2～3 滴。在蒸馏过程中，如果由于水蒸气的冷凝而使烧瓶内的液体量增加超过烧瓶容积的 2/3 时，可用小火将烧瓶加热。在操作时，要随时注意安全管中的水柱是否发生不正常的上升现象，以及烧瓶中的液体是否发生倒吸现象。一旦发生这种现象，应立刻打开夹子，移去热源，找出发生故障的原因。必须把故障排除后，才可继续蒸馏。当馏出液澄清透明，不再含有有机物质的油滴时，一般可停止蒸馏。这时应首先打开夹子然后移去火焰。

四、分馏

1．原理和应用

蒸馏和分馏的基本原理是一样的，都是利用有机物质的沸点不同，在蒸馏过程中低沸点的组分先蒸出，高沸点的组分后蒸出，从而达到分离提纯的目的。不同的是，分馏是借助于分馏柱使一系列的蒸馏不需多次重复，一次得以完成的蒸馏（分馏就是多次蒸馏）；应用范围也不同，蒸馏时混合液体中各组分的沸点要相差 30 ℃以上，才可以进行分离，而要彻底分离沸点要相差 110 ℃以上才行。分馏可使沸点相近的互溶液体混合物（甚至沸点仅相差 1～2 ℃）得到分离和纯化。

2．装置与操作

与普通蒸馏装置相比，简单的分馏装置（图 2.26）多一个分馏柱。

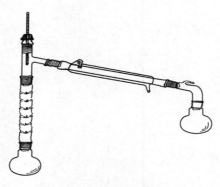

图 2.26　简易分馏装置

混合液沸腾后蒸气进入分馏柱中，因为沸点较高的组分易被冷凝，所以冷凝液中含有较多较高沸点的物质，而蒸气中低沸点的成分就相对地增多。冷凝液在下降途中与继续上升的蒸气接触，两者进行热交换，亦即蒸气中高沸点组分被冷凝，低沸点组分仍呈蒸气上升，而冷凝液中低沸点组分受热气化，高沸点组分仍呈液态下降。结果是上升的蒸气中低沸点组分增多,下降的冷凝液中高沸点组分增多。如此经过多次热交换,就相当于连续多次的普通蒸馏。以致低沸点组分的蒸气不断上升,而被蒸馏出来;高沸点组分则不断流回蒸馏瓶中,从而将它们分离。

值得注意的是馏分收集范围要严格无误,还要防止液泛的产生。液泛是指蒸馏速率增至某一程度时,上升的蒸气能将下降的液体顶上去,破坏了回流的现象。分馏的效率用回流比衡量,即从分馏柱中冷却返回分馏柱液量与馏出收集的液量之比。回流比越大,分馏效率越高。

第三章　实验数据的处理

第一节　有效数字及其运算规则

有效数字是指实际能测到的数字,包括全部可靠数字及一位不确定数字,它既反映数字的大小,也反映测量精度。

一、有效数字的记录与修约

要想取得准确的实验分析结果,不仅要准确测量,还要及时准确记录与计算。在记录时应遵守以下规定:

(1) 实验数据的记录不仅表示数量的大小,而且要正确地反映测量的精确程度。

(2) 一般有效数字的最后一位数字有 ± 1 个单位的误差。

(3) 数字前 0 只作定位不计入有效数字,数字后 0、数字之间和小数点后末尾的 0 计入有效数字。

(4) 对数与指数的有效数字按小数点后的数字计,误差只需保留 $1 \sim 2$ 位等。

有效数字的保留,遵循"四舍六入五成双"的修约规则。即当多余尾数 $\leqslant 4$ 时舍去,多余尾数 $\geqslant 6$ 时进位。尾数正好是 5 时,若 5 后数字不为 0 一律进位;若 5 后为 0 或无数字,则 5 前是奇数则进位,5 前是偶数则舍弃,简称"奇进偶舍"。修约时必须一次修约到位,不能连续多次的修约。

二、有效数字的运算规则

1. 加减法运算规则

结果的绝对误差应不小于各项中绝对误差最大的数,即与小数点后位数最少的数一致。

2. 乘除法运算规则

结果的相对误差应与各项中相对误差最大的数相适应,即与有效数字位数最少的数一致。

第二节 基础化学实验中的数据处理

为了做到简单明了、清晰正确地处理实验数据,通常采用列表法和作图法。

一、列表法

列表法是表达实验数据最常用的方法之一。将各种实验数据列入一种设计得体、形式紧凑的表格内,有利于对实验结果进行比较,有利于分析和阐明某些实验结果的规律性,也有利于检查和发现实验中的问题。

列表时要注意:

(1)表格设计要合理,简单明了。

(2)表中各物理量的符号、单位及量值的数量级要表示清楚,不要把单位写在数字后。

(3)表中数据要正确反映测量结果的有效数字和不确定度。

(4)实验室所给的数据或查得的数据应列在表格的上部,说明写在表格的下部。

二、作图法

作图是将实验原始数据通过正确的作图方法画出合适的曲线(或直线),从而形象、直观、准确地表现出实验数据的特点、关系和变化规律,并能进一步求解,获得斜率、截距等。一般我们可以用坐标纸作图或利用 Excel 电子表格作图。

无论是用哪种方法作图,都应遵循以下基本原则:

(1)正确选择坐标轴和比例,画出坐标轴,标明物理量符号、单位和值,并写明实验条件。一般将纵轴代表的物理量写在前面,横轴代表的物理量写在后面,中间以"-"相连。

(2)坐标的原点不一定是变量的零点,可根据测试范围加以选择。纵横坐标比例要恰当,以使图线居中。

(3)绘出的曲线或直线应尽可能接近或贯穿所有的点,并使两边点的数目和点离线的距离大致相等。这样描出的线才能较好地反映出实验测量的总体情况。

(4)将图纸贴在实验报告的适当位置,便于教师批阅实验报告。

第二部分

基础化学实验

常用实验技术及仪器

第四章　常用实验技术

第一节　滴定技术

一、原理

　　滴定分析法是将滴定剂滴加到含被测组分的溶液中,直到所加的试剂与被测组分按化学计量关系定量反应为止(化学计量点),然后根据滴定剂的浓度和消耗的体积计算被测组分含量的一种方法。滴定技术就是在滴定分析中应用的操作技术。

　　滴定时往往需在被测溶液中加入指示剂,以借助其颜色变化确定滴定终点。为了减小终点误差,应选择合适的指示剂,以使滴定终点尽可能接近化学计量点。因此,在滴定分析中,必须学会配制和标定标准溶液、正确使用滴定管、选择合适的指示剂和正确判断滴定终点。

　　滴定技术主要应用于含量大于 1% 的常量组分的分析。它具有仪器简单,操作简便快速,便于掌握,准确度较高的特点,一般相对误差在 0.2% 以下。

二、滴定操作

　　滴定操作一般是先将标准溶液装于滴定管中,并将其垂直夹在滴定管架上,再用移液管准确移取一定体积的待测液于锥形瓶中,加入几滴指示剂,用滴定管中溶液滴定锥形瓶中溶液至其颜色发生变化,如图 4.1 所示。滴定前应读取初读数。酸式滴定管操作如图 4.2 所示:用左手大拇指、食指和中指转动旋塞,右手拇指、食指和中指拿住锥形瓶,将滴定管下端尖嘴伸入锥形瓶内约 1 cm,使瓶底离滴定台 2～3 cm。且边滴加溶液,边摇动锥形瓶,以使瓶内溶液混合均匀,反应进行完全。

图 4.1　滴定操作

图 4.2　酸式滴定管操作

使用碱式滴定管时,用左手拇指和食指捏挤玻璃珠稍上方的乳胶管,无名指和中指夹住出口管,使出口管垂直不摆动。

注意 不能捏挤玻璃珠下方的乳胶管,以防空气进入形成气泡。

无论用哪种滴定管都必须根据不同的滴定反应掌握不同时期的加液速度,接近终点时,每加一滴摇匀,最后每加半滴摇匀,即"慢滴快摇",直至溶液出现明显的颜色变化。滴加半滴(即"悬而不滴")溶液时,应使悬挂的半滴溶液沿器壁流入瓶内,并用蒸馏水冲洗锥形瓶内壁,使附着在内壁的溶液流入锥形瓶中。

滴定完毕后,把滴定管中剩余溶液倒出弃去,并用水洗净,将其倒夹在滴定管夹上。酸式滴定管长期不用时,应在活塞磨口部分垫上纸片,以免活塞打不开;碱式滴定管长期不用时,应将乳胶管拔下。

在进行滴定操作时,应注意以下几点。

(1)每次滴定最好都从零刻度开始,或者是从接近"0"的任意一个刻度开始。

(2)摇瓶时,应微动腕关节,使锥形瓶作圆周运动,使瓶内溶液出现漩涡并向同一方向旋转。不能前后振动,以免锥形瓶中溶液溅出,引起误差。不要使瓶口碰到滴定管口上,以免损坏。

(3)滴定时不能任溶液自流,要观察锥形瓶中溶液的颜色变化,以合理控制滴定速度。不要只看滴定管上刻度的变化,不顾滴定反应的进行。

第二节　分光光度技术

一、简介

光线有不同的波长,肉眼可见的光称为可见光,波长范围 400～750 nm。小于 400 nm 的光线称为紫外线,大于 750 nm 的光线称为红外线,表 4.1 列出了各种单色光的波长范围。

表 4.1　光波波长与区带

光　波		波　长(nm)	光　波		波　长(nm)
紫外光	UV-C	＜280	可见光	黄绿光	560～580
	UV-B	280～320		黄色光	580～600
	UV-A	320～390		橙色光	600～650
可见光	紫色光	400～450		红色光	650～750
	蓝色光	450～480	红外光	近红外光	750～2 500
	青色光	480～490		中红外光	2 500～25 000
	蓝绿光	490～500		远红外光	25 000～40 000
	绿色光	500～560			

两种颜色的光按一定的强度比例混合,可以成为白光,这两种色光称为互补光。物质对光线具有选择性的吸收作用,因此,每种物质都具有其特异的吸收光谱。当白色光通过溶液时,如果溶液对各种波长的光都不吸收,则溶液透明无色;如果溶液对某些波长的光吸收较

少,而对其他波长的光吸收较多,则溶液呈现这种吸收较少而透过较多的光的颜色,即溶液呈现的是它所吸收光的互补色,吸收越多,颜色越深。如果溶液对光的吸收没有明显的选择性,即较均匀地吸收时,溶液呈现灰色。

分光光度技术(spectrophotography)是利用物质所特有的吸收光谱来鉴别物质或测定其含量的一项技术。因为分光光度法具有灵敏度强,精确度高,操作简便、快速,对于复杂的组分系统无须分离即可检测出其中所含的微量组分的特点,因此分光光度法目前已成为生物学和化学研究中广泛使用的方法之一。本节重点介绍紫外光-可见光分光光度法。

二、紫外光-可见光分光光度法

紫外光-可见光分光光度法是利用分光装置,将光源产生的连续光谱分成含紫外光或可见光的各种单色光,再用单色光照射待测溶液,经检测器接受透过光的强弱,并转换成电信号,从而实现对物质进行定性或定量分析的方法。用于分光光度分析的仪器叫分光光度计。

1. 原理

朗伯-比尔(Lambert-Beer)定律利用的是分光光度计进行比色分析的基本原理,这个定律是讨论有色溶液对单色光的吸收程度与溶液的浓度及液层厚度间的定量关系。在讨论朗伯-比尔定律时,需要先了解有色溶液颜色产生的原因和影响颜色深度的因素。

有色物质的显色,是由于它对光线的吸收具有选择性。因为白光实际上是波长在400~750 nm的电磁波,它是由紫、靛、蓝、绿、黄、橙、红等光混合而成的。当白色光通过溶液时,如果溶液对各种波长的光都不吸收,则溶液透明无色;如果溶液对某些波长的光吸收较少而对其他波长的光吸收较多,则溶液呈现这种吸收较少而透过较多的光的颜色。例如,溶液吸收了红光,透过蓝绿色光较多,则溶液呈现绿色;吸收了黄色光,而透过蓝色光较多,则溶液呈现蓝色。上述事实说明溶液呈现的颜色是它所吸收光色的互补色,吸收愈多,颜色愈深。如果溶液对光的吸收没有明显的选择性,即较均匀地吸收时,则溶液是灰色。

在分光光度分析中,有色物质溶液颜色的深度决定于入射光的强度、有色物质溶液的浓度和液层的厚度。当一束单色光透过有色物质溶液时,溶液的浓度愈大,透过液层的厚度愈大,入射光愈强,则光线的吸收愈多,光线强度的减弱也愈显著。

（1）朗伯-比尔定律。

布格和朗伯阐明了溶液的吸光度与吸收层厚度的比例关系,比尔则提出了光吸收与溶液浓度成正比。当同时考虑两种因素对单色光吸收的影响时,则得到布格-朗伯-比尔定律,习惯上称为朗伯-比尔定律。其数学表达式为

$$A = -\lg T = -\lg \frac{I}{I_0} = \varepsilon cl$$

式中,A为吸光度,T为透光率,I_0为入射光强度,I为透射光强度,l为吸收层厚度(cm),c为吸收物质的量浓度(mol·L^{-1}),ε为摩尔吸光系数(mol·L^{-1}·cm^{-1})。

从上式可以看出,透射光强度(I)的改变与待测溶液浓度(c)和液层厚度(l)有关。也就是溶液浓度越大,液层越厚,透过光的强度也就愈弱。这就是光吸收定律的意义。

（2）朗伯-比尔定律的局限性。

有时获得的吸光度与浓度之间不呈直线关系,这时就应注意选择合适的分光比色条件,

才能得到准确的结果。选择最适合的滤光片或入射光波长,使溶液对这种波长范围的光有最大的吸收,这样才能达到较高的灵敏度。同时,单色光的波长范围应该较窄,即单色光的纯度较高,这样才能较好地符合朗伯-比尔定律(严格说来,朗伯-比尔定律只适用单色光)。测量时光吸收的大小应适当,过大过小均会带来较大的测定误差。通常光吸收的数值应控制在0.05~1.0以内,为此可调节溶液浓度和使用不同厚度的比色皿。测量时,根据不同情况选用不同的对照溶液,当显色剂及其他试剂均无色,而被测溶液中又无其他离子时,可用蒸馏水作对照溶液;如显色剂本身有颜色,则用显色剂作对照;如显色剂本身无色,而被测溶液中有其他有色离子时,则用不加显色剂的被测溶液作对照。

2. 种类

紫外-可见分光光度计,按其光学系统可分为单波长与双波长分光光度计、单光束与双光束分光光度计。双光束紫外-可见分光光度计如图4.3所示。

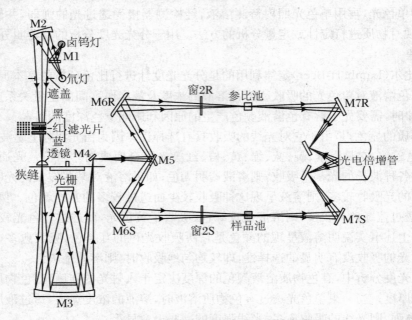

图 4.3 双光束紫外-可见分光光度计光路图

单光束仪器中,分光后的单色光直接透过吸收池,交互测定待测池和参比池。这种仪器结构简单,适用于测定特定波长的吸收,进行定量。而双光束仪器中,从光源发出的光经分光后再经扇形旋转镜分成两束,交替通过参比池和样品池,测得的是透过样品溶液和参比溶液的光信号强度之比。双光束仪器克服了单光束仪器由于光源不稳引起的误差,并且可以方便地对全波段进行扫描。

双波长紫外-可见分光光度计(图4.4)既可用作双波长分光光度计又可用作双光束仪器。双波长仪器的主要特点是可以降低杂散光,光谱精度高。

常用的分光光度计主要有721型、722型、723型、751型、753型、755型等。

3. 应用

紫外光-可见光分光光度法广泛应用于动、植物蛋白质,氨基酸,核酸和糖类的定性定量分析、农产品品质分析以及各种酶活性测定等,简介如下。

（1）蛋白质含量的测定。

利用蛋白质分子中的肽键或特定氨基酸残基的颜色反应,以及其特有的吸收光谱可以进行定性或定量测定。目前常用的有 Lowry 法、色素结合法、紫外吸收法和双缩脲法等。

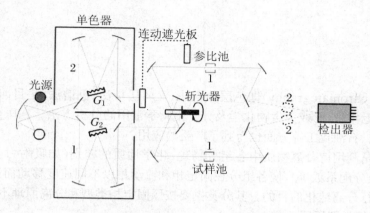

图 4.4　双波长紫外可见分光光度计光路图

根据不同的分析目的,选用相应的提取介质,如蒸馏水、缓冲液、稀碱、稀酸或盐溶液等提取出蛋白质,注意提取过程中应在低温下进行,以防止蛋白水解酶的水解。必要时还应加入蛋白酶抑制剂,如对氯汞苯甲酸(PCMD)可抑制以巯基为活性中心的蛋白水解酶;二异丙基氟磷酸(DFP)能抑制以丝氨酸为活性中心的蛋白水解酶,根据待测样的吸光度计算出蛋白质含量。

（2）氨基酸含量的测定。

通常利用氨基酸与水合茚三酮反应,定量地生成二酮茚胺的取代盐等蓝紫色化合物,在一定范围内,其颜色深浅与氨基酸的含量成正比。

（3）糖类含量的测定。

用蒸馏水或 70% 的乙醇抽提样品后,还需要沉淀其中的蛋白质,经过滤或离心后,用上清液进行测定。常用的方法主要有二硝基水杨酸法和斐林试剂比色法测定还原糖,蒽酮比色法和苯酚法测定可溶性糖。

（4）核酸含量的测定。

核酸的定量测定是依据核酸结构及性质上的差异进行的。主要有定糖法、定磷法和紫外吸收法等。在实际测定时,选用定糖法的比较多。可根据下列原则选择适当方法。当抽提出总核酸时,用对-溴苯肼法测定 RNA,用硝基苯肼法测定 DNA,其反应产物的吸收高峰分别在 450 nm 和 560 nm。当分别抽提 RNA 和 DNA 时,可用地衣二酚法测定 RNA,二苯胺法测定 DNA,并分别在 670 nm 和 600 nm 波长下读取吸光值。

（5）酶活性测定。

在进行酶活性测定时,常利用酶促反应的底物或产物能吸收不同波长的光来进行测定。

第三节　色谱技术

一、简介

色谱技术(chromatography)即色层分析法,又叫层析法、色谱法,是目前广泛应用的一种分离技术。近年来,已成为生物化学及分子生物学常用的分析方法。在医药卫生、环境化学、高分子材料、石油化工等方面也得到了广泛的应用。

色谱技术是利用待分离物质中各组分物理、化学性质的差别(如吸附力、分子形状和大小、分子极性及分配系数等),使各组分在固定相和流动相以不同速度移动而达到分离,从而达到对物质进行分离纯化的目的。其分类主要按照固定相类型和分离原理不同来进行。

1. 按固定相类型不同

(1) 吸附柱色谱(column chromatography):固体吸附剂为固定相,以有机溶剂或缓冲液为流动相构成柱的一种色谱方法。

(2) 薄层色谱(thin layer chromatography):薄层色谱是以涂布于薄板等载体上的基质为固定相,以液体为流动相,点样后用流动相展开,使各组分分离的一种色谱方法。

(3) 纸色谱(paper chromatography):用滤纸作液体的载体,点样后用流动相展开,使各组分分离。

2. 按分离原理不同

(1) 吸附色谱(absorption chromatography):利用吸附剂表面对不同组分吸附性能的差异,达到分离鉴定的目的。

(2) 分配色谱(partition chromatography):利用不同组分在流动相和固定相之间的分配系数不同而使之分离的方法。固定相是水,流动相是有机溶剂。

(3) 离子交换色谱(ion-exchange chromatography):离子交换色谱是在以离子交换剂为固定相,液体为流动相的系统中进行的。离子交换剂是由基质、电荷基团和反离子构成的。离子交换剂与水溶液中离子或离子化合物的反应主要以离子交换方式进行,或借助离子交换剂上电荷基团对溶液中离子或离子化合物的吸附作用进行。

(4) 凝胶色谱(gel chromatography):凝胶色谱又叫分子筛色谱,其原理是凝胶具有网状结构,小分子物质能进入其内部,而大分子物质却被排除在外部。当一混合溶液通过凝胶过滤色谱柱时,溶液中的物质就按不同分子量筛分开了。

(5) 亲和色谱(affinity chromatography):利用生物分子间亲和吸附的特异性不同而进行分离的技术。专门用于分离生物大分子。

本节重点介绍大学基础化学实验常用的分配色谱和薄层色谱。

二、分配色谱

分配色谱是利用待分离物中各组分在两种或两种以上不同溶剂中的分配系数不同而分

离各组分的方法。

　　大学基础化学实验中常用纸上色谱,主要是由于其操作简便,不需要特殊仪器。它以滤纸为支持物,以纸吸附的水为固定相。若将样品加到滤纸上,当有机相在纸上展开时,样品便在水相和有机溶剂相之间进行分配。由于各组分的分配系数不同,分配系数大的组分在纸上迁移的速度慢,分配系数小的组分迁移的速度快,最后不同的组分可以完全分离。

　　物质在纸上的移动速率可以用迁移率或比移值 R_f 值表示。

$$R_f = \frac{色斑中心至原点中心的距离}{溶剂前缘至原点中心的距离}$$

　　物质在一定溶剂中的分配系数是一定的,因而移动速率(R_f 值)也恒定,因此可以根据 R_f 值来鉴定被分离的物质。

　　由于在同一实验条件下,两相体积比为一常数,所以 R_f 值主要取决于分配系数 K。因此,凡能影响分配系数的因素,均能影响 R_f 值。这些因素主要有以下几个。

　　(1)物质极性大小:在纸层析中,极性物质易进入固定相,非极性物质易进入流动相。所以,决定分配情况的主要因素是物质极性的大小。极性大的物质其 R_f 值较小。

　　(2)展开剂的组成和性质:展开剂的组成和性质的改变,直接影响分配系数的数值,自然也影响 R_f 值。

　　(3)pH:pH 可影响物质的离解及流动相中的含水量。pH 增加或降低,都会使极性物质 R_f 值增加。

　　(4)温度:温度可影响分配系数,还影响溶剂组成及纤维素的水合作用。纸层析应在恒温下进行。

　　(5)滤纸:对滤纸的要求是质地均一,薄厚适当,松紧适中,纯度较高,机械强度好。目前常见的纸上色谱展开剂如表 4.2 所示。

表 4.2　常见的纸上色谱展开剂

分离物	展开剂(100 mL)
氨基酸	正丁醇:乙醇:水(40:10:50);正丁醇:吡啶:水(33:33:33)
	甲醇:吡啶:水(25:12:63)
单糖或二糖	正丁醇:吡啶:水(50:28:22)
叶绿素和类胡萝卜素	丙醇:石油醚(4:96);氯仿:石油醚(30:70)

三、薄层色谱

　　薄层色谱(thin layer chromatography)常用 TLC 表示,又称薄层层析,属于固-液吸附色谱,是近年来发展起来的一种微量、快速而简单的色谱法。它是将吸附剂在玻璃板上均匀地铺成薄层,把要分析的样品加到薄层上,再用合适的溶剂展开,来达到分离、鉴定的目的。它兼备了柱色谱和纸色谱的优点,一方面适用于少量样品(几微克,甚至 0.01 微克)的分离;另一方面在制作薄层板时,把吸附层加厚加大,将样品点成一条线,则可分离多达 500 mg 的样品。因此,又可用来精制样品。此法特别适用于挥发性较小或较高温度易发生变化而不能用气相色谱分析的物质。

薄层色谱是一种微量、快速和简便的色谱方法。由于各种化合物的极性不同,吸附能力不相同,在展开剂上移动,进行不同程度的解析,根据原点至主斑点中心及展开剂前沿的距离,计算比移值(R_f)。化合物的吸附能力与它们的极性成正比,具有较大极性的化合物吸附较强,因此 R_f 值较小。在给定的条件下(吸附剂、展开剂、板层厚度等),化合物移动的距离和展开剂移动的距离之比是一定的,即 R_f 值是化合物的物理常数,其大小只与化合物本身的结构有关,因此可以根据 R_f 值鉴别化合物。

薄层色谱实验基本流程如下。

1. 铺板

取 7.5×2.5 cm 左右的载玻片 5 片,洗净晾干。在 50 mL 烧杯中,放置 3 g 硅胶 G,逐渐加入 0.5% 羧甲基纤维素钠水溶液(CMC)8 mL,调成均匀的糊状,涂于上述洁净的载玻片上,用手将带浆的玻片在水平的桌面上做上下轻微的颠动,制成薄厚均匀、表面光洁平整的薄层板,涂好的硅胶 G 的薄层板置于水平的玻璃板上,在室温放置 0.5 h 后,放入烘箱中,缓慢升温至 110 ℃,恒温 0.5 h 后取出,稍冷后置于干燥器中备用。

2. 点样

将样品溶于低沸点的溶剂(乙醚、丙酮、乙醇等)中配成溶液。点样前,可先用铅笔在小板上距一端 5 mm 处轻轻划一横线,作为起始线,然后用毛细管吸取样品在起始线上小心点样,如需重复点样,则应待前次点样的溶剂挥发后方可重点。若在同一块板上点几个样,样品点间距离为 5 mm 以上。

3. 展开

展开剂的选择主要根据样品的极性、溶解度和吸附剂的活性等因素来考虑。薄层的展开在密闭的容器中进行。先将选择的展开剂放入广口瓶中,使广口瓶内空气饱和 5~10 min,再将点好试样的薄层板放入广口瓶中进行展开,点样的位置必须在展开剂液面之上,当展开剂上升到薄层的前沿(离前端 5~10 mm)或多组分已明显分开时,取出薄层板放平晾干,用铅笔划溶剂前沿的位置后,即可显色。

4. 显色

如果化合物本身有颜色,就可直接观察它的斑点。如果本身无色,可先在紫外灯光下观察有无荧光斑点(有苯环的物质都有),用铅笔在薄层板上划出斑点的位置;对于在紫外灯光下不显色的,可放在含少量碘蒸气的容器中显色来检查色点(因为许多化合物都能和碘成黄棕色斑点),显色后,立即用铅笔标出斑点的位置。

5. 计算 R_f 值

准确地找出原点、溶剂前沿以及样品展开后斑点的中心,分别测量溶剂前沿和样点在薄层板上移动的距离,求出其 R_f 值。

第四节　电泳技术

一、简介

　　电泳(electrophoresis)是带电粒子在电场中向与自身带相反电荷的电极移动的现象。电泳分析技术指利用电泳现象对混合物进行分离分析的技术。

　　各种电泳技术具有如下特点：① 凡是带电物质均可应用某一电泳技术进行分离，并可进行定性或定量分析；② 样品量极少；③ 设备简单，可在常温下进行；④ 操作简单省时；⑤ 分辨率高。已被广泛应用于基础理论研究、临床诊断及工业制造等方面。

二、分类

1. 按有无支持物分

　　(1) 自由电泳(无支持体)。自由电泳主要包括：① Tise-leas 式微量电泳。② 显微电泳。即用显微镜直接观察细胞等大颗粒物质电泳行为的过程。目前此法已用于研究膜结构以及癌细胞和正常细胞的差异性等方面。③ 等电聚焦电泳。④ 等速电泳。⑤ 密度梯度电泳等。

　　(2) 区带电泳(有支持体)。区带电泳主要包括：① 滤纸电泳(常压及高压)。② 薄层电泳(薄膜及薄板)。③ 凝胶电泳(琼脂糖、聚丙烯酰胺凝胶)等。

2. 按电泳的原理分

　　(1) 移动界面电泳(moving boundary electrophoresis)。

　　移动界面电泳是胶体溶液的溶质颗粒经过电泳后，在胶体溶液和溶剂之间形成界面的电泳过程。

　　(2) 区带电泳(zone electrophoresis)。

　　区带电泳是样品在一惰性支持物上进行电泳的过程。因电泳后，样品的不同组分可形成带状的区间，故称区带电泳。采用不同类型的支持物进行该电泳时，能分离鉴定小分子物质(如核苷酸、氨基酸和肽类等)和大分子物质(如核酸、蛋白质，以及病毒颗粒等)。由于区带电泳有支持物存在，所以减少了界面之间的扩散和异常现象的干扰发生。加之，某些支持物如聚丙烯酰胺凝胶同时具有分子筛的功能，因此区带电泳的灵敏度和分辨率可以提高。另外，区带电泳还有设备简单、操作方便的优点，故在生物化学、医学临床等方面得到十分广泛的应用。目前该电泳法已成为开展生物化学和分子生物学等研究工作的一种不可缺少的工具。

　　(3) 稳态电泳(steady state electrophoresis)。

　　稳态电泳是带电分子颗粒在电场的作用下迁移一段时间后达到稳态，电泳条带的宽度不随时间的变化而变化，如等电聚焦和等速电泳。

三、原理

当把一个带电颗粒放入电场时,便受到一个驱动力(F)作用而使带电颗粒在电场中向一定方向泳动迁移,F的大小取决于带电颗粒净电荷量(Q)及其所处的电场强度(E),可用式(4.1)表示:

$$F = EQ \tag{4.1}$$

此颗粒在泳动过程中还受到一个来自介质的相反方向的摩擦力(F')作用。根据 Stoke 公式,阻力大小取决于带电颗粒的大小、形状以及所处介质的黏度,可用式(4.2)表示:

$$F' = fv \tag{4.2}$$

式(4.2)中,f 为摩擦系数。当这两种力相等时,颗粒则以速度(v)向前泳动,速度(v)可用式(4.3)表示,摩擦系数 f 可用式(4.4)表示:

$$v = (EQ)/f \tag{4.3}$$
$$f = 6\pi r\eta \tag{4.4}$$

式(4.4)中,r 为颗粒半径,η 为介质黏度。把式(4.4)代入式(4.3)则:

$$v = (EQ)/6\pi r\eta \tag{4.5}$$

从式(4.5)可看出,带电颗粒在电场中泳动的速度与电场强度和带电颗粒的净电荷成正比,而与颗粒半径和介质黏度成反比。若颗粒是具有两性电介质性质的蛋白质分子时,它在一定 pH 溶液中的电荷性质是独特的。这种物质在电场中泳动一段时间后,便会集中到确定的位置随便呈一条致密区带。若样品为混合的蛋白质溶液时,由于不同蛋白质的等电点和分子量是不同的,因此经电泳后,就形成了泳动度不同的区带。利用此性质,便可把混合液中不同的蛋白质(或其他物质)分离开,也可用其对样品的纯度进行鉴定。

不同的带电颗粒在同一电场中泳动的速度是不同的,其泳动速度常用迁移率(或称泳动度)m 表示,泳动度也可写成式(4.6):

$$m = v/E = Q/6\pi r\eta \tag{4.6}$$

在一定的条件下,任何带电颗粒都具有自己的特定泳动度。它是胶体颗粒的一个物理常数,可用其鉴定蛋白质等物质,还可用其研究蛋白质、核酸等物质的一些化学性质。影响泳动速度的因子有颗粒的性质、电场强度和溶液的性质等。

1. 颗粒性质

颗粒直径、形状以及所带的净电荷量对泳动速度有较大影响。一般来说,颗粒带净电荷量越大,或其直径越小,或其形状越接近球形,在电场中泳动速度就越快。反之,则越慢。

2. 电场强度

电场强度对泳动速度起着十分重要的作用。电场强度越高,带电颗粒泳动速度越快。根据电场强度大小,又将电泳分为常压电泳和高压电泳。

3. 溶液性质

溶液性质主要是指电极溶液和蛋白质样品溶液的 pH、离子强度和黏度等。溶液 pH 决定带电颗粒的解离程度,也即决定其带净电荷的量。对蛋白质而言,溶液的 pH 离其等电点愈远,则前期带净电荷量就愈大,从而泳动速度就越快。反之,则越慢。溶液的离子强度一般在 0.02~0.2 之间时,电泳较合适。若离子强度过高,则会降低颗粒的泳动度。其原因是,带电颗粒能把溶液中与其电荷相反的离子吸引在自己的周围形成离子扩散层。这种静电引力作用的结果,导致颗粒泳动度降低;若离子强度过低,则缓冲能力差,往往会因溶液pH变化而影响泳动度的速率。泳动度与溶液黏度成反比例关系。因此,黏度过大或过小,必然影响泳动度。

四、琼脂糖电泳

琼脂糖电泳(图4.5)是分离鉴定和纯化DNA片段的标准方法。该技术操作简便快速,可以分辨用其他方法(如密度梯度离心法)所无法分离的DNA片段。用低浓度的荧光嵌入染料溴化乙锭(ethidium bromide,EB)染色,在紫外光下至少可以检出1～10 ng的DNA条带,从而可以确定DNA片段在凝胶中的位置。此外,还可以从电泳后的凝胶中回收特定的DNA条带,用于以后的克隆操作。

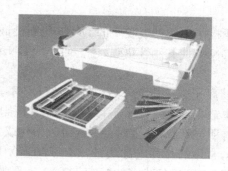

图4.5　琼脂糖电泳仪

琼脂糖可以制成各种形状、大小和孔隙度。琼脂糖凝胶分离DNA片段大小范围较广,不同浓度琼脂糖凝胶可分离长度从200 bp至近50 kb的DNA片段。琼脂糖通常用水平装置在强度和方向恒定的电场下电泳。目前,一般实验室多用琼脂糖水平凝胶电泳装置进行DNA电泳。

琼脂糖加热至90～100 ℃左右,即可形成清亮透明的液体。浇在模板上冷却至40～45 ℃时,凝固形成凝胶。琼脂糖带有亲水性,不含有带电荷的基团,不引起DNA变性,又不吸附被分离的物质,因此它是一种很好的凝胶剂。琼脂糖凝胶可区分相差100 bp的DNA片段。琼脂糖主要在DNA制备电泳中作为一种固体支持基质,其密度取决于琼脂糖的浓度。在电场中,在中性pH下带负电荷的DNA向阳极迁移,其迁移速率由下列多种因素决定。

1. DNA分子的大小

线状双链DNA分子在一定浓度琼脂糖凝胶中的迁移速率与DNA分子量对数成反比,分子越大则所受阻力越大,也越难于在凝胶孔隙中蠕行,因而迁移得越慢。

2. 琼脂糖浓度

一个给定大小的线状DNA分子,其迁移速度在不同浓度的琼脂糖凝胶中各不相同。DNA电泳迁移率的对数与凝胶浓度呈线性关系。凝胶浓度的选择取决于DNA分子的大小。分离小于0.5 kb的DNA片段所需胶浓度是1.2%～1.5%,分离大于10 kb的DNA分子所需胶浓度为0.3%～0.7%,DNA片段大小间于两者之间则所需胶浓度为0.8%～1.0%。

3. DNA 分子的构象

当 DNA 分子处于不同构象时,它在电场中移动距离不仅和分子量有关,还和它本身构象有关。相同分子量的线状、开环和超螺旋 DNA 在琼脂糖凝胶中移动速度是不一样的,超螺旋 DNA 移动最快,而线状双链 DNA 移动最慢。如在电泳鉴定质粒纯度时发现凝胶上有数条 DNA 带难以确定是质粒 DNA 不同构象引起还是因为含有其他 DNA 引起时,可从琼脂糖凝胶上将 DNA 带逐个回收,用同一种限制性内切酶分别水解,然后电泳。如在凝胶上出现相同的 DNA 图谱,则为同一种 DNA。

4. 电源电压

在低电压时,线状 DNA 片段的迁移速率与所加电压成正比。但是随着电场强度的增加,不同分子量的 DNA 片段的迁移率将以不同的幅度增长,片段越大,因场强升高引起的迁移率升高幅度也越大,因此电压增加,琼脂糖凝胶的有效分离范围将缩小。要使大于 2 kb 的 DNA 片段的分辨率达到最大,所加电压不得超过 5 V·cm^{-1}。

5. 嵌入染料的存在

荧光染料溴化乙锭用于检测琼脂糖凝胶中的 DNA,染料会嵌入到堆积的碱基对之间并拉长线状和带缺口的环状 DNA,使其刚性更强,还会使线状 DNA 迁移率降低 15%。

6. 离子强度影响

电泳缓冲液的组成及其离子强度影响 DNA 的电泳迁移率。在没有离子存在时(如误用蒸馏水配制凝胶),电导率最小,DNA 几乎不移动,在高离子强度的缓冲液中(如误加 10× 电泳缓冲液),则电导很高并明显产热,严重时会引起凝胶熔化或 DNA 变性。

对于天然的双链 DNA,常用的几种电泳缓冲液有 TAE[含 EDTA(pH 8.0)和 Tris-乙酸],TBE(Tris-硼酸和 EDTA),TPE(Tris-磷酸和 EDTA),一般配制成浓缩母液,储于室温。

五、醋酸纤维薄膜电泳

采用醋酸纤维薄膜作为支持物的电泳方法,称为醋酸纤维薄膜电泳。醋酸纤维素是纤维素的羟基乙酰化所形成的纤维素醋酸酯。将它溶于有机溶剂(如丙酮、氯仿、氯乙烯、乙酸乙酯等)后,涂抹成均匀的薄膜,干燥后就成为醋酸纤维薄膜。现有国产醋酸纤维薄膜成品出售。醋酸纤维薄膜具有泡沫状的结构,有很强的通透性,对分子移动阻力很小。如图 4.6 所示是目前实验室常用的北京六一仪器厂生产的 DYCP-38B 型卧式水平电泳槽,其用途为:可做各种纸电泳、醋酸纤维薄膜电泳、载玻片电泳。

醋酸纤维素薄膜作为电泳支持体有以下优点:① 电泳后区带界限清晰;② 通电时间较短(20 min～1 h);③ 它对各种蛋白质(包括血清白蛋白,溶菌酶及核糖核酸酶)几乎完全不吸附,因此无拖尾现象;④ 对染料也没有吸附,因此不结合的染料能完全洗掉,无样品处几乎完全无色。它的电渗作用虽高但很均一,不影响样品的分离效果,由于醋酸纤维素薄膜吸水量较低,因此必须在密闭的容器中进行电泳。

根据样品理化性质,从提高电泳速度和分辨率出发选择缓冲液的种类、pH 和离子强度。选择好的缓冲液最好是挥发性强,对显色或紫外光等观察区带没有影响,若样品含盐量较高时,宜采用含盐缓冲液。例如血清蛋白电泳可选用 pH 8.6 的巴比妥缓冲液或硼酸缓冲液;氨基酸的分离则可选用 pH 7.2 的磷酸盐缓冲液等。电泳时先将滤膜剪成一定长度和宽度的纸条。在欲点样的位置用铅笔做上记号，点上样品，在一定的电压、电流下电泳一定时间，取下滤膜，进行染色。不同物质需采用不同的显色方法，如核苷酸等物质可在紫外分析灯下观察定位，但许多物质必须经染色剂显色。

图 4.6　DYCP-38B 型卧式水平电泳槽

　　醋酸纤维素薄膜电泳染色后区带可剪下，溶于一定的溶剂中进行光密度测定。也可以浸于折射率为 1.474 的油中或其他透明液中使之透明，然后直接用光密度计测定。它的缺点是厚度小，样品用量很小，不适于制备。

　　醋酸纤维素薄膜电泳是近年来推广的一种新技术。目前已广泛应用于科学实验、生化产品分析和临床化验，血红蛋白、球蛋白、糖蛋白、甲胎蛋白、类固醇、同工酶等的分离和鉴定及免疫电泳中，这种方法具有简单、快速、样品量少、区带清晰、灵敏度高、便于照像和保存等特点。它的分辨率虽然比不上淀粉和聚丙烯酰胺凝胶电泳，但是比纸电泳要强得多。所以现在趋向用醋酸纤维薄膜电泳代替纸电泳。

六、聚丙烯酰胺凝胶电泳

　　聚丙烯酰胺凝胶电泳（PAGE）是以聚丙烯酰胺凝胶作为支持物的一种电泳方法（图 4.7）。聚丙烯酰胺凝胶电泳有如下优点：① 聚丙烯酰胺凝胶是人工合成的多聚体。调节单体浓度，或单体和交联剂的比例，就能得到孔径不同、范围广泛的凝胶物质，而且重复性好。② 聚丙烯酰胺凝胶机械强度好，弹性大（类似橡皮），有利于电泳后进行各种处理。③ 聚丙烯酰胺凝胶无电渗作用。④ 所需样品量少，分辨率较高。⑤ 用途广，能对蛋白质、多肽和核酸等大分子物质进行分离和分析（包括定性和定量分析）；能用于对毫克水平材料的制备；还能用于对蛋白质和核酸分子量的测定等方面。

　　从其分离机理而言，主要分为两种分离方式。

1. 连续系统电泳（continuous electrophoresis）

　　连续电泳是利用蛋白质分子的电荷效应进行分离的，凝胶的分子筛效应不明显，一般只用于分离一些比较简单的样品，缺点是分辨率不高。但对于一些浓度比较高的样品，加样量很少的情况下，有时也能得到较好的分离效果。

2．不连续系统电泳（discontinuous electrophoresis）

不连续系统电泳是指使用不同孔径的凝胶和不同缓冲体系的电泳方式，在电泳分离过程中，由于浓缩胶的堆积作用，可使样品在浓缩胶和分离胶的界面上先浓缩成一窄带，然后在一定浓度或浓度梯度的凝胶上进行分离，既存在电荷效应，也有分子筛效应。

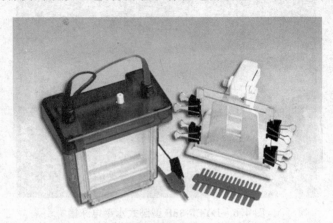

图 4.7　聚丙烯酰胺凝胶电泳仪

目前实验室多采用不连续系统聚丙烯酰胺凝胶电泳，它是以单体丙烯酰胺和双体甲撑双丙烯酰胺（交联剂）为材料，在催化剂作用下，聚合为含酰胺基侧链的脂肪族长链，在相邻长链间通过甲撑桥连接而形成的三维网状结构物质。不连续系统电泳具有以下三种物理效应。

（1）样品的浓缩效应。

浓缩胶选用 pH 6.8 Tris/HCl 缓冲液，电极液选用 pH 8.3 Tris/Gly 缓冲液时，在电泳的起始，盐酸几乎全部解离释放出氯离子，甘氨酸则只有 1%～0.1% 解离释放出甘氨酸根离子，而酸性蛋白质一般在浓缩胶中解离为带负电荷的离子。这三种离子带有相同类型的电荷，并同时向正极移动，最快的为氯离子，中间为蛋白质，最慢的是甘氨酸根离子。随着电泳进行时，由于氯离子的泳动率最大，因此很快超过蛋白质，于是在快离子后边形成一离子浓度低的区域，即低电导区；在低电导区就产生了较高的电场强度。这种环境使蛋白质和甘氨酸根离子在氯离子后面加速移动。当电场强度和泳动率的乘积彼此相等时，三种离子移动速度相同。快离子和慢离子移动速度相等的稳定状态建立之后，则在快离子和慢离子之间形成一稳定而又不断向阳极移动的界面。由于样品蛋白的有效泳动率恰好介于快、慢离子之间，因而它就聚集在这个界面的附近，并浓缩为一个狭窄的中间面。一般样品可浓缩 300 多倍。样品被浓缩的程度与其本身浓度无关，起决定作用的因子是氯离子的浓度。当氯离子的浓度高时，样品被浓缩的程度也高。

（2）电荷效应。

样品经浓缩后进入分离胶后，各种蛋白质所带净电荷不同，在电场下的迁移率也不同。所以各种蛋白质样品经分离胶电泳后，若样品组分的分子量相等，则它们就以圆盘状或带状按电荷顺序一个一个的排列起来，表面电荷多的蛋白质分子则迁移快；反之，则慢。

（3）分子筛效应。

分子大小和形状不同的蛋白质通过一定孔径的分离胶时，受阻滞的程度不同而表现出不同的迁移率,这就是凝胶的分子筛效应。在孔径均一的小孔径中,相对分子质量小且为球形的蛋白质分子所受阻力小,移动快,走在前面;反之,则阻力大,移动慢,走在后面。从而通过分离胶的分子筛作用将各种蛋白质分成各自的区带。

上述三种物理效应,电泳时任何一种效应都不是单独存在的,三者共存于一体,对蛋白质样品起协同作用;样品各组分依照带电量、相对分子质量及形状按顺序分离。

<h2>第五节　热化学测量技术</h2>

一、概述

在一定的条件下,化学反应放出或吸收的热量称为该化学反应的热效应,化学热效应的大小与参比态以及体系本身的压力、温度、体积等状态有关。物质的生成热、燃烧热、溶解热、相变热等热力学数据,大多是通过量热实验来获得。准确地测定化学反应的热效应有着十分重要的意义。

二、种类

最常见的热化学测量技术有量热技术、差热分析技术和热分析(步冷曲线法)技术等,而热化学测量技术又与温度测量技术密切相关。

1. 量热技术

测量化学反应热效应的仪器称为量热计,又称热量计。如果将研究体系置于热量计中,化学反应的热效应势必会引起体系温度的变化,通过测量补偿热或温度差等方法就可求得该化学反应的热效应,主要的测量方法有:相变补偿量热法、电效应补偿量热法、时间温差量热法、位置温差量热法等方法。

(1)相变补偿量热法。

将一反应体系置于冰水浴中,其热效应将使部分冰融化或部分水凝固。已知冰的单位质量融化焓,只要测得冰水转化的质量,就可求得热效应的数值。这是一种最简单的冰热量计,这类热量计简单易行,灵敏度和准确度都较高,热损失小。然而,热效应是处于相变温度这一特定条件下发生的,这即为确定热效应的环境提供了精确的数据,同时也限制了这类热量计的使用范围。

(2)电效应补偿量热法。

对于一个吸热的化学或物理变化过程,可将体系置于一种液体介质中,利用电热效应对其补偿,使介质温度保持恒定。这类热量计的工作原理和恒温水浴相似。由测温系统将测得值与设定值比较后,反馈给控制系统。其不同点在于,加热器所消耗的电功可由电压 U、电流 I 和时间 t 的精确测定求得。如不考虑体系的介质与外界的热交换,则该变化过程的焓变 ΔH 为

$$\Delta H = Q_p = \int U(t) \cdot I(t) \cdot dt \tag{4.7}$$

显然,介质温度可以根据需要设定,温度波动情况可由高灵敏度的温差温度计显示。电量的测量精度远高于温度的测量。只要介质恒温良好,焓变的测得值就可靠。至于介质与外界的热交换、介质搅拌所产生的热量以及其他干扰因素都可以通过空白实验予以校正。

(3) 时间温差量热法。

在绝热条件下,将被测体系置于某一量热计中,体系发生化学反应的过程所产生的热效应使体系温度升高或降低,通过不同时间 t 测量体系温度的变化 ΔT 而获得该体系化学反应的热效应,这种方法就是时间温差量热法。

如果能知道量热计的各个部件、工作介质以及研究体系本身的总热容 $C_{计}$,则过程的热效应 Q_V 为

$$Q_V = C_{计} \cdot \Delta T = C_{计}[T(t_1) - T(t_2)] \tag{4.8}$$

由于量热计与环境之间的热交换,即所谓"热漏"在所难免,所以 $C_{计}$ 必须用已知热效应值的标准物质或用电能,在相近的实验条件下进行标定,再以雷诺作图法进行修正 ΔT。

(4) 位置温差量热法。

体系的热效应以一定热流的形式向量热计或周围环境散热,其间存在着温度梯度。同时测量两个位置的温度 $T(x_1)$ 和 $T(x_2)$,由其温差对时间积分可测得热量:

$$Q = K \cdot \int \Delta T(t)dt \tag{4.9}$$

式(4.9)中,K 为仪器常数,由标定求得。

2. 热分析(步冷曲线)技术

热分析是在程序控温下测量物质的物理性质与温度关系的一类技术。这里所谓的"热分析法"就是通过测定步冷曲线绘制体系相图的方法。

对所研究的二组分体系,配成一系列不同组成的样品,加热使之完全熔化,然后再均匀降温,记录温度随时间的变化曲线,称之为"步冷曲线"。体系若有相变,必然产生相变热,使降温速率发生改变,则在步冷曲线上出现"拐点"或"平台",从而确定出相变温度。以横轴表示混合物的组成,纵轴表示温度,即可绘制出被测体系的相图。

3. 差热分析技术

差热分析(differential thermal analysis,DTA)是热分析方法中的一种。它是在程序温控下,测量物质和参比物质的温度差与温度关系的技术。当物质发生物理变化和化学变化时,都有其特征温度,并伴随着热效应,从而造成该物质的温度与参比物温度之间的温差,根据此温差及相应的特征温度,可以鉴定物质或研究其有关的物理化学性质。

如果对某样品进行差热分析,可将其与热稳定性极好的参比物(如 Al_2O_3 或 SiO_2)一起放入电炉中。当样品不发生物理变化或化学变化时,也就没热量产生,其温度与参比温度相同,两者温差为零,在以温差对试样温度所作的曲线上显示出水平线段;当样品发生物理或化学变化时,伴随着热效应的产生,使样品与参比物间出现温差($\Delta T \neq 0$),试样的温度就会低于(吸热时)或高于(放热时)参比物的温度,这时曲线上就出现峰(表示放热)或谷(表示吸热)。直到过程完毕,温差逐渐消失,又复现水平线段。如图 4.8 所示是完整的差热分析曲线,即 DTA 曲线及 T 曲线。纵坐标为 ΔT,横坐标为温度 T(或时间),吸热向下,放热向上。

分析差热曲线的图谱就是分析差热峰的数目、位置、方向、高度、宽度、对称性以及峰的

面积等。峰的数目表示测定的范围内,待测样品发生变化的次数;峰的位置表示发生变化的特征温度;峰的方向表示过程是吸热还是放热;峰的面积对应于过程热量的大小。峰高、峰宽及对称性除与测定条件有关外,还和样品变化过程的动力学因素有关。因此分析差热图谱可得到物质变化的一些规律。

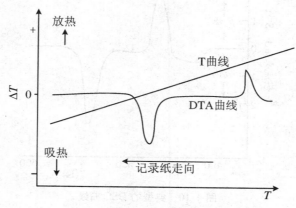

图 4.8　差热分析曲线

4. 差热扫描量热分析技术

在差热分析测量试样的过程中,当试样产生热效应(熔化、分解、相变等)时,由于试样内的热传导,试样的实际温度已经不是程序所能控制的温度。这时,要想获得准确的热效应,可采用差示扫描量热法(differential scanning clorimetry,DSC)。

DSC 是在程序控制温度下,测量输给物质和参比物的功率差与温度关系的一种技术。DSC 的主要特点是试样和参比物分别有独立的加热元件和测温元件,并且有两个系统进行控制。其中一个用于控制升温速率,另外一个用于补偿试样与惰性参比物之间的温差。如图 4.9 所示为常见的 DSC 原理。

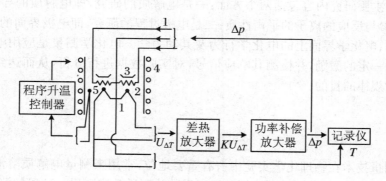

图 4.9　功率补偿式 DSC 原理
1—温差热电偶；2—补偿电热丝；3—坩埚；4—电炉；5—控温热电偶

DSC 实际记录的是试样和参比物下面两只电热补偿的热功率之差随时间 t 的变化 $\mathrm{d}H/\mathrm{d}t$-t 关系。如果升温速率恒定,则热功率随温度的变化关系图如图 4.10 所示。在精心选择实验条件之后,可以从 DSC 曲线的峰面积来测量热效应值的大小。其计算公式为

$$\Delta H = \frac{K \cdot A}{m} \tag{4.10}$$

式中, m 为样品的质量, K 为仪器系数, A 为曲线峰面积。

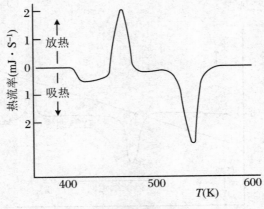

图 4.10　典型的 DSC 曲线

第六节　电化学测量技术

一、概述

　　电化学是研究化学现象与电现象之间的相互关系以及化学能与电能相互转化规律的学科。电化学的主要研究内容包括两个方面:一是电解质的研究,即电解质的导电性质、离子的传输特性、参与反应的离子的平衡性质;二是电极过程的研究,即电极界面的平衡性质、电化学界面结构、电化学界面上的电化学行为及其动力学。电化学测量是应用电化学仪器给研究系统施加一定的激励,并检测其响应信号,对实验数据进行分析,从而达到研究系统热力学和动力学规律的目的。

二、应用

　　电化学测量技术在物理化学实验中占有重要地位,常用来测量电解质溶液的热力学函数。在平衡条件下,电势的测量可应用于活度系数的测量及溶度积、pH 等的测定;在非平衡条件下,电势的测量常用于定性、定量分析、扩散系数的测定以及电极反应动力学与机理的研究等。电化学测量技术内容丰富、应用广泛,但主要是测量被测定体系的电导、电动势和电流等电参量,从而确定被测体系的物理化学特性。

1. 电导的测量

　　电解质电导是熔融盐和碱以及盐、酸和碱水溶液的一种物理性质。电导不仅反映了电解质溶液中离子存在的状态及运动的信息,而且由于稀溶液中电导与离子浓度之间的简单线性关系,而被广泛用于分析化学和化学动力学方面的测试。电导是电阻的倒数,因此电导的测定实际上是测量电阻,然后再通过计算得出相应的电导值。测量电导常用交流电桥、电导仪和电导率仪。

　　电解质溶液电导的测量有其本身的特殊性,因为溶液中离子导电机理与金属电子的导电机理不同。当直流电通过溶液时,伴随着导电过程,离子会在电极上放电,因而会使电极发生极化现象。因此,溶液电导值的测量通常是用较高频率的交流电桥来实现的,大多数电导测量所用的电极均镀以铂黑来减少电极本身的极化作用。

　　实验室中测定溶液电导常用的仪器是电导仪或电导率仪,以前常使用 DDS-11 型电导率仪。它的测量原理不同于交流电桥法,是基于"电阻分压"原理的不平衡方法。它测量范围广,操作简单,当配上适当的组合单元后,可达到自动记录的目的。目前多使用数字式的电导率仪,如 DDS-11A(T)数字电导率仪,采用相敏检波技术和纯水电导率温度补偿技术,特别适用于纯水、超纯水电导率测量。目前,较为先进的 DDSJ-308A 型数字式电导率仪,是采用单片微处理技术进行水溶液的温度补偿、量程自动转换以及仪器自动校准的一种准确测定水溶液电导率和温度的数字式电导率仪。由于它采用了软件功能,取代了功能开关及功能调节器,因此测量精度较高。

2. 电动势的测量

　　(1) 对消法基本原理。

　　电池电动势的测量是电化学研究中最基本的测试手段和方法。电池电动势的测量必须在可逆条件下进行,否则所得的电动势就没有热力学价值。所谓可逆条件,即电池反应是可逆的,测量时电池几乎没有电流通过。电池反应可逆,指两个电极反应的正逆速率相等,电极电势是该反应的平衡电势,它的数值与参与平衡的电极反应的各溶液活度之间的关系完全由该反应的能斯特方程决定。为此,测量装置中安置了一个方向相反而数值与待测电动势几乎相等的外加电动势来对消待测电动势,这种测定电动势的方法称为对消法,其工作原理如图 4.11 所示。

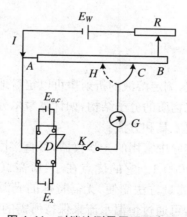

图 4.11　对消法测量原理示意图

E_w—工作电源; R—可调电阻; AB—滑线电阻; $E_{a,c}$—标准电池; E_x—待测电池; G—检流计; K—电键

　　电路可分为工作回路(ABE_wA)和测量回路($ACGKA$)两部分。此处,工作回路中的电池与测量回路中的待测电池并联,当测量回路中的电流为零时,工作电源在可滑线电阻 AB

上的这一段电势恰好等于待测电池的电动势。

（2）液体接界电势和盐桥。

① 液体接界电势：当原电池含有两种电解质界面时，便产生了一种称为液体接界电势的电动势，它干扰电池电动势的测定。减少液体接界电势的办法常用"盐桥"。盐桥是在玻璃管中灌注盐桥溶液，把管插入两个互不接触的溶液，以消除液体接界电势。

② 盐桥溶液：盐桥溶液中含有高浓度的盐溶液，甚至是饱和溶液，当饱和的盐溶液与另一个较稀溶液相接界时，主要是盐桥溶液向稀溶液扩散，因此减小了液接电势。盐桥溶液中的盐的选择必须考虑盐溶液中的正、负离子的迁移速率都接近于 0.5 为宜，通常采用氯化钾溶液。

（3）参比电极。

电极电势的测量是通过被测电极与参比电极组成电池测其电池的电动势，然后根据参比电极的电势求得被测电极的电极电势。电极电势的测量除了要考虑电动势测量中的有关问题之外，特别要注意参比电极的选择。

第七节　光化学测量技术

一、概述

光与物质相互作用时产生各种光现象（如光的折射、反射、散射、透射、吸收、旋光以及物质受激辐射等），通过分析研究这些光现象，可以提供原子、分子及晶体结构等方面的信息。所以不论是物质的成分分析、结构测定及光化学反应等方面都离不开光学测量。

二、应用

1. 折射率的测量

折射率是物质的特性参数，测定溶液的折射率可以定量地分析溶液的组成，检验物质的纯度。折射率数据也用于研究物质的分子结构，如计算摩尔分子折射度和极性分子偶极矩，因此它是物质结构研究的重要工具和方法。

阿贝折射仪是物理化学实验中常用的光学仪器，可直接用来测定液体的折射率，测定范围为 1.3～1.7，精度可达 ±0.000 1。它的优点在于：所需试样很少，只要数滴液体即可测试，且测量精度高，重现性好，测量方法简便，无需特殊的光源设备，普通的日光以及其他的白光都可以使用；棱镜有夹层，可通过恒温水流来保持所需的恒定温度。

2. 旋光度的测量

当一束平面偏振光通过某一物质时，平面偏振光的偏振面被转过一个角度，这种性质称为该物质的旋光性，这个角度称为旋光度，这种物质称为旋光性物质。旋光度是旋光性物质的特性常数，而旋光仪是用来测定物质旋光度方向和大小的仪器，据此可以确定该溶液的浓度、纯度,也可以作为判断有机物质分子结构的重要依据。

旋光仪主要由起偏镜和检偏镜两部分构成。起偏镜由尼科尔棱镜制成,它固定在仪器的前端,它将钠光灯发射出的单色黄光($\lambda = 589.3$ m)变为偏振光。检偏镜是用人造偏振片粘在两个防护玻璃中间制成的,它装在仪器的后部,可随刻度盘一起转动,用来测定光的偏振面的转动角度。检偏镜后装有目镜和放大镜组成的观察系统,来观测透光的强弱,测量旋光度。

3. 吸光度的测定

物质中分子内部运动可分为电子运动、分子内原子的振动和分子自身的转动,因此具有电子能级、振动能级和转动能级。当分子被光照射时,将吸收能量引起能级跃迁,即从基态能级跃迁到激发态能级。由于物质结构的不同,各能级跃迁所需能量不同,因此对光的吸收也就不同,各种物质具有各自的吸收光带,光度法正是基于物质对光的选择吸收而建立起来的一种分析方法。此法可以对不同的物质进行定性、定量或结构分析。

第五章 常用实验仪器

第一节 微量移液器

微量移液器(移液枪)最早出现于 1956 年,由德国生理化学研究所的科学家发明。其后,在 1958 年德国 Eppendorf 公司开始生产按钮式微量加样器,成为世界上第一家生产微量加样器的公司。其外形与基本结构如图 5.1 所示。

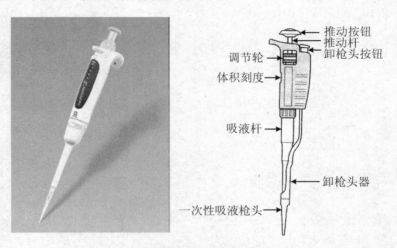

图 5.1 微量移液器外形与内部结构

一、微量移液器原理

微量移液器是一种在一定容量范围内可随意调节的精密取液装置(俗称枪),基本原理是依靠装置内活塞的上下移动,气活塞的移动距离是由调节轮控制螺杆结构实现的,推动按钮带动推动杆使活塞向下移动,排除活塞腔内的气体。松手后,活塞在复位弹簧的作用下恢复原位,从而完成一次吸液过程。加样的物理学原理有下面两种:① 使用空气垫(又称活塞冲程)加样;② 使用无空气垫的活塞正移动加样。上述两种不同原理的微量加样器有其不同的特定应用范围。

活塞冲程(空气垫)加样器可很方便地用于固定或可调体积液体的加样,加样体积的范围在 1 uL～10 mL 之间。加样器中的空气垫的作用是将吸于塑料吸头内的液体样本与加样器内的活塞分隔开来,空气垫通过加样器活塞的弹簧样运动而移动,进而带动吸头中的液体,死体积和移液吸头中高度的增加决定了加样中这种空气垫的膨胀程度。一次性吸头是本加样系统的一个重要组成部分,其形状、材料特性及与加样器的吻合程度均对加样的准确度有很大的影响。

以活塞正移动为原理的加样器和分配器与空气垫加样器所受物理因素的影响不同,因此,在空气垫加样器难以应用的情况下,活塞正移动加样器可以应用,如具有高蒸气压的、高黏稠度以及密度大于 $2.0\,\mathrm{g\cdot cm^{-3}}$ 的液体。

二、微量移液器的操作方法

1. 设定移液体积

从大体积调节到小体积时,为正常调节方法,逆时针旋转刻度即可;从小体积调节至大体积时,可先顺时针调至超过设定体积的刻度,再回调至设定体积,这样可以保证最佳的精确度。

2. 装配移液器吸头

单道移液器,将移液端垂直插入吸头,左右微微转动,上紧即可,如图 5.2 所示。用移液器反复撞击吸头来上紧的方法是不可取的,这样操作会导致移液器部件因强烈撞击而松散,严重的情况会导致调节刻度的旋钮卡住。多道移液器,将移液器的第一道对准第一个吸头,倾斜插入,前后稍许摇动上紧,吸头插入后略超过 O 形环即可。

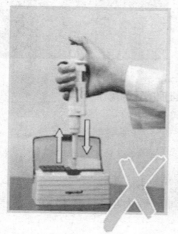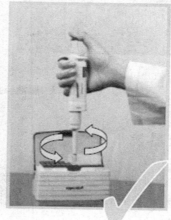

图 5.2　装配移液器吸头

3. 吸液

如图 5.3(a)所示。

(1) 连接恰当的吸嘴。

(2) 按下控制钮至第一挡。

(3) 将移液器吸嘴垂直进入液面下 1～6 mm(视移液器容量大小而定);0.1～10 μL 容量的移液器进入液面下 1～2 mm;2～200 μL 容量的移液器进入液面下 2～3 mm;1～5 mL 容量的移液器进入液面下 3～6 mm。

（4）使控制钮缓慢滑回原位。

（5）移液器移出液面前略等 $1\sim3$ s；$1\ 000\ \mu$L 以下停顿 1 s；$5\sim10$ mL 停顿 $2\sim3$ s。

（6）缓慢取出吸嘴，确保吸嘴外壁无液体。

4. 排液

如图 5.3(b)所示。

（1）将吸嘴以一定角度抵住容量内壁；

（2）缓慢将控制钮按至第一挡并等待约 $1\sim3$ s；

（3）将控制钮按至第二挡过程中，吸嘴将剩余液体排净；

（4）慢放控制钮；

（5）按压弹射键弹射出吸嘴。

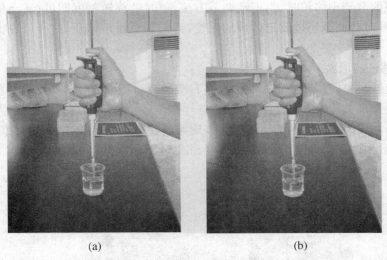

(a)   (b)

图 5.3　吸液与排液的正确操作

三、微量移液器使用注意事项

（1）如液体不小心进入活塞室应及时清除污染物。

（2）移液器使用完毕后，把移液器量程调至最大值，且将移液器垂直放置在移液器架上。

（3）根据使用频率，所有的移液器应定期用肥皂水清洗或用 60%的异丙醇消毒，再用双蒸水清洗并晾干。

（4）避免放在温度较高处以防变形致漏液或不准。

（5）当移液器吸嘴有液体时切勿将移液器水平放置或倒置，以防液体流入活塞室腐蚀移液器活塞。

（6）平时检查是否漏液的方法：吸液后在液体中停 $1\sim3$ s 观察吸头内液面是否下降；如果液面下降首先检查吸头是否有问题，如有问题更换吸头，更换吸头后液面仍下降说明活塞组件有问题，应找专业维修人员修。

（7）要高温消毒的移液器应首先查阅所使用的移液器是否适合高温消毒后再行处理。

对管嘴和移液器消毒,请遵循以下指导:

①管嘴在121℃高温高压20 min后,将其放置在常温或烘箱中,待水汽蒸发后再使用。

②整支Focus和Digital移液器、Freshman和彩色移液器的管嘴连件,以及电子移液器的管嘴连件,也按121℃高温高压20 min的条件消毒。

③消毒后的移液器必须放置在室温下两小时后方可使用。

④消毒后的移液器在使用前需要进行校准。

四、微量移液器的保养

1. 短期保养

每天开始工作时,检查移液器外表是否有灰尘和污迹,尤其是管嘴连件部分,建议用70%的乙醇擦拭清洁。

2. 长期保养

如果移液器每天都需要使用,则建议每三个月清洁并校准一次。

3. 移液器的日常安全维护

将生物消毒液轻轻地喷雾到手动移液器的外表面,然后用清洁布擦干即可。移液器彻底去污染和残留的处理步骤如下。

(1)滴头排出器套筒的拆卸:轻轻地握住滴头排出器,插入随手动移液器配备的专用工具,锁住机械结构,小心地放松滴头排出器,并且卸下滴头排出器和滴头排出器套筒。

(2)滴头圆锥体的拆卸:用随手动移液器配备的专用工具,用扳手端沿反时针方向,小心地旋松滴头圆锥体;对于5 mL的手动移液器,用手沿反时针方向,小心地旋松滴头圆锥体。

(3)浸泡消毒拆卸下的部件:将滴头圆锥体、滴头排出器,滴头排出器套圈和吸筒活塞,O形环和弹簧放入到装有生物消毒液的烧杯中,浸泡至少30 min。

(4)干燥拆卸下的部件:将滴头圆锥体、滴头排出器套圈和吸筒活塞从烧杯中取出,用蒸馏水反复冲洗干净,然后干燥,最好用热空气干燥至少1 h。

第二节　电子天平

与分析天平相比,电子天平可直接进行称量,全程不需要砝码,操作方便快捷。常见电子天平的结构都是机电结合式的,由载荷接受与传递装置、测量与补偿装置等部件组成。电子天平的最基本功能:自动校准、自动调零、自动扣除空白和自动显示称量结果。

一、电子天平的称量原理

电子天平是基于电磁学原理制造的,它利用电子装置完成电磁力补偿的调节,使物体在重力场中实现力矩的平衡,或通过电磁力矩的调节使物体在重力场中实现力矩的平衡。当称盘上加上被称物时,传感器的位置检测器信号发生变化,并通过放大器反馈使传感器线圈中的电流增大,该电流在恒定磁场中产生一个反馈力与所加载荷相平衡;同时,该电流在测量电阻 R_m 上的电压值通过滤波器、模/数转换器送入微处理器,进行数据处理,最后由显示器自动显示出被称量物质质量数值。

二、电子天平的分类

按电子天平的精度可分为以下几类。

1. 超微量电子天平

超微量天平的最大称量是 2～5 g,其标尺分度值小于(最大)称量的 10^{-6}。

2. 微量天平

微量天平的称量一般在 3～50 g,其分度值小于(最大)称量的 10^{-5}。

3. 半微量天平

半微量天平的称量一般在 20～100 g,其分度值小于(最大)称量的 10^{-5}。

4. 常量电子天平

此种天平的最大称量一般在 100～200 g,其分度值小于(最大)称量的 10^{-5}。

三、电子天平的结构

电子天平的结构以岛津 AUY 系列为例,如图 5.4 所示。

四、电子天平的简易操作程序

(1) 取下天平外罩,放在天平旁;查看天平使用记录;清洁并置空天平盘。

(2) 水平调节。调整地脚螺栓高度,使水平仪内空气泡位于圆环中央。

(3) 预热。接通电源,此时显示屏上显示"-OFF-",预热至规定时间。一般来说,天平在初次接通电源或长时间断电之后,至少需要预热 30 min。

(4) 开启天平。轻按"ON"键(或"POWER"键),天平进行自检,当显示屏上显示"0.000 0 g"时,就可以称量了。但首次使用天平必须进行校正。

(5) 校正。首先使其处于"g"显示,此时称量盘上应处于无物品状态。按 1 次校正键"CAL",显示屏上显示"E-CAL",按"O/T"零点显示闪烁,约经 30 s 后确定已稳定时,应装载的砝码值闪烁。打开称量室的玻璃门,装载显示出质量的砝码,关上玻璃门。稍等片刻,零点显示闪烁,将砝码从称量盘上取下,关上玻璃门。"CAL End"显示后返回到 0.000 0 g 显示时,灵敏度调整结束。

(6) 称量。打开天平门,将样品瓶(或称量纸)放在天平的称量盘中,关上天平门,待读数稳定后记录显示数据。如需进行"去皮"称量,则按下"去皮"键"O/T"(或"TARE"),使显示为 0.000 0 g,然后放置样品进行称量。

(7) 关机。称量完毕,取出物品,天平"去皮"回零,按住"OFF"(或"POEWER")键,直到显示"OFF",然后松开该键,切断电源,罩上天平罩,填写使用记录。

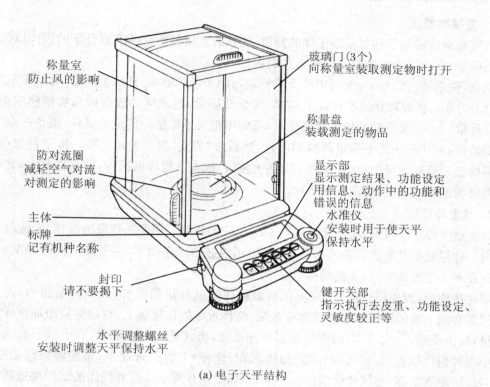

称量室
防止风的影响

玻璃门(3个)
向称量室装取测定物时打开

称量盘
装载测定的物品

防对流圈
减轻空气对流
对测定的影响

显示部
显示测定结果、功能设定
用信息、动作中的功能和
错误的信息

水准仪
安装时用于使天平
保持水平

主体
标牌
记有机种名称

封印
请不要揭下

键开关部
指示执行去皮重、功能设定、
灵敏度较正等

水平调整螺丝
安装时调整天平保持水平

(a) 电子天平结构

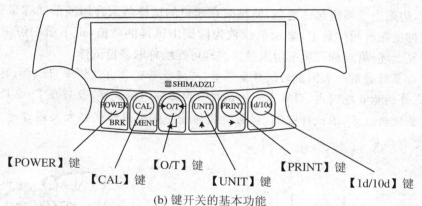

【POWER】键 　【O/T】键 　【PRINT】键
【CAL】键 　【UNIT】键 　【1d/10d】键

(b) 键开关的基本功能

POWER—开关键；CAL—校准/菜单设定键；O/T—去皮键；
UNIT—切换测定单位键；PRINT—打印键；ld/10d—切换测定量程键

图 5.4 岛津 AUY 系列电子天平

五、电子天平的称量方法

使用电子天平称量,可根据被称物的不同性质,采用相应的称量方法。常用的称量方法有直接称量法和减量称量法。无论何种称量方法,称量时不得用手直接接触天平或取放被称物,可戴干净的手套,用纸条包住或用镊子取放,称量时天平门要关好。

1. 直接称量法

直接称量法适用于称量洁净干燥的器皿、块状的金属和不易潮解或升华的固体试样,以及不易吸湿、在空气中性质稳定的粉末状物质。

例如,使用精度为 0.1 mg 的电子天平称量洁净干燥的器皿,开机预热后,天平显示屏显示为 0.000 0 g,将被称物放在称盘上,直接称量其质量,显示屏的读数即为被称物的质量。当需要称取一定准确质量的粉末状试样时,可先用粗天平称量一定量的试样,准备一个洁净干燥的器皿,先用电子天平称量器皿的质量,然后按"去皮"键,"去皮"清零,取下器皿(此时显示屏应显示器皿质量的负值,注意不要按去皮键)倒入已粗称的试样,放在称盘上,显示屏的读数即为试样的质量,如图 5.5 所示。

2. 减量称量法

此法适于称量易吸湿、易氧化及易与 CO_2 反应的物质。用此法称量的试样,应盛放在称量瓶内。称量瓶是具有磨口玻璃塞的容器,使用前必须洗净烘干,在干燥器内冷却至室温。不能放在不干净的地方,以免沾污称量瓶。

用此法称量,首先将适量试样(应比所需称取的试样量稍多些)装入称量瓶内,盖上瓶盖。用手套或干净的纸折成条状套住称量瓶,将称量瓶放在称盘上,称出称量瓶加试样的准确质量,按去皮键,去皮清零,仍用纸条套住称量瓶,将其从称盘上取出,右手戴手套或用一洁净小纸片包住瓶盖柄,在接收容器(如锥形瓶、烧杯)上方打开瓶盖,慢慢倾斜称量瓶身。用瓶盖轻轻敲瓶口部,使试样缓缓落入容器中,如图 5.6 所示。直到倒出的试样接近所需要的试样量时,边敲边慢慢竖起称量瓶,使黏附在瓶口的试样落入容器或落回称量瓶中,再盖好瓶盖。把称量瓶放回称盘上,显示屏读数为倾倒出试样的负值,记下第一份读数,再"去皮"清零,重复上述操作,称得第二份重量。这样可连续称取多份试样。

注意　称量时若第一次倒出的试样量不够,可将称量瓶取出继续倒出试样,再放入称盘称量,如在允许的称量范围内,则得第一份试样。但称取一份试样,最好在 1~2 次内倒出所需量。若倒出次数过多,因试样吸潮,容易引起误差。若倒出的试样大大超过所需数量时,只能弃去,重新称量。

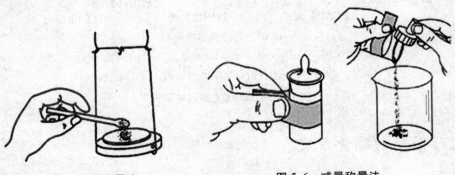

图 5.5　直接称量法　　　　　　　　　　图 5.6　减量称量法

六、电子天平的维护与保养

（1）将天平置于稳定的工作台上避免振动、气流及阳光照射。

（2）在使用前调整水平仪气泡至中间位置。

（3）电子天平应按说明书的要求进行预热。

（4）称量易挥发和具有腐蚀性的物品时，要盛放在密闭的容器中，以免腐蚀和损坏电子天平。

（5）经常对电子天平进行自校或定期外校，保证其处于最佳状态。

（6）如果电子天平出现故障应及时检修，不可带"病"工作。

（7）操作天平不可过载使用以免损坏天平。

（8）若长期不用电子天平时应暂时收藏为好。

第三节　pH　　计

一、原理

用 pH 计（酸度计）测定溶液 pH 的方法是电位测定法。pH 计本身是一个输入阻抗极高的电位计，它可以测量上述原电池的电动势，并将电动势转化为 pH 而直接显示出来。

pH 计的型号和种类繁多，但其结构和操作是基本相同的。

玻璃电极（图 5.7）内装有 $0.1\ mol \cdot L^{-1}$ HCl 内参比溶液，溶液中插有一支 Ag-AgCl 内参比电极；其下端的玻璃球泡是 pH 敏感电极膜（厚约 0.1 mm），能响应 a_{H^+}，25 ℃时玻璃电极的膜电位与溶液的 pH 呈线性关系：$E_{玻璃} = E_{玻璃}^{\ominus} - 0.059\ 1pH$。

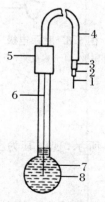

图 5.7　玻璃电极

1—导线；2—绝缘体；3—网状金属屏；4—外套管；5—电极帽；

6—Ag/AgCl 内参比电极；7—内参比溶液；8—玻璃薄膜

　　参比电极(图 5.8)通常是饱和甘汞电极,由金属汞、Hg_2Cl_2 和饱和 KCl 溶液组成。内玻璃管封接一根铂丝,铂丝插入纯汞中,纯汞下面有一层甘汞(Hg_2Cl_2)和汞的糊状物。外玻璃管中装入饱和 KCl 溶液,下端用素烧陶瓷塞塞住,通过陶瓷塞的毛细孔,可使内外溶液相通。饱和甘汞电极电位在一定温度下恒定不变,25 ℃时为 0.242 V。

　　将指示电极(玻璃电极)和甘汞电极一起插入待测溶液组成原电池,接上精密电位计,即可测得电池电动势。

$$E = E_+ - E_- = E_{甘汞} - E_{玻璃} = 0.242 - E_{玻璃}^{\ominus} + 0.059\ 1pH$$

所以

$$pH = (E - 0.242 + E_{玻璃}^{\ominus})/0.059\ 1$$

其中,$E_{玻璃}^{\ominus}$ 可以由测定一个已知 pH 的缓冲溶液的电动势求得。

　　当测定标准缓冲溶液时,利用定位器把读数调整到已知 pH(称定位或校正),在测量未知溶液时,从 pH 计上就可直接读出 pH。

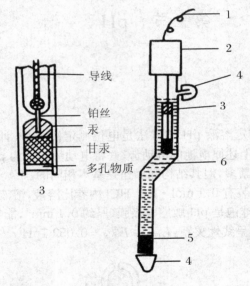

图 5.8　甘汞电极

1—导线；2—绝缘体；3—内部电极；4—橡皮帽；5—多孔物质；6—饱和 KCl 溶液

导线
铂丝
汞
甘汞
多孔物质

二、使用方法

　　pHS-3C 型精密 pH 计如图 5.9 所示,现以其为实例,对酸度计的使用方法进行简要介绍。

1. 电极的准备

　　(1) 饱和甘汞电极中的 KCl 溶液应保持饱和状态(其中应有少量 KCl 晶体),并保持液面覆盖甘汞柱。使用时必须取下侧支上的小胶塞,否则不能起到盐桥的离子交换作用。不用时应将小胶塞和末端胶冒套好。

（2）pH 玻璃电极敏感膜易碎,使用和储存时应予以特别注意。新的或长期不用的玻璃电极使用前必须在纯水中浸泡一昼夜以上,使敏感膜水化。经常使用的玻璃电极可以将电极下端的敏感膜浸泡于蒸馏水中,以便随时使用。复合 pH 电极在不用时须浸泡在 3 mol·L⁻¹KCl 溶液中。

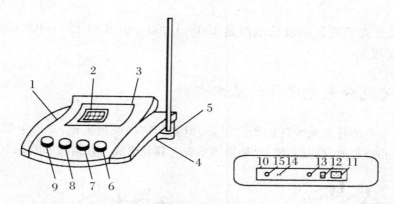

图 5.9 pHS-3C 型精密 pH 计
1—机箱外壳;2—显示屏;3—面板;4—机箱底;5—电极杆插座;6—定位调节旋钮;
7—斜率补偿调节旋钮;8—温度补偿调节旋钮;9—选择开关旋钮;10—仪器后面板;
11—电源插座;12—电源开关;13—保险丝;14—参比电极接口;15—测量电极插座

2．操作步骤

（1）将玻璃电极插入测量电极插座 15。取下参比电极的胶帽和胶塞,将其接入参比电极接口 14。将两支电极安装在电极架上,用纯水清洗,再用滤纸条吸干。此外,如果是用复合玻璃电极测 pH,则要将其插入测量电极插座 15,这时不必配用参比电极。

（2）打开电源开关 12,预热 30 min。

（3）将选择开关旋钮 9 旋至 pH 挡。调节温度补偿调节旋钮 8,使旋钮上的刻度线对准溶液温度值。把斜率补偿调节旋钮 7 顺时针旋到底(即旋到 100%位置)。

（4）将清洗过的电极插入 0.025 mol·L⁻¹KH₂PO₄-0.025 mol·L⁻¹ Na₂HPO₄标准缓冲溶液(25 ℃下,pH 标准值为 6.86)中,调节定位调节旋钮 6,使仪器显示的数值与该标准缓冲溶液的 pH 一致。

（5）用纯水清洗电极后并用滤纸条吸干。将电极插入 0.05 mol·L⁻¹邻苯二甲酸氢钾标准缓冲溶液(25 ℃下,pH 标准值为 4.01)或 0.01 mol·L⁻¹硼砂标准缓冲溶液(25 ℃下,pH 标准值为 9.18)中,调节斜率补偿调节旋钮 7,使仪器显示的数值与该标准缓冲溶液的 pH 一致。

（6）用纯水清洗电极并用滤纸条吸干。将电极插入被测试液,待显示屏上的读数稳定后,记录被测试液的 pH。

（7）测量完毕后,用蒸馏水清洗电极,并用滤纸条吸干。然后插上电极套,旋好,最后关机。

第四节　紫外-可见分光光度计

紫外-可见分光光度计的波长范围是 190～1 000 nm，其中 190～400 nm 是紫外区，400～750 nm 是可见区。

一、紫外-可见分光光度计的基本部件

目前商品生产的分光光度计的类型很多，但就其结构原理来说，基本上都是由辐射光源、单色器、样品吸收池、检测系统、信号指示系统五部分组成。其结构如图 5.10 所示。

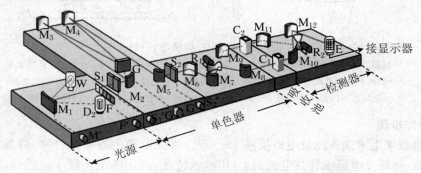

图 5.10　双光束紫外-可见分光光度计的结构示意图

1. 光源

光源的作用是提供激发能，使待测分子产生吸收。要求能够提供足够强的连续光谱、有良好的稳定性、较长的使用寿命，且辐射能量随波长无明显变化。常用的光源有热辐射光源和气体放电光源。利用固体灯丝材料高温放热产生的辐射作为光源的是热辐射光源。如钨灯、卤钨灯。两者均在可见区使用，卤钨灯的使用寿命及发光效率高于钨灯。气体放电光源是指在低压直流电条件下，氢或氘气放电所产生的连续辐射。一般为氢灯或氘灯，在紫外区使用。

2. 单色器

单色器是把混合光波分解为单一波长光的装置，多用棱镜或光栅作为它的色散元件。单色器的主要组成：入射狭缝、出射狭缝、色散元件和准直镜等部分，如图 5.11 所示。

光波通过棱镜时，不同波长的光折射率不同。波长愈短，传播速度愈慢，折射率则愈大。反之，波长愈长，传播速度愈快，折射率则愈小。因而能将不同波长的光分开。可见光分光光度计使用玻璃棱镜；紫外分光光度计则使用石英棱镜。在光源照到棱镜（或光栅）以前，一般先要经过一个入射狭缝，再通过平行光透镜（即准直透镜）形成平行光束投到棱镜上。透过棱镜的光再经会聚透镜，可得一清楚的光谱图。如在聚焦线处放一出射狭缝，转动棱镜使光谱移动，就可以从出射狭缝射出所需要的单色光。整个装置总称为"单色器"。

3．吸收池(又称比色杯、比色皿、比色池)

吸收池是用来盛放被测样品的。它必须选择在测定波长范围内无吸收的材质制成。按材料可分为玻璃吸收池和石英吸收池,前者不能用于紫外区。吸收池的种类很多,其光径可在 0.1～10 cm 之间,其中以 1 cm 光径吸收池最为常用。

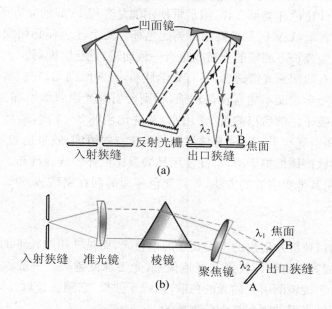

图 5.11　光栅和棱镜单色器构成图
a—光栅单色器；b—棱镜单色器

4．检测器

检测器的作用是检测光信号,并将光信号转变为电信号。常用检测器有 3 类:光电池、光电管和光电倍增管。检测器的功能是检测光信号,并将光信号转变成可测量的电信号。在简易型可见分光光度计中,使用光电池或光电管做检测。中高档紫外可见分光光度计常用光电倍增管做检测器,它具有响应速度快、放大倍数高、频率响应范围广的优点。而光电二极管与光电倍增管相比,其动态范围更宽且寿命更长。

出现于 20 世纪 70 年代末期的二极管阵列分光光度计采用二极管阵列检测器,而不是采用单一的二极管。二极管阵列中的二极管单元数可达 1 000 以上,每个二极管测量光谱中的一个窄带。这种检测器具有检测速度快、可同时进行多波长测量、动态范围宽、噪声低、可靠性高的特点。它可以在 1 s 内实现全波段扫描,得到的不是某一波长下的吸光度,而是全部波长同时检测,直接给出测量波长范围内的吸收光谱;做 1～4 阶导数光谱测量时,在 2 s 内给出导数值和导数光谱显示。它特别适合于动态系统(如流动注射分析、过程控制、动力学测量等)及多组分混合物分析,是追踪化学反应以及快速反应动力学研究的重要手段。

5．测量装置

一般使用电流表、波长分度盘和测量读数盘 3 种测量装置,现代的仪器常附有自动记录器,可自动描出吸收曲线。

二、分光光度计使用中应注意的问题

1. 比色杯的使用和清洗

尽管分光光度计比色杯类型多样,但最常使用的是光程 1 cm 的立方形杯。由于 330 nm 以下的光不能透过玻璃,UV 区测量要用石英比色杯。两个比色杯必须配套,以装有纯溶剂的两个比色杯在试验波长下测定的光吸收是否一致而进行挑选、配对。

比色杯四面仅有两面系光滑透明,具有光学性质,另两面则无,它们常以磨玻璃为材料,以示区别。比色杯光学表面不能有任何污损,否则会引起光吸收的增加。每次使用后应立即倒空或以吸液泵吸干。然后以溶剂(常用水)冲洗比色杯 3~4 次,最后可用甲醇冲洗,在倒去甲醇后,以洁净空气吹干。用沾有洗涤剂的泡沫海绵清洗,效果也较好。比色杯的外表面应以高质量的柔软擦镜纸擦干净,不能使用易磨损比色杯的普通纱布。有时,这样的清净步骤无效时,可试用其他更有效的方法,如将比色杯短时间在铬酸或 50% 硝酸中浸泡,以水充分冲洗。

2. 狭缝宽度

从单色器的出口狭缝发射出的不是真正的单色光,而是选用波长下的,带有峰强度的部分光谱。因此,狭缝宽度宜细。狭缝宽度越狭窄,光谱纯度越高。一般说来,最好使用最狭窄的裂缝宽度。由于棱镜所引起的光的色散,依赖于波长,它随波长增长而减少。狭缝宽度的控制对接近红外区光谱的测定是十分重要的。

3. 波长校正与选择

单色器是一个好的波长校正器。校正分光光度计并非难事,也无须对它经常校正。正确选择波长是测定的关键,可根据被测物的最大吸收峰,选择合适的波长。测定时应固定波长,防止波长改变造成错误结果。可采用辐射光源法校正。常用氢灯(486.13 nm,656.28 nm)、氘灯(486.00 nm,656.10 nm)或石英低压汞灯(253.65 nm,435.88 nm,546.07 nm)校正。镨钕玻璃在可见区有特征吸收峰,也可用来校正。苯蒸气在紫外区的特征吸收峰可用于校正。在吸收池内滴一滴液体苯,盖上吸收池盖,待苯挥发后绘制苯蒸气的吸收光谱。

4. 样品

雾样或混浊样品给予太高的光吸收数值,甚至肉眼几乎看不出的轻微浊度也能引起读数上的严重误差,特别是 UV 区,因为透过样品清净溶液的一些光被散射了,不能到达光电管,因此,必须保证样品清洁。

检测细菌培养液光吸收例外。

5. 吸光度校正

以重铬酸钾水溶液的吸收曲线为标准值校正。将 0.030 3 g 重铬酸钾溶于 1 L 的 0.05 mol·L^{-1}氢氧化钾中,在 1 cm 吸收池,25 ℃ 的条件下测定吸收光谱。如表 5.1 所示。

表 5.1　重铬酸钾溶液的吸光度

波长 （nm）	吸光度	透光率 （%）	波长 （nm）	吸光度	透光率 （%）	波长 （nm）	吸光度	透光率 （%）
220	0.446	35.8	300	0.149	70.9	380	0.932	11.7
230	0.171	67.4	310	0.048	89.5	390	0.695	20.2
240	0.295	50.7	320	0.063	86.4	400	0.396	40.2
250	0.496	31.9	330	0.149	71.0	420	0.124	75.1
260	0.633	23.3	340	0.316	48.3	440	0.054	88.2
270	0.745	18.0	350	0.559	27.6	460	0.018	96.0
280	0.712	19.4	360	0.830	14.8	480	0.004	99.1
290	0.428	37.3	370	0.987	10.3	500	0.000	100

三、使用分光光度法测定样品液浓度的计算方法

1．标准管法（即标准比较法）

在相同的条件下，配制标准溶液和待测样品溶液，并测定它们的光吸收。由两者光吸收的比较，可以求出待测样品溶液的浓度。

待测样品溶液的浓度

＝ 标准溶液的浓度 ×（待测样品溶液的光吸收／标准溶液的光吸收）

2．标准曲线法

分析大批样品时，采用此法比较方便，但需要事先制作一条标准曲线（或称工作曲线），以供一段时间使用。

配制一系列浓度由小到大的标准溶液，测出它们的光吸收。在标准溶液的一定浓度范围内，溶液的浓度与其光吸收之间呈直线关系。以各标准溶液的浓度为横坐标，相应的光吸收为纵坐标，在方格坐标纸上绘出标准曲线。制作标准曲线时，最少要选 5 种浓度递增的标准溶液，测出的数据至少要有 3 个落在直线上，这样的标准曲线方可使用。

比色测定待测样品时，操作条件应与制作标准曲线时相同。测出光吸收后，从标准曲线上可以直接查出它的浓度，并计算出待测物质的含量。

3．标准系数法（计算因数法）

此法较上述两法更为简便。将多次测定标准溶液的光吸收算出平均值后，求出标准系数。

标准系数 ＝ 标准液浓度／标准液平均光吸收

将用同样方法测出的待测液的光吸收代入即可。

待测液光吸收 × 标准系数 ＝ 待测液浓度

另外，在制作标准曲线后，再采用该法求出标准曲线的标准系数，可以显著提高分析大批样品的工作效率。

4．回归分析法

将制作标准曲线的各种标准溶液浓度的数值，与其相应的光吸收值，用数理统计中的回归分析法求出一个回归方程式。以后，只要测定条件不变，将测出的样品溶液光吸收值代入该回归方程式，就可计算出样品溶液的浓度。

所求回归方程式应为直线方程式：

$$y = a + bx$$

四、紫外-可见分光光度计的维护

1．室温

放置中高档紫外-可见分光光度计的实验室适宜的环境温度在 20 ℃左右，室温最高不宜超过 28 ℃，最低不低于 15 ℃。

2．湿度

实验室相对湿度一般控制在 45%～65%，上限不超过 70%。要定期更换仪器内的干燥剂。当湿度大时应用去湿机对放有仪器的实验室进行去湿处理。

3．防尘

安装分光光度计的实验室清洁度要求较高，工作室内的尘土对仪器的光学系统和电子系统都会产生不良影响，因而实验室应尽可能减少尘土的污染。

4．防震和防电磁干扰

分光光度计必须安装在牢固的工作台上，尽可能远离强烈震动的震源，如机械加工、强通风马达、公路上来往车辆等都会影响仪器的正常工作。外界电磁场使仪器电子系统产生扰动，尤其影响光源灯的稳定性，导致仪器的电子系统工作不稳定。因此仪器的电源最好采用专用线，不要与用电量变化大的其他大型仪器共用电源。

5．防腐蚀

分光光度计的工作室与化学操作室必须分开，避免化学操作室的酸雾及其他腐蚀性气体进入仪器室；当测量具有挥发性或腐蚀性的样品溶液时，应在吸收池上加盖，实验结束时，应及时对样品室进行清理。含有挥发性、腐蚀性的样品或化学试剂不能放在仪器的工作室中。

6．光源灯的保护

为了延长灯的使用寿命，仪器不工作时尽量不要开光源灯。停机后不要马上开机，应待光源冷却后，再重新启动。开机后需预热 15 min，然后再开始测量工作。

五、721 型和 752 型分光光度计

1．721 型分光光度计

721 型分光光度计是比色分析法的常用仪器（图 5.12）。

它采用单束光的结构，其波长范围为 360～800 nm，用钨丝白炽灯作光源。721 型分光光度计的单色器、稳压器和检流计三部分结合装在一起，使用比较方便。受光器用光电管，

提高了对弱光的灵敏度,感光后产生的电流可以放大,用微安表直接读数。721 型分光光度计操作方法如下。

图 5.12　721 型分光光度计

（1）检查读数电流计的指针是否指在透光度"0"位置上,若有偏离可用电流计上的校正螺旋进行调节。

（2）接上电源,打开电源开关,将仪器预热约 20 min;旋转波长旋钮选择所需波长。

（3）打开比色皿暗箱盖,将灵敏选择开关放在"1"挡,然后旋转零点调节旋钮,使电流计指针恢复到透光度"0"位。

（4）将空白、标准及待测溶液分别放在洁净的比色杯中,依次放在比色杯架上。

（5）将空白的比色杯置于光路,合上暗箱盖,电流计指针偏转,通过转动"100"旋转调节,使指针指在透光度为 100 的位置上。

（6）将标准液及待测液的比色杯依次推入光路,即可从检流计直接指出其吸光度值。

使用完毕后,将开关拨回"关",切断电源,将比色杯取出,用水洗涤干净,再用蒸馏水洗 2～3 次。晾干备用。清洁仪器外表宜用温水,切忌使用乙醇、乙醚、丙酮等有机溶液,用软布和温水轻擦表面即可擦净。必要时,可用洗洁精擦洗表面污点,但必须即刻用清水擦净。仪器不使用时,请用防尘罩保护。

2. 752 型紫外-可见分光光度计

752 型紫外-可见分光光度计(图 5.13)采用单光束自准式光路,色散元件为衍射光栅。由光源发出的连续辐射光线,经滤光片和球面反射至单色器的入射狭缝外聚焦成像,光束通过入射衍射经平面反射到准直镜,产生平行光射至光栅,在光栅上色散后又经准直镜聚焦在出射狭缝上形成一连续光谱,由出射狭缝射出一定波长的单色光,通过标准溶液再照射到光电管上。752 型分光光度计具有使用简便、精确度高等特点,其波长范围为 200～850 nm。

752 型分光光度计具体操作方法如下。

（1）将灵敏度旋钮调到"1"挡(放大倍率最小)。

（2）按"电源"开关;按"氢灯"开关,氢灯电源接通;再按氢灯触发按钮(开关内右侧指示灯亮);氢灯点亮。仪器预热 20～30 min。

　注意　有的仪器背部只有一只"钨灯"开关,如不需要用"钨灯"时可将它关闭。

(3) 将选择开关置于"T"。

(4) 打开试样室盖(光门自动关闭),调节"0"(T)旋钮,使数字显示为"000.0"。

(5) 调节波长旋钮置于所需要的波长。

(6) 将装有溶液的比色皿放置于比色皿架中。

注意 波长>360 nm 时,可以用玻璃比色皿;波长<360 nm 时,要用石英比色皿。

(7) 盖上样品式样盖,将参比溶液比色皿置于光路,调节透光度"100"旋钮,数字显示为100.0(T)。

注意 如果显示不到100.0(T),则可适当增加灵敏度的挡数,同时应重复步骤(4),调整仪器的"000.0"。将选择开关置于"A"。

(8) 将被测溶液置于光路中,从数字显示器上直接读出被测溶液的吸光度值。

(9) 浓度 C 的测量:选择开关由"A"调至"C",将已标定浓度的溶液移入光路,调节"浓度"旋钮,使得数值显示为标定值。将被测溶液移入光路,即可读出相应的浓度值。

图 5.13　752 型紫外-可见光分光光度计

仪器使用完毕,先关氢灯(钨灯),后关电源。取出比色杯用水洗涤干净,再用蒸馏水冲洗 2~3 次。

第五节　旋　光　仪

当一束平面偏振光通过某物质时,光的振动面会旋转一定的角度,改变其振动方向,这种现象称为物质的旋光现象,偏振光振动面旋转的角度称为旋光度。旋光仪就是用于测定旋光度大小和方向的仪器,以下简要介绍 WXG-4 型旋光仪的结构、测量原理和使用方法。

一、旋光仪的结构

WXG-4 型旋光仪的结构如图 5.14 所示。

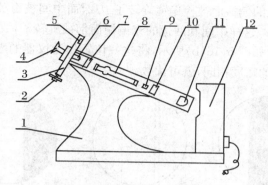

图 5.14　旋光仪结构示意图

1—底座；2—手轮；3—刻度盘；4—目镜；5—刻度盘游标；6—物镜；7—检偏镜；
8—旋光管；9—石英片；10—起偏镜；11—聚光透镜；12—钠光灯

二、测量原理

旋光仪的主要部件是检偏镜和起偏镜，一般由尼柯尔棱镜组成。若检偏镜与起偏镜的光路相互平行，则从起偏镜出来的偏振光能全部通过检偏镜，从目镜中观察到的是亮视场；而当检偏镜与起偏镜的光路相互垂直时，则从起偏镜出来的偏振光不能通过检偏镜，从目镜中观察到的是暗视场，这时如果在旋光管中装入一旋光性物质，它会使从起偏镜出来的偏振光振动面旋转一定的角度 α，如果要看到暗视场，就需要将检偏镜旋转相同的角度 α，这个角度 α 就是物质的旋光度。这就是旋光仪测量的基本原理。

用肉眼来判断光的前后强度是否相同很困难，误差也很大，为此设计了三分视野装置，原理为：在起偏镜后放一块狭长的石英片，由起偏镜透过的偏振光通过石英片时，由于石英片具有旋光性，使偏振面旋转了一个角度 β，从目镜中观看，如图 5.15 所示。

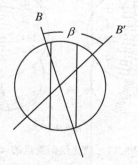

图 5.15　三分视野原理图

图 5.15 中 B 是通过起偏镜的偏振光的振动方向，B' 是通过石英片旋转一个角度后偏

振光的振动方向,此两偏振方向的夹角 $\beta(\beta=2°\sim3°)$ 称为半暗角,如果旋转检偏镜使透射光的偏振面与 B' 平行时,在视野中能观察到如图 5.16 中的(c)图所示,这是由于两旁的偏振光不经过石英片,导致两旁暗、中间狭长部分较亮;如果检偏镜的偏振面与起偏镜的偏振面平行(即在 B 方向时),视野中能观察到如图 5.16 中的(a)图所示;当检偏镜的偏振面处于 $\beta/2$ 时,两旁来自起偏镜的光的偏振面被检偏镜旋转了 $\beta/2$,而中间被石英片转过角度 β 的偏振面被检偏镜旋转角度 $\beta/2$,这样中间和两边的光偏振面都被旋转了,故视野呈微暗状态,且三分视野图内的暗度相同,如图 5.16(b)所示,将这一位置作为仪器的零点,在每次测定时,调节检偏镜使三分视野图的暗度相同,就可读数。

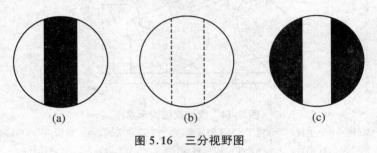

(a)　　　　　　　　　　(b)　　　　　　　　　　(c)

图 5.16　三分视野图

a—大于或小于零度的视场；b—零度视场；c—小于或大于零度视场

三、使用方法

(1) 开启仪器电源开关,待钠光灯发光稳定后,调节目镜焦距,使从目镜中观察的视野图清晰可见。

(2) 仪器零点的校正。选择合适的旋光管,洗净,在旋光管中盛满蒸馏水,稍旋紧两端的螺旋,注意不能有气泡,擦干,然后放入旋光仪的样品管槽中,有圆泡的一端朝上。旋转检偏镜使三分视野图消失,视场照度相一致(暗视场),分别读出此时两侧刻度盘上的读数(方法如图 5.17 所示),取平均值,此为旋光仪的零点。

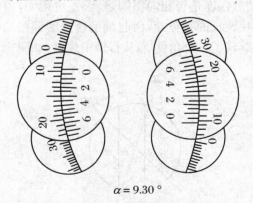

$\alpha=9.30°$

图 5.17　旋光仪刻度盘的读数

(3) 旋光度的测定。把待测物质装入旋光管中,按上述方法进行测定,此时刻度盘上的读数与零点时的读数之差就是该样品的旋光度。

第六节 阿贝折射仪

  折射率和平均色散是物质的重要光学常数之一,阿贝折射仪能够测定透明、半透明液体或固体的折射率 n_D 和平均色散 $n_f - n_D$,用此仪器测量折光率,所需样品量少,测量精密度高(折光率可精确到 0.000 1),重现性好。

一、阿贝折射仪的结构

  阿贝折射仪(2WA-J)的光学部分由望远系统与读数系统两部分组成(图 5.18)。

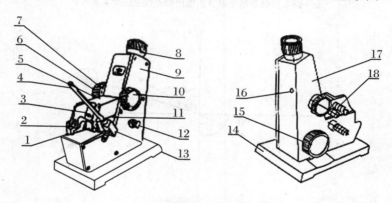

图 5.18 仪器的结构图

1—进光棱镜;2—折射棱镜;3—摆动反光镜;4—消色散棱镜组;5—望远物镜组;
6—平行棱镜;7—分划板;8—目镜;9—读数物镜;10—反光镜;11—刻度板;12—聚光镜;
13—温度计座;14—底座;15—折射率刻度调节手轮;16—调节螺钉;17—壳体;18—恒温接头

  进光棱镜 1 与折射棱镜 2 之间有一微小均匀的间隙,被测液体就放在此空隙内。当光线(自然光或白炽光)射入进光棱镜 1 时便在其磨砂面上产生漫反射,使被测液层内有各种不同角度的入射光,经过折射棱镜 2 产生一束折射角均大于临界角 i 的光线。由摆动反射镜 3 将此束光线射入消色散棱镜组 4,此消色散棱镜组由一对等色散阿米西棱镜组成,其作用是获得一可变色散来抵消由于折射棱镜对不同被测物体所产生的色散。再由望远镜 5 将此明暗分界线成像于分划板 7 上,分划板上有十字分划线,通过目镜 8 能看到如图 5.19 所示的图像。

二、工作原理

  当一束光投在两种不同介质的交界面上时会发生折射现象,它遵守折射定律:$n_\alpha \sin \alpha = n_\beta \sin \beta$,$n_\alpha$,$n_\beta$ 为交界面两侧的两种介质的折射率(图 5.20)。α 为入射角,β 为折射角。若光线从光疏介质进入光密介质,则入射角大于折射角,当入射角达到 $90°$ 时,此时的折射角 β_0

最大,称为临界折射角,任何方向的入射光都可进入光密介质中,且其折射角 $\beta \leqslant \beta_0$。如果用一望远镜对出射光线观察,可以看到望远镜视场被分为明暗两部分,两者之间有明显分界线。明暗分界处即为临界角的位置。阿贝折射仪是基于临界折射现象设计的。

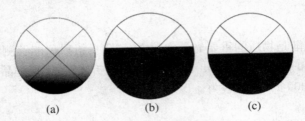

(a)　　　　　　(b)　　　　　　(c)

图 5.19　目镜中的视野图

a—未调节右边色散旋钮前目镜中的图像颜色是散的;

b—调节右边色散旋钮直到出现明显分界线为止;

c—调节折射率刻度调节手轮使分界线经过交叉点为止

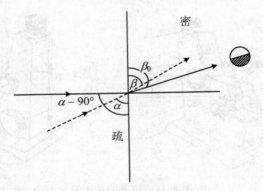

图 5.20　折射现象

阿贝折射仪中的阿贝棱镜组由两个直角棱镜组成,一个是进光棱镜,它的弦面是磨砂的,其作用是形成均匀的扩展面光源。另一个是折射棱镜。待测液体($n_x < n$)夹在两棱镜的弦面之间,形成薄膜,如图 5.21 所示。

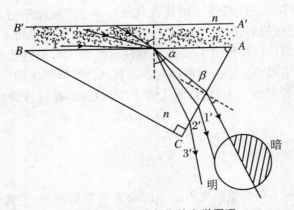

图 5.21　阿贝折射仪的光学原理

$$n \sin \beta = \sin \varphi'$$
$$A = \alpha + \beta$$
$$n_x \sin i = \sin A \sqrt{n^2 - \sin^2 \varphi'} - \cos A \sin \varphi'$$

从图 5.21 可以看出,对于光线"1",当 $i \to 90°$, $\sin i \to 1$,则上式变为

$$n_x = \sin A \sqrt{n^2 - \sin^2 \varphi'} - \cos A \sin \varphi'$$

因此,若折射棱镜的折射率 n、折射顶角 A 已知,只要测出出射角即可求出待测液体的折射率。在设计折射仪时,利用上式把测出的出射角转换成 n_x,并标记在刻度盘上,调节目镜中的视野如图 5.19(c)所示,直接读标尺上的刻度就是液体的折射率。

三、使用方法

1．仪器的安装

将折光仪置于光源良好的地方,放妥,但勿使仪器置于直照的日光中,以避免液体试样迅速蒸发。用胶管将测量棱镜和辅助棱镜上保温夹套的进水口与超级恒温槽串联起来,恒温温度以折光仪上的温度计读数为准。

2．加样

松开锁钮,开启辅助棱镜,用滴定管加少量丙酮清洗镜面,促使难挥发的玷污物逸走,用滴定管时注意勿使管尖碰撞镜面。必要时可用擦镜纸轻轻吸干镜面,易挥发的物质可以用洗耳球吹干,但切勿用滤纸。待镜面干燥后,滴加数滴试样于辅助棱镜的毛镜面上,闭合辅助棱镜,立即旋紧锁钮。若试样易挥发,则可在两棱镜接近闭合时从加液小槽中加入,然后闭合两棱镜,锁紧锁钮。

3．对光

转动手柄,使刻度盘标尺上的示值为最小,调节反射镜,使入射光进入棱镜组,同时从测量望远镜中观察,使视场最亮。调节目镜,使视场准丝最清晰。

4．粗调

转动手柄,使刻度盘的示值逐渐增大,直至观察到视场中出现彩色光带或黑白临界线为止。

5．消色散

转动消色散手柄,使视场内呈现一个清晰的明暗临界线。

6．精调

转动手柄,使临界线正好处在 X 形准丝交点上,若此时又呈微色散,必须重调消色散手柄,使临界线明暗清晰。

7．读数

从目镜中视野图下方读出标尺上相应的示值。由于眼睛在判断临界线是否处于准丝点交点上时,容易疲劳,为减少偶然误差,应转动手柄,重复测定三次,三个读数相差不能大于 0.000 2,然后取其平均值。读数方法如图 5.22 所示。

试样的成分对折光率的影响是极其灵敏的,为减少误差,一般测一个试样应重复取三次样,测定三个样品的数据,再取其平均值。

8. 仪器校正

折光仪刻度盘上的标尺的零点有时会发生移动,须加以校正。校正的方法是用一种已知折光率的标准液体,一般是用纯水,按上述方法进行测定,将平均值与标准值比较,其差值即为校正值。

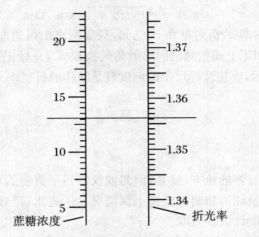

实验测得折光率为1.356+0.001×1/5=1.356 2

图 5.22 折光仪的读数方法

第三部分

具体实验操作

第六章 无机化学实验

实验一 摩尔气体常数的测定

一、实验目的

(1) 掌握一种测定摩尔气体常数的方法。
(2) 熟悉分压定律与理想气体状态方程式。

二、实验原理

本实验通过金属锌和过量稀盐酸反应生成氢气的体积来测定气体常数 R。反应见式(6.1)：

$$Zn + 2HCl \Longrightarrow ZnCl_2 + H_2 \uparrow \tag{6.1}$$

由理想气体状态方程式 $pV = nRT$，得到式(6.2)：

$$R = \frac{pV}{nT} \tag{6.2}$$

在一定温度 T 和压力 p 下，准确称取一定质量 m 的 Zn 片，使之与过量的稀盐酸作用，测出氢气的体积 V。氢气的分压为实验时大气压减去该温度下水的饱和蒸汽压：

$$p(H_2) = p - p(H_2O) \tag{6.3}$$

氢的物质的量 n 可由 Zn 片的质量求得，将以上各项数据代入式(6.2)中，可求得摩尔气体常数 R。

三、实验器材

电子天平；量气管(50 mL 碱式滴定管)；液面调节管；蝶形夹；铁架台；试管；橡皮管。

四、实验试剂

锌片；盐酸(6 mol·L^{-1})。

五、操作步骤

（1）在电子天平上准确称取 3 份已擦去表面氧化膜的锌片，其质量范围为 0.080 0～0.100 0 g。

（2）按如图 6.1 所示安装好仪器装置，取下反应管塞，移动液面调节管，使量气管中的水面略低于刻度，然后把液面调节管固定。

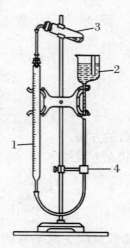

图 6.1　测定摩尔气体常数的装置
1—量气管；2—液面调节管；3—试管；4—烧瓶夹

（3）在反应试管中用滴管加入 3 mL 6 mol·L^{-1} HCl，注意不要使盐酸沾湿反应管液面以上的管壁。将已称重的锌片蘸取少量水，贴在试管内壁上，切勿使其与盐酸接触，最后塞紧带玻璃管的胶塞。

（4）检查装置的气密性。方法如下：把液面调节管 2 向下移动一段距离后，固定液面调节管，如果量气管内液面只在初始时稍下降，后维持不变（观察 2 min），表明装置不漏气；若量气管中液面不断下降，则装置漏气。应检查各接口处是否严密，直至确定不漏气为止。

（5）如果装置不漏气，调整水平管的位置，使量气管内水面与水平管内水面在同一水平面上（为什么？），然后准确读出量气管内液面凹面最低点的精确读数 V_1。

（6）轻轻摇动试管，使锌片落入稀盐酸中，锌片和盐酸反应而放出氢气。此时量气管内水面即开始下降。为了不使量气管内气压增大而造成漏气，在量气管水平面下降的同时，应慢慢下移水平管，使水平管内的水面和量气管内的水面基本保持水平。反应停止后，待试管冷却至室温（约 10 min 左右），移动水平管，使水平管内的水面和量气管内的水面相平，然后读出反应后量气管内液面凹面最低点的精确读数 V_2。

（7）记录实验时的室温 t 和大气压 P，从附录中查出该室温时水的饱和蒸汽压。

六、数据记录与处理

按如表 6.1 所示进行。

表 6.1 实验数据记录与处理

项 目	1	2	3
锌片的质量 m(g)			
反应前量气管中水面读数 V_1(mL)			
反应后量气管中水面读数 V_2(mL)			
室温(℃)			
大气压(Pa)			
氢气体积(L)			
室温时水的饱和蒸汽压(Pa)			
氢气分压(Pa)			
氢气的物质的量(mol)			
气体常数 R			
相对误差			

注:量气管读数精确至 0.01 mL。

七、思考题

(1) 本实验中置换出的氢气的体积是如何计算的?为什么读数时必须使水平管内液面与量气管内液面保持在同一水平面上?

(2) 如何检测本实验体系是否漏气?其根据是什么?漏气将造成怎样的误差?

实验二 氯化钠的提纯

一、实验目的

(1) 掌握化学法提纯粗食盐。

(2) 练习台秤及电子天平的使用,熟练掌握加热、溶解、常压过滤、减压过滤、蒸发、浓缩、结晶及干燥等基本操作。

(3) 学习 Ca^{2+},Mg^{2+},SO_4^{2-} 的定性检验方法。

二、实验原理

粗食盐中的不溶性杂质(如泥沙等)可通过溶解和过滤的方法除去。而可溶性杂质(主要是 Ca^{2+},Mg^{2+},K^+ 和 SO_4^{2-} 离子等),则可通过化学方法,选择适当的试剂使它们生成难溶化合物的沉淀而被除去。

粗盐溶液中加入过量的 $BaCl_2$ 溶液,除去 SO_4^{2-};过滤,除去难溶化合物及 $BaSO_4$ 沉淀。在滤液中加入 NaOH 和 Na_2CO_3 溶液,除去 Mg^{2+},Ca^{2+} 和沉淀时带入的过量 Ba^{2+} 和 SO_4^{2-};过滤除去沉淀;溶液中过量的 NaOH 和 Na_2CO_3 可以用盐酸中和除去。粗盐中的 K^+ 等其他可溶性杂质含量少,且 KCl 的溶解度大于 NaCl 的溶解度,蒸发和浓缩过程中,NaCl 先结晶出来,而 KCl 则留在溶液中,从而达到除去的目的,反应见方程式(6.4)～方程式(6.7):

$$Ba^{2+} + SO_4^{2-} =\!=\!= BaSO_4 \downarrow \tag{6.4}$$

$$Mg^{2+} + 2OH^- =\!=\!= Mg(OH)_2 \downarrow \tag{6.5}$$

$$Ca^{2+} + CO_3^{2-} =\!=\!= CaCO_3 \downarrow \tag{6.6}$$

$$Ba^{2+} + CO_3^{2-} =\!=\!= BaCO_3 \downarrow \tag{6.7}$$

三、实验器材

台秤;电子天平;烧杯;量筒;普通漏斗;漏斗架;布氏漏斗;抽滤瓶;真空泵;蒸发皿;石棉网;电炉;泥三角;胶头滴管;干埚钳;药匙;滤纸;pH 试纸。

四、实验试剂

粗食盐;HCl($2\ mol \cdot L^{-1}$);NaOH($2\ mol \cdot L^{-1}$);$BaCl_2$($1\ mol \cdot L^{-1}$);Na_2CO_3($1\ mol \cdot L^{-1}$);$(NH_4)_2C_2O_4$($0.5\ mol \cdot L^{-1}$);镁试剂。

五、操作步骤

1. 粗食盐的提纯

(1) 粗食盐的称量和溶解。在台秤上称取 8.0 g 粗盐,放在 100 mL 烧杯中,加入 30 mL 蒸馏水,加热并搅拌使其溶解。

(2) SO_4^{2-} 离子的除去。在沸腾的食盐溶液中,边搅拌边逐滴加入 $1\ mol \cdot L^{-1} BaCl_2$ 溶液至沉淀完全(约 2 mL)。继续加热 3 min,使 $BaSO_4$ 的颗粒长大而易于沉淀和过滤。为了检验 SO_4^{2-} 离子沉淀是否完全,可将烧杯从石棉网上取下,待沉淀下降后,取少量上层清液于试管中,再加 1～2 滴 $1\ mol \cdot L^{-1} BaCl_2$ 检验,观察溶液是否有浑浊出现,只有上清液不变浑浊,才证明 SO_4^{2-} 离子去除完全。用普通漏斗常压过滤,保留滤液,弃去沉淀。

(3) Ba^{2+},Ca^{2+},Mg^{2+} 等离子的除去。在滤液中加入适量的(约 1 mL)$2\ mol \cdot L^{-1}$ NaOH 和 3 mL $1\ mol \cdot L^{-1} Na_2CO_3$,加热至沸。仿照(2)中方法检验 Ca^{2+},Mg^{2+},Ba^{2+} 等

离子已沉淀完全后,继续用小火加热煮沸 3 min,用普通漏斗常压过滤,保留滤液,弃去沉淀。

(4) 调节溶液的 pH。在滤液中逐滴加入 2 mol·L⁻¹HCl,充分搅拌,直至溶液呈微酸性(pH 约为 4~5)为止。

(5) 蒸发浓缩。将滤液倒入蒸发皿中,在泥三角上用小火加热蒸发,浓缩至稀粥状的稠液为止,切不可将溶液蒸干。

(6) 结晶、减压过滤、干燥。冷却后,用布氏漏斗减压抽滤,尽量将结晶抽干。将结晶放回蒸发皿中,放在石棉网上,小火加热干燥,直至不冒水蒸气为止。将精食盐冷至室温,称重,计算产率。

2. 产品纯度的检验

取粗盐和提纯后的精盐各 0.5 g,分别溶于 3 mL 蒸馏水中,盛于 3 支试管中,组成 3 组,对照检验它们的纯度。

(1) SO_4^{2-} 的检验。在第 1 组溶液中分别加入 2 滴 1 mol·L⁻¹ $BaCl_2$,观察有无白色沉淀生成,记录结果,进行比较。

(2) Ca^{2+} 的检验。在第 2 组溶液中分别加入 2 滴 0.5 mol·L⁻¹ $(NH_4)_2C_2O_4$ 溶液。如有白色 CaC_2O_4 沉淀生成,证明 Ca^{2+} 存在。记录结果,进行比较。

(3) Mg^{2+} 的检验。在第 3 组溶液中分别加入 2 滴 2 mol·L⁻¹ NaOH,使溶液呈碱性,再加入 2 滴镁试剂。若有蓝色沉淀生成,证明 Mg^{2+} 存在。记录结果,进行比较。

注意　镁试剂是一种有机染料,在碱性溶液中呈红色或紫色,但被 $Mg(OH)_2$ 沉淀吸附后,则呈天蓝色。

六、注意事项

(1) 粗食盐颗粒要研细。
(2) 食盐溶液浓缩时切不可蒸干。

七、思考题

(1) 怎样除去实验过程中所加的过量沉淀剂 $BaCl_2$,NaOH 和 Na_2CO_3?
(2) 提纯后的食盐溶液浓缩时为什么不能蒸干?

实验三　醋酸的标准解离常数和解离度的测定

一、实验目的

(1) 测定醋酸的标准解离常数和解离度,学习正确使用 pH 计。
(2) 巩固移液管的基本操作,学习容量瓶的使用。

二、实验原理

醋酸(简写成 HAc)是弱电解质,在溶液中存在如下的解离平衡:

$$HAc(aq) \rightleftharpoons H^+(aq) + Ac^-(aq)$$

其标准解离常数 $K_{HAc}^{\ominus}$ 的表达式为

$$K_{HAc}^{\ominus} = \frac{\{c(H^+)/c^{\ominus}\} \cdot \{c(Ac^-)/c^{\ominus}\}}{c(HAc)/c^{\ominus}} \tag{6.8}$$

式(6.8)中 $c(H^+)$,$c(Ac^-)$,$c(HAc)$ 分别为 H^+,Ac^-,HAc 的平衡浓度,$c^{\ominus}$ 为标准浓度(即 $1\ mol \cdot L^{-1}$)。对于单纯的醋酸溶液,若以 c 代表 HAc 的起始浓度,则平衡时 $c(HAc)$ $= c - c(H^+)$,而 $c(H^+) \approx c(Ac^-)$,则

$$K_{HAc}^{\ominus} = \frac{\{c(H^+)/c^{\ominus}\}^2}{\{c - c(H^+)\}/c^{\ominus}} \tag{6.9}$$

另外,HAc 的解离度 α 可表示为

$$\alpha = \frac{c(H^+)}{c} \tag{6.10}$$

在一定温度下用酸度计测出已知浓度的 HAc 溶液的 pH,根据式(6.9)和式(6.10),即可求得 $K_{HAc}^{\ominus}$ 和 α。

三、实验器材

pH 计;容量瓶;烧杯(50 mL);移液管(10 mL);吸量管(5 mL);洗耳球;滴定管。

四、实验试剂

HAc 标准溶液($0.1\ mol \cdot L^{-1}$)。

五、操作步骤

1. 配制不同浓度的乙酸溶液

用滴定管分别放出 5.00 mL,10.00 mL,25.00 mL 已知浓度的 HAc 标准溶液,加入到 3 个 50 mL 容量瓶中,分别编号 1,2,3,用蒸馏水稀释至刻度,摇匀。未稀释的 HAc 标准溶液 30 mL 倒入到 4 号烧杯中,可得到四种浓度不同的溶液,由稀到浓依次编号为 1, 2,3,4。

2. 不同浓度的 HAc 溶液 pH 的测定

将上述 1,2,3 号容量瓶中的 HAc 溶液,各取 30 mL 倒入 3 只干燥的 50 mL 烧杯中;用 pH 计按 1~4 号烧杯顺序(HAc 溶液浓度由稀到浓)测定它们的 pH,并将实验数据记录于表 6.2 中,算出 $K_{HAc}^{\ominus}$ 和 α。

表 6.2　实验数据和计算

温度：_____℃　pH 计编号：_____

编　号	$c(\text{mol} \cdot \text{L}^{-1})$	pH	$c(\text{H}^+)(\text{mol} \cdot \text{L}^{-1})$	$K_{\text{HAc}}^{\ominus}$	α
1					
2					
3					
4					

如表 6.2 所示测得的 4 个 $K_{\text{HAc}}^{\ominus}$，由于实验误差可能不完全相同，可用下列方法处理，求 $\text{p}K_a^{\ominus}(\text{HAc})_{\text{平均}}$ 和标准偏差 s，结果填入表 6.3：

$$\text{p}K_a^{\ominus}(\text{HAc})_{\text{平均}} = \frac{\sum\limits_{i=1}^{n} \text{p}K_{ai}^{\ominus}(\text{HAc})_{\text{实验}}}{n}$$

误差 Δ_i：

$$\Delta_i = \text{p}K_a^{\ominus}(\text{HAc})_{\text{平均}} - \text{p}K_{ai}^{\ominus}(\text{HAc})_{\text{实验}}$$

标准偏差 s：

$$s = \sqrt{\frac{\sum\limits_{i=1}^{n} \Delta_i^2}{n-1}}$$

表 6.3　实验结果处理

序　号	1	2	3	4
pH				
$\text{p}K_a^{\ominus}(\text{HAc})$				
$\text{p}K_a^{\ominus}(\text{HAc})_{\text{平均}}$				
Δ_i				
s				

六、思考题

(1) 如果改变所测 HAc 溶液的浓度或温度，则解离度和标准解离常数有无变化？

(2) 配制不同浓度的 HAc 溶液时，玻璃器皿是否要干燥，为什么？

(3) 测定不同浓度 HAc 溶液的 pH 时，测定顺序应由稀到浓，为什么？

实验四　化学反应速率与活化能的测定

一、实验目的

(1) 测定过二硫酸铵与碘化钾反应的反应速率,并计算反应级数、反应速率常数和活化能。

(2) 理解浓度、温度和催化剂对反应速率的影响。

二、实验原理

在水溶液中过二硫酸铵和碘化钾发生反应:

$$(NH_4)_2S_2O_8(aq) + 3KI(aq) \rightleftharpoons (NH_4)_2SO_4(aq) + K_2SO_4(aq) + KI_3(aq)$$

反应的离子方程式为

$$S_2O_8{}^{2-}(aq) + 3I^-(aq) \rightleftharpoons 2SO_4{}^{2-}(aq) + I_3^-(aq) \tag{6.11}$$

其反应的速率方程式可表示为

$$v = k \cdot c_{S_2O_8{}^{2-}}^m \cdot c_{I^-}^n$$

式中,v 为此条件下反应的瞬时速率。若 $c_{S_2O_8{}^{2-}}$,c_{I^-} 为初始浓度,则 v 表示反应的初速率(v_0)。k 是反应速率常数,m 和 n 是反应级数。

实验能测定的速率是一段时间间隔(Δt)内反应的平均速率 $\bar{v}$。如果在 Δt 时间内 $S_2O_8{}^{2-}$ 浓度的改变为 $\Delta c_{S_2O_8{}^{2-}}$,则平均速率为

$$\bar{v} = \frac{-\Delta c_{S_2O_8{}^{2-}}}{\Delta t}$$

近似地用平均速率代替初速率

$$v_0 = k \cdot c_{S_2O_8{}^{2-}}^m \cdot c_{I^-}^n \approx \frac{-\Delta c_{S_2O_8{}^{2-}}}{\Delta t}$$

为了能够测出反应的 $\Delta c_{S_2O_8{}^{2-}}$,需要在混合 $(NH_4)_2S_2O_8$ 和 KI 溶液的同时,加入一定体积已知浓度的 $Na_2S_2O_3$ 溶液和淀粉溶液,这样在反应方程式(6.11)进行的同时还进行着下面的反应:

$$2S_2O_3{}^{2-} + I_3^- \rightleftharpoons S_4O_6{}^{2-} + 3I^- \tag{6.12}$$

反应方程式(6.11)比方程式(6.12)慢得多。因此,由反应方程式(6.11)生成的 I_3^- 立即与 $S_2O_3{}^{2-}$ 反应,生成无色的 $S_4O_6{}^{2-}$ 和 I^-。所以在反应的开始阶段看不到碘与淀粉反应而显示出来的特有蓝色。但是一旦 $Na_2S_2O_3$ 耗尽,反应方程式(6.11)继续生成的 I_3^- 就与淀粉反应而呈现蓝色。

由于从反应开始到蓝色出现标志着 $S_2O_3{}^{2-}$ 全部耗尽,所以从反应开始到出现蓝色这段时间 Δt 里,$S_2O_3{}^{2-}$ 浓度的改变 $\Delta c_{S_2O_3{}^{2-}}$ 实际上就是 $Na_2S_2O_3$ 的起始浓度 $c_0(S_2O_3{}^{2-})$,即

$$- \Delta c_{S_2O_3^{2-}} = c_0(S_2O_3^{2-})$$

从反应式(6.11)和式(6.12)可以看出，$S_2O_8^{2-}$ 减少的量为 $S_2O_3^{2-}$ 减少量的一半，所以 $S_2O_8^{2-}$ 在 Δt 时间内减少的量可以从下式求得：

$$\Delta c_{S_2O_8^{2-}} = \frac{\Delta c_{S_2O_3^{2-}}}{2}$$

实验中，通过改变反应物 $S_2O_8^{2-}$ 和 I^- 的初始浓度，测定消耗等量的 $S_2O_8^{2-}$ 的物质的量浓度 $\Delta c_{S_2O_8^{2-}}$ 所需要的不同的时间间隔(Δt)，计算得到反应物不同初始浓度的初速率，进而确定该反应的反应级数 m 和 n，从而得到反应的速率方程和反应速率常数。

$$v_0 = k \cdot c_{S_2O_8^{2-}}^m \cdot c_{I^-}^n = \frac{-\Delta c_{S_2O_8^{2-}}}{\Delta t} = \frac{-\Delta c_{S_2O_3^{2-}}}{2\Delta t} = \frac{c_0(S_2O_3^{2-})}{2\Delta t}$$

由 Arrhenius 方程得

$$\lg k = \frac{-E_a}{2.303RT} + \lg A$$

式中 E_a 为反应的活化能，R 为气体常数，T 为绝对温度。测出不同温度下的 k 值，以 $\lg k$ 对 $1/T$ 作图可得一直线，由直线的斜率 $\dfrac{-E_a}{2.303R}$ 可求得反应的活化能 E_a。

Cu^{2+} 可以加快反应的速率，Cu^{2+} 的加入量不同，加快的反应速率也不同。

三、实验器材

烧杯(50 mL)；温度计；秒表；量筒；恒温水浴槽。

四、实验试剂

$(NH_4)_2S_2O_8$(0.20 mol $\cdot$ L^{-1})；KI(0.20 mol $\cdot$ L^{-1})；KNO_3(0.20 mol $\cdot$ L^{-1})；$Na_2S_2O_3$(0.01 mol $\cdot$ L^{-1})；$(NH_4)_2SO_4$(0.2 mol $\cdot$ L^{-1})；$Cu(NO_3)_2$(0.02 mol $\cdot$ L^{-1})；淀粉溶液(2%)。

五、操作步骤

1. 浓度影响下的反应级数和速率系数

在室温条件下，按照如表 6.4 所示各反应物的用量，用量筒准确量取 0.20 mol $\cdot$ L^{-1} KI 溶液、0.010 mol $\cdot$ $L^{-1}Na_2S_2O_3$ 溶液和 2% 的淀粉溶液，全部加入到烧杯中，混合均匀。然后用另一量筒取 0.20 mol $\cdot$ $L^{-1}(NH_4)_2S_2O_8$ 溶液，迅速倒入上述混合液中，同时按动秒表，并不断搅动，仔细观察。当溶液刚出现蓝色时，立即停止计时，记录反应时间 Δt 和室温。

表 6.4　浓度对化学反应速率的影响

室温：＿＿＿＿＿℃

实验编号		1	2	3	4	5
试剂用量(mL)	$0.20 \text{ mol} \cdot \text{L}^{-1}(NH_4)_2S_2O_8$	20.0	10.0	5.0	20.0	20.0
	$0.20 \text{ mol} \cdot \text{L}^{-1} KI$	20.0	20.0	20.0	10.0	5.0
	$0.010 \text{ mol} \cdot \text{L}^{-1} Na_2S_2O_3$	8.0	8.0	8.0	8.0	8.0
	2%淀粉溶液	1.0	1.0	1.0	1.0	1.0
	$0.20 \text{ mol} \cdot \text{L}^{-1} KNO_3$	0	0	0	10.0	15.0
	$0.20 \text{ mol} \cdot \text{L}^{-1}(NH_4)_2SO_4$	0	10.0	15.0	0	0
反应物的起始浓度$(\text{mol} \cdot \text{L}^{-1})$	$(NH_4)_2S_2O_8$					
	KI					
	$Na_2S_2O_3$					
反应时间 $\Delta t/(s)$						
$\Delta c_{S_2O_8^{2-}}$ $(\text{mol} \cdot \text{L}^{-1})$						
反应速率 $v(\text{mol} \cdot \text{L}^{-1} \cdot \text{s}^{-1})$						

将反应速率方程式 $v = k \cdot c_{S_2O_8^{2-}}^m \cdot c_{I^-}^n$ 两边取对数：

$$\lg v = m\lg c_{S_2O_8^{2-}} + n\lg c_{I^-} + \lg k$$

当 c_{I^-} 不变时(即实验1、2、3)，以 $\lg v$ 对$\lg c_{S_2O_8^{2-}}$ 作图，可得一直线，斜率即为 m；同理，当 $c_{S_2O_8^{2-}}$ 不变时(即实验1、4、5)，以 $\lg v$ 对 $\lg c_{I^-}$ 作图，可求得 n；此反应的总级数则为$(m+n)$。

将求得的 m 和 n 代入$v = k \cdot c_{S_2O_8^{2-}}^m \cdot c_{I^-}^n$ 中，即可求得反应速率常数 k。

2. 温度影响下的活化能

按如表 6.4 所示的实验 1 中的试剂用量，将装有 KI，$Na_2S_2O_3$，KNO_3 和淀粉混合溶液的烧杯和装有$(NH_4)_2S_2O_8$ 溶液的小烧杯，分别在高于室温5℃，10℃，15℃时，将$(NH_4)_2S_2O_8$溶液迅速倒入装有 KI 等混合溶液的烧杯中，同时计时并不断搅动，当溶液刚出现蓝色时，记录反应时间，实验编号分别记为1、6、7、8，实验结果记入表 6.5。

表 6.5　温度对化学反应速率的影响

实验编号	1	6	7	8
反应温度(K)				
反应时间 $\Delta t(s)$				
反应速率 $v(\text{mol} \cdot \text{L}^{-1} \cdot \text{s}^{-1})$				
反应速率常数 k				
$\lg k$				
$\dfrac{1}{T}(\text{K}^{-1})$				
反应活化能 E_a				

利用如表 6.5 所示的各次实验的 k 和T，作 $\lg k\text{-}1/T$ 图，求出直线的斜率，再算出

反应方程式(6.11)的活化能 E_a。

3. 催化剂对化学反应速率的影响

按如表 6.4 所示的实验 1 中的试剂用量,把 KI,$Na_2S_2O_3$,KNO_3 和淀粉溶液加到烧杯中,再加入 2 滴 0.020 mol·L^{-1}Cu(NO_3)$_2$溶液,混匀,然后迅速加入(NH_4)$_2S_2O_8$溶液,搅拌,计时。将此实验的反应速率与表 6.4 中实验 1 的反应速率进行比较并得出结论。

六、思考题

(1) 若不用 $S_2O_8{}^{2-}$,而用 I^- 或 $I_3{}^-$ 的浓度变化来表示反应速率,则反应速率常数 k 和反应速率 v 是否一样?

(2) 本实验 $Na_2S_2O_3$ 的用量过多或者过少,对实验结果有何影响?

实验五　氧化还原反应

一、实验目的

(1) 了解原电池的装置,学会 pH 计测定原电池电动势的方法。

(2) 理解介质的酸碱性、反应物浓度和温度对氧化还原反应方向和产物的影响。

(3) 加深理解电极电势与氧化还原反应的关系。

二、实验原理

物质的氧化还原能力的大小可以根据相应电对电极电势的高低来判断。电极电势愈高,电对中的氧化型物质的氧化能力愈强,还原态的还原能力越弱;电极电势愈低,电对中的还原型物质的还原能力愈强,氧化态的还原能力越弱。

根据电极电势的高低可以判断氧化还原反应的方向。当氧化剂电对的电极电势大于还原剂电对的电极电势时,反应能正向自发进行。当氧化剂电对的电极电势小于还原剂电对的电极电势时,反应则不能进行。

由电极反应的能斯特(Nernst)方程式:

$$\varphi = \varphi^{\ominus} + \frac{0.059\,2}{n}\lg\frac{[c(A_{\text{氧}})/c^{\ominus}]^{\alpha}}{[c(A_{\text{还}})/c^{\ominus}]^{\alpha'}}$$

可以看出浓度对电极电势的影响。溶液的 pH 会影响某些电对的电极电势或氧化还原反应的方向,介质的酸碱性也会影响某些氧化还原反应的产物。

原电池是利用氧化还原反应将化学能转变成电能的装置,负极发生氧化反应,给出电子,正极发生还原反应,得到电子,电子通过导线由正极流向负极。用伏特计可以测定原电池的电动势。通过实验测量原电池的电动势,根据 $E = \varphi_+ - \varphi_-$ 可以确定各电对的电极电势相对值。

三、实验器材

伏特计;导线;砂纸;试管;试管架;烧杯;表面皿;雷磁 25 型 pH 计;电炉;石棉网;水浴锅;锌电极;铜电极;饱和 KNO_3 盐桥;蓝色石蕊试纸;砂纸;锌片;铜片。

四、实验试剂

$H_2SO_4(2\ mol \cdot L^{-1}, 1\ mol \cdot L^{-1})$;$HAC(1\ mol \cdot L^{-1})$;$H_2C_2O_4(0.1\ mol \cdot L^{-1})$;$H_2O_2$ (3%);$NaOH(2\ mol \cdot L^{-1})$;$NH_3 \cdot H_2O(2\ mol \cdot L^{-1})$;$KI(0.2\ mol \cdot L^{-1})$;$KIO_3$ $(0.1\ mol \cdot L^{-1})$;$KBr(0.1\ mol \cdot L^{-1})$;$K_2Cr_2O_7(0.1\ mol \cdot L^{-1})$;$KMnO_4(0.01\ mol \cdot L^{-1})$; $KClO_3(饱和)$;$Na_2SiO_3(0.5\ mol \cdot L^{-1})$;$Na_2SO_3(0.1\ mol \cdot L^{-1})$;$Pb(NO_3)_2(0.5\ mol \cdot L^{-1}, 1\ mol \cdot L^{-1})$;$FeSO_4(0.1\ mol \cdot L^{-1})$;$FeCl_3(0.1\ mol \cdot L^{-1})$;$CuSO_4(0.005\ mol \cdot L^{-1})$; $ZnSO_4(1\ mol \cdot L^{-1})$。

五、操作步骤

1. 比较电对 $E^\ominus$ 值的相对大小

(1) 在一支试管中加入 1 mL 0.1 mol · L^{-1} KI 溶液和 5 滴 0.1 mol · L^{-1} $FeCl_3$ 溶液,振荡后有何现象? 再加入 0.5 mL CCl_4 充分振荡,观察 CCl_4 层颜色有何变化? 反应的产物是什么?

(2) 用 0.1 mol · L^{-1} KBr 溶液代替 KI 溶液进行相同的实验,能否发生反应?

将反应(1)、(2)实验结果填入表 6.6。

表 6.6　反应(1)、(2)实验结果

反应物	现　象	方程式	$E^\ominus$ 大小
$KI + FeCl_3$			
$KBr + FeCl_3$			

(3) H_2O_2 的氧化性。在试管中加入 0.5 mL 0.1 mol · L^{-1} KI 溶液,再加入几滴 1 mol · L^{-1} H_2SO_4 酸化,然后逐滴加入 3% 的 H_2O_2 溶液,并加入 0.5 mL CCl_4,振荡试管并观察所发生的现象。

(4) $KMnO_4$ 的氧化性。在试管中加入 0.5 mL 0.01 mol · L^{-1} $KMnO_4$ 溶液,再加入少量 1 mol · L^{-1} H_2SO_4 酸化,然后滴加 3% 的 H_2O_2 溶液,振荡后观察现象。

将反应(3)、(4)实验结果填入表 6.7 中。

表 6.7　反应(3)、(4)实验结果

反应物	现　象	方程式	H_2O_2 作用
$KI + H_2O_2$			
$KMnO_4 + H_2O_2$			

2. 介质对氧化还原反应的影响

（1）介质对氧化还原反应方向和产物的影响。

在 3 支各盛有 5 滴 $0.01\ mol \cdot L^{-1}$ KMnO₄溶液的试管中，分别加入 $1\ mol \cdot L^{-1}$ H₂SO₄溶液，蒸馏水和 $2\ mol \cdot L^{-1}$ NaOH 溶液各 0.5 mL，然后逐滴加入 $0.1\ mol \cdot L^{-1}$ Na₂SO₃溶液。观察反应产物有何不同？写出反应式，实验结果填入表 6.8 中。

表6.8　介质对氧化还原反应方向和产物的影响

反应物	介　质	现　象	方程式
KMnO₄ + Na₂SO₃	H₂SO₄		
	H₂O		
	NaOH		

（2）介质对氧化还原反应速率的影响。

在 2 支各盛 1 mL $0.1\ mol \cdot L^{-1}$ KBr 溶液的试管中，分别加 $1\ mol \cdot L^{-1}$ H₂SO₄和 $1\ mol \cdot L^{-1}$ HAc 溶液 0.5 mL，然后各加入 2 滴 $0.01\ mol \cdot L^{-1}$ KMnO₄溶液，观察并比较 2 支试管中紫红色褪色的快慢，实验结果填入表 6.9 中。

表6.9　介质对氧化还原反应速率的影响

反应物	介　质	现　象	方程式
KMnO₄ + KBr	H₂SO₄		
	HAc		

（3）介质的 pH 对氧化还原反应方向的影响。

将 $0.1\ mol \cdot L^{-1}$ KI 溶液与 $0.1\ mol \cdot L^{-1}$ KIO₃溶液在试管中混合，观察有无变化；再加入数滴 $1\ mol \cdot L^{-1}$ H₂SO₄，然后逐滴加入，并加入 0.5 mL CCl₄，振荡并观察现象。然后在该试管中再逐滴加入 $2\ mol \cdot L^{-1}$ NaOH 使溶液呈碱性，振荡后又有何现象产生？写出反应式。实验结果填入表 6.10 中。

表6.10　介质的 pH 对氧化还原反应方向的影响

反应物	介　质	现　象	方程式
KIO₃ + KI	H₂O		
	H₂SO₄		
	NaOH		

3. 浓度、温度对氧化还原反应速率的影响

（1）浓度对氧化还原反应速率的影响。

在两支试管中分别加入 3 滴 $0.5\ mol \cdot L^{-1}$ Pb(NO₃)₂溶液和 3 滴 $1\ mol \cdot L^{-1}$ Pb(NO₃)₂溶液，各加入 30 滴 $1\ mol \cdot L^{-1}$ HAC 溶液，混匀后，再逐滴加入 $0.5\ mol \cdot L^{-1}$ Na₂SiO₃溶液 26～28 滴，摇匀，用蓝色石蕊试纸检查溶液仍呈弱酸性。在 90 ℃水浴中加热至试管中出现乳白色透明凝胶，取出试管，冷却至室温，在两支试管中同时插入表面积相同的锌片，观察两支试管中"铅树"生长速率的快慢，并解释之。

（2）温度对氧化还原反应速率的影响。

在 1，2 两支试管中分别加入 1 mL 0.01 mol·L^{-1} $KMnO_4$ 溶液和 3 滴 1 mol·L^{-1} H_2SO_4 溶液；在 3，4 号试管中分别加入 1 mL 0.1 mol·L^{-1} $H_2C_2O_4$ 溶液。将 1，3 两支试管水浴中保温 5 min 后，将 1 管中溶液倒入 3 管中；同时将未加热保温的 2 管中溶液倒入 4 管中，观察混合后 3，4 两管中溶液哪一个先褪色，写出反应式，并解释现象。实验结果填入表6.11中。

表 6.11　温度对氧化还原反应速率的影响

反应物	温度	现象	方程式	结论
$KMnO_4 + H_2SO_4$	加热			
	不加热			
$KMnO_4 + H_2C_2O_4$	加热			
	不加热			

4. 原电池电动势的测定

在两只小烧杯中，分别加入 10 mL 1 mol·L^{-1} $CuSO_4$ 和 10 mL 1 mol·L^{-1} $ZnSO_4$ 溶液。然后，在 $CuSO_4$ 溶液中插入铜片，在 $ZnSO_4$ 溶液中插入锌片，中间用 KNO_3 盐桥将它们连接。两极各连一导线，铜极导线与伏特计正极相接，锌极与伏特计的负极相接，连接方式如图 6.2 所示，以此来测量铜-锌原电池的电动势。

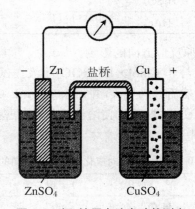

图 6.2　铜-锌原电池电动势测定

5. 浓度对电极电势的影响

（1）在 50 mL 烧杯中加入 25 mL 1 mol·L^{-1} $ZnSO_4$ 溶液，插入饱和甘汞电极和用砂纸打磨过的锌电极，组成原电池。将甘汞电极与伏特计的正极相连，锌电极与负极相连。将伏特计的开关扳向"mV"挡，测定该原电池的电动势。已知饱和甘汞电极的 $E = 0.2415$ V，计算 $E(Zn^{2+}/Zn)$。

（2）在另一个 50 mL 烧杯中加入 25 mL 0.005 mol·L^{-1} $CuSO_4$ 溶液，插入铜电极，与（1）中的锌电极组成原电池，两烧杯之间用饱和 KNO_3 盐桥相连，伏特计测原电池的电动势 E，计算 $E(Cu^{2+}/Cu)$ 和 $E^{\ominus}(Cu^{2+}/Cu)$。

（3）向 0.005 mol·L^{-1} $CuSO_4$ 溶液中滴入过量的 2 mol·L^{-1} $NH_3·H_2O$ 至生成深蓝

色透明溶液,再测原电池的电动势 E,并计算 $E([Cu(NH_3)_4]^{2+}/Cu)$。

比较两次测得的铜-锌原电池的电动势和铜电极电极电势的大小,你能得出什么结论?

六、思考题

(1) H_2O_2 为什么既可作氧化剂又可作还原剂? 写出有关电极反应,并说明 H_2O_2 在什么情况下可作氧化剂,在什么情况下可作还原剂?

(2) 温度和浓度对氧化还原反应的速率有何影响?

实验六　配合物与沉淀溶解平衡

一、实验目的

(1) 加深理解配合物的组成和稳定性,了解配合物形成时的特征。

(2) 加深理解沉淀-溶解平衡和溶度积的概念,掌握溶度积规则及其应用。

二、实验原理

1. 配合物与配位平衡

含有配位个体的电中性化合物称为配合物。配合物是由形成体(又称为中心离子或原子)与一定数目的配位体(负离子或中性分子)以配位键结合而成的一类复杂化合物。配合物的内层和外层之间以离子键结合,在水溶液中完全解离。在一定条件下,中心离子、配位体和配位个体间达到配位平衡,例如:

$$Ag^{2+} + 2NH_3 \rightleftharpoons [Ag(NH_3)_2]^+$$

$K^\ominus$ 称为配合物的稳定常数。配位个体在水溶液中分步解离,其行为类似于弱电解质。配位个体在溶液中稳定性的高低可通过配位个体稳定常数的大小来反映。对于相同类型的配合物,稳定常数越大,配合物的稳定性就越好。配合物形成时往往伴随溶液颜色、酸碱性、难溶电解质溶解度、中心离子氧化还原性的改变等特征。

2. 沉淀-溶解平衡

在含有难溶强电解质晶体的饱和溶液中,难溶强电解质与溶液中相应粒子间的多相离子平衡,称为沉淀-溶解平衡。用通式表示如下:

$$A_mB_n(s) \rightleftharpoons mA^{n+}(aq) + nB^{m-}(aq)$$

其溶度积常数为

$$K^\ominus_{sp}(A_mB_n) = \left[\frac{c(A^{n+})}{c^\ominus}\right]^m \left[\frac{c(B^{m-})}{c^\ominus}\right]^n$$

沉淀的生成和溶解可以根据溶度积规则来判断:

$Q > K_{sp}^{\ominus}$，有沉淀析出，平衡向左移动；

$Q = K_{sp}^{\ominus}$，处于平衡状态，溶液为饱和溶液；

$Q < K_{sp}^{\ominus}$，无沉淀析出，或平衡向右移动，原来的沉淀溶解。

溶液 pH 的改变、配合物的形成或发生氧化还原反应，往往会引起难溶电解质溶解度的改变。

对于相同类型的难溶电解质，可以根据其 $K_{sp}^{\ominus}$ 的相对大小判断沉淀的先后顺序。对于不同类型的难溶电解质，则要根据计算所需沉淀试剂浓度的大小来判断沉淀的先后顺序。

两种沉淀间相互转化的难易程度要根据沉淀转化反应的标准平衡常数确定。

三、实验器材

点滴板；试管；试管架；石棉网；离心机；离心管；pH 试纸。

四、实验试剂

HCl($6 \text{ mol} \cdot \text{L}^{-1}$，$2 \text{ mol} \cdot \text{L}^{-1}$)；$H_2SO_4$($2 \text{ mol} \cdot \text{L}^{-1}$)；$HNO_3$($6 \text{ mol} \cdot \text{L}^{-1}$)；$H_2O_2$(3%)；NaOH($2 \text{ mol} \cdot \text{L}^{-1}$)；$NH_3 \cdot H_2O$($6 \text{ mol} \cdot \text{L}^{-1}$，$2 \text{ mol} \cdot \text{L}^{-1}$)；KBr($0.1 \text{ mol} \cdot \text{L}^{-1}$)；KI($0.02 \text{ mol} \cdot \text{L}^{-1}$，$0.1 \text{ mol} \cdot \text{L}^{-1}$，$2 \text{ mol} \cdot \text{L}^{-1}$)；$K_2CrO_4$($0.1 \text{ mol} \cdot \text{L}^{-1}$)；KSCN($0.1 \text{ mol} \cdot \text{L}^{-1}$)；NaF($0.1 \text{ mol} \cdot \text{L}^{-1}$)；NaCl($0.1 \text{ mol} \cdot \text{L}^{-1}$)；$NaNO_3$(s)；$Na_2H_2Y$($0.1 \text{ mol} \cdot \text{L}^{-1}$)；$Na_2S_2O_3$($0.1 \text{ mol} \cdot \text{L}^{-1}$)；$NH_4Cl$($1 \text{ mol} \cdot \text{L}^{-1}$)；$MgCl_2$($0.1 \text{ mol} \cdot \text{L}^{-1}$)；$CaCl_2$($0.1 \text{ mol} \cdot \text{L}^{-1}$)；$Ba(NO_3)_2$($0.1 \text{ mol} \cdot \text{L}^{-1}$)；$Al(NO_3)_3$($0.1 \text{ mol} \cdot \text{L}^{-1}$)；$Pb(NO_3)_2$($0.1 \text{ mol} \cdot \text{L}^{-1}$)；$Pb(Ac)_2$($0.01 \text{ mol} \cdot \text{L}^{-1}$)；$CoCl_2$($0.1 \text{ mol} \cdot \text{L}^{-1}$)；$FeCl_3$($0.1 \text{ mol} \cdot \text{L}^{-1}$)；$Fe(NO_3)_3$($0.1 \text{ mol} \cdot \text{L}^{-1}$)；$AgNO_3$($0.1 \text{ mol} \cdot \text{L}^{-1}$)；$Zn(NO_3)_2$($0.1 \text{ mol} \cdot \text{L}^{-1}$)；$NH_4Fe(SO_4)_2$($0.1 \text{ mol} \cdot \text{L}^{-1}$)；$K_3[Fe(CN)_6]$($0.1 \text{ mol} \cdot \text{L}^{-1}$)；$BaCl_2$($0.1 \text{ mol} \cdot \text{L}^{-1}$)；$CuSO_4$($0.1 \text{ mol} \cdot \text{L}^{-1}$)；$Na_2S$($0.1 \text{ mol} \cdot \text{L}^{-1}$)；丁二酮肟。

五、操作步骤

1. 配合物的形成与颜色变化

(1) 在点滴板上，先加 3 滴 $0.1 \text{ mol} \cdot \text{L}^{-1}$ $FeCl_3$ 溶液，加 2 滴 $0.1 \text{ mol} \cdot \text{L}^{-1}$ KSCN 溶液，观察现象。再加入 2 滴 $0.1 \text{ mol} \cdot \text{L}^{-1}$ NaF 溶液，观察颜色有什么变化并解释原因，写出反应方程式。

(2) 在点滴板上，在 $0.1 \text{ mol} \cdot \text{L}^{-1}$ $K_3[Fe(CN)_6]$ 溶液和 $0.1 \text{ mol} \cdot \text{L}^{-1}$ $NH_4Fe(SO_4)_2$ 溶液中分别滴加 $0.1 \text{ mol} \cdot \text{L}^{-1}$ KSCN 溶液，观察是否有颜色变化并解释原因。

(3) 在 $0.1 \text{ mol} \cdot \text{L}^{-1}$ $CuSO_4$ 溶液中滴加 $6 \text{ mol} \cdot \text{L}^{-1}$ $NH_3 \cdot H_2O$ 至过量，然后将溶液分为两份，分别加入 $2 \text{ mol} \cdot \text{L}^{-1}$ NaOH 溶液和 $0.1 \text{ mol} \cdot \text{L}^{-1}$ $BaCl_2$ 溶液，观察现象，写出有关的反应方程式。

2. 配合物形成时难溶物溶解度的改变

在 3 支试管中分别加入 5 滴 $0.1 \text{ mol} \cdot \text{L}^{-1}$ NaCl 溶液，5 滴 $0.1 \text{ mol} \cdot \text{L}^{-1}$ KBr 溶液，

5 滴 $0.1\,mol\cdot L^{-1}$ KI 溶液,再各加入 5 滴 $0.1\,mol\cdot L^{-1}$ AgNO$_3$ 溶液,观察沉淀的颜色。离心分离,弃去清液。在沉淀中再分别加入 $2\,mol\cdot L^{-1}$ NH$_3$·H$_2$O,$0.1\,mol\cdot L^{-1}$ Na$_2$S$_2$O$_3$ 溶液,$2\,mol\cdot L^{-1}$ KI 溶液,振荡试管,观察沉淀的溶解并解释原因。写出有关反应方程式。

3. 配合物形成时溶液 pH 的改变

取 pH 试纸 1 张,在其左端滴 1 滴 $0.1\,mol\cdot L^{-1}$ CaCl$_2$ 溶液,记下被 CaCl$_2$ 溶液浸润处的 pH,待 CaCl$_2$ 溶液不再扩散时,在距离 CaCl$_2$ 溶液扩散边缘 1.0 cm 干试纸处,滴上 1 滴 $0.1\,mol\cdot L^{-1}$ Na$_2$H$_2$Y 溶液,待 Na$_2$H$_2$Y 溶液扩散到 CaCl$_2$ 溶液区形成重叠时,记下重叠与未重叠处的 pH。解释 pH 变化的原因,写出反应方程式。

4. 配合物形成时中心离子氧化还原性的改变

(1) 在 $0.1\,mol\cdot L^{-1}$ CoCl$_2$ 溶液中滴加 3% 的 H$_2$O$_2$,观察有无变化。

(2) 在 $0.1\,mol\cdot L^{-1}$ CoCl$_2$ 溶液中加几滴 $1\,mol\cdot L^{-1}$ NH$_4$Cl 溶液,再滴加 $6\,mol\cdot L^{-1}$ NH$_3$·H$_2$O,观察现象。然后滴加 3% 的 H$_2$O$_2$,观察溶液颜色的变化。写出有关的反应方程式。

5. 沉淀的生成与溶解

(1) 在 3 支试管中各加入 0.5 mL $0.01\,mol\cdot L^{-1}$ Pb(Ac)$_2$ 溶液和 0.5 mL $0.02\,mol\cdot L^{-1}$ KI 溶液,摇荡试管,观察现象。在第 1 支试管中加 3 mL 去离子水,摇荡,观察现象;在第 2 支试管中加入少量 NaNO$_3$(s),摇荡,观察现象;第 3 支试管中加过量的 $2\,mol\cdot L^{-1}$ KI 溶液,观察现象,分别解释之。

(2) 在 2 支试管中各加入 0.5 mL 1 滴 $0.1\,mol\cdot L^{-1}$ Na$_2$S 溶液和 0.5 mL $0.1\,mol\cdot L^{-1}$ Pb(NO$_3$)$_2$ 溶液,观察现象。在 1 支试管中加 $6\,mol\cdot L^{-1}$ HCl,另 1 支试管中加 $6\,mol\cdot L^{-1}$ HNO$_3$,摇荡试管,观察现象。写出反应方程式。

(3) 在 2 支试管中各加入 0.5 mL $0.1\,mol\cdot L^{-1}$ MgCl$_2$ 溶液和数滴 $2\,mol\cdot L^{-1}$ NH$_3$·H$_2$O 溶液至沉淀生成。在第 1 支试管中加入几滴 $2\,mol\cdot L^{-1}$ HCl 溶液,观察沉淀是否溶解;在另 1 支试管中加入数滴 $1\,mol\cdot L^{-1}$ NH$_4$Cl 溶液,观察沉淀是否溶解。写出有关反应方程式。并解释每步实验现象。

6. 分步沉淀

在试管中加入 $0.1\,mol\cdot L^{-1}$ NaCl 溶液和 $0.05\,mol\cdot L^{-1}$ K$_2$CrO$_4$ 溶液各 1 mL,然后逐滴加入 $0.1\,mol\cdot L^{-1}$ AgNO$_3$ 溶液,边加边振荡,观察沉淀的生成和颜色的变化,用溶度积原理解释实验现象。

7. 沉淀的转化

取 5 滴 $0.1\,mol\cdot L^{-1}$ AgNO$_3$ 溶液,加入 6 滴 $0.1\,mol\cdot L^{-1}$ NaCl 溶液,有何种颜色的沉淀生成? 离心分离,弃去上层清液,沉淀中滴加 $0.1\,mol\cdot L^{-1}$ Na$_2$S 溶液,有何现象? 解释原因。

六、思考题

(1) 同离子效应对弱电解质的电离度以及难溶盐的溶解度各有什么影响?

(2) 何谓配合物? 它与沉淀溶解平衡有何关联?

实验七　分光光度法测定[Ti(H₂O)₆]³⁺的分裂能

一、实验目的

(1) 学习应用分光光度法测定配合物的分裂能。

(2) 学会分光光度计的使用方法。

二、实验原理

过渡金属离子的 d 轨道没有被电子充满时,处于低能量 d 轨道上的电子吸收了一定波长的可见光后,就跃迁到高能量的 d 轨道,这种 d-d 跃迁的能量差可以通过实验测定。

对于八面体配离子[Ti(H₂O)₆]³⁺的中心离子 Ti³⁺,仅有 1 个 3d 电子,在基态时,电子处于 t_{2g} 轨道(能量较低),当吸收可见光的能量后,就会 d-d 跃迁,由 t_{2g} 轨道跃迁到 e_g。e_g 轨道和 t_{2g} 轨道的能量差等于[Ti(H₂O)₆³⁺]分裂能 Δ_0。

由

$$E_光 = E_{e_g} - E_{t_{2g}} = \Delta_0 \tag{6.13}$$

$$E_光 = h\gamma = hc/\lambda \tag{6.14}$$

式中,h 为普朗克常数,其值为 6.626×10^{-34} J·s⁻¹;c 为光速,其值为 2.9979×10^{10} cm·s⁻¹;$E_光$ 为可见光光能(cm⁻¹);γ 为频率(s⁻¹);λ 为波长(nm)。

因为 h 和 c 都是常数,当一摩尔电子跃迁时,则 $hc=1$。所以

$$\Delta_0 = 1/\lambda \times 10^7 \text{(cm}^{-1}) \tag{6.15}$$

式(6.15)中的 λ 是[Ti(H₂O)₆]³⁺ 离子吸收峰对应的波长,单位是 nm。

本实验只要测定上述各种配离子在可见光区的相应吸光度 A,作 A-λ 吸收曲线,则可用曲线中最大的吸收峰所对应的波长来计算 Δ_0 值。

三、实验器材

电子天平;721 型分光光度计;烧杯,移液管;洗耳球;容量瓶。

四、实验试剂

15% TiCl₃(AR)水溶液。

五、操作步骤

1. [Ti(H₂O)₆³⁺]溶液的配制

量取 5 mL 15% TiCl₃ 的水溶液,用蒸馏水稀释定容至 50 mL 容量瓶中。

2. 吸光度 A 值的测定

以蒸馏水为参比液,在 721 型分光光度计 460～550 nm 波长范围内,每间隔 10 nm 波长分别测定一次 $[Ti(H_2O)_6]^{3+}$ 溶液的吸光度 A 值。(在吸收峰最大值附近,波长间隔 5 nm 测定一次。)

3. 实验结果记录

按照如表 6.12 所示的方式记录实验有关数据。

表 6.12　$[Ti(H_2O)_6]^{3+}$ 溶液在可见光区的相应吸光度 A 值

λ(nm)	吸光度 A 值	λ(nm)	吸光度 A 值
460		505	
470		510	
480		520	
490		530	
495		540	
500		550	

4. 实验结果处理

(1) 由实验测得的波长 λ 和相应的吸光度 A 绘制 $[Ti(H_2O)_6]^{3+}$ 的吸收曲线,分别计算出这些配离子的 Δ 值。

(2) 在吸收曲线上找出最高峰所对应的波长 λ_{max},计算出 $[Ti(H_2O)_6]^{3+}$ 的分裂能 Δ_0 值。

六、思考题

(1) 如何测定配合物的分裂能?

(2) 分光光度计如何正确使用?

实验八　常见阴离子未知液的定性分析

一、实验目的

(1) 掌握常见阴离子的鉴定原理和方法。

(2) 熟悉常见阴离子的性质。

（3）培养综合应用基础知识的能力。

二、实验原理

常见阴离子通常指：Cl^-，Br^-，I^-，S^{2-}，NO_2^-，NO_3^-，CO_3^{2-}，PO_4^{3-}，SO_3^{2-}，SO_4^{2-}，$S_2O_3^{2-}$ 等 11 种离子。由于酸碱性、氧化还原反应、沉淀反应等限制，很多阴离子不能共存。在同一溶液中，共存的离子彼此干扰较少，而且许多离子都有特征反应，因此可进行分别鉴定法，即利用阴离子的分析特性先对试液进行一系列初步实验，分析并确定可能存在的阴离子，然后根据离子性质的差异和特征反应进行分离鉴定。

阴离子的初步实验如下。

1. 溶液的酸碱性

如果溶液呈现强酸性，则不可能存在 S^{2-}，SO_3^{2-}，CO_3^{2-}，$S_2O_3^{2-}$，NO_2^- 等离子。有些离子与酸反应会生成挥发性的气体，可以根据气体的颜色和气味判断溶液中可能含有的阴离子。例如：

$$CO_3^{2-} + 2H^+ \rule[0.5ex]{2em}{0.4pt} H_2O + CO_2(g)\uparrow$$
$$SO_3^{2-} + 2H^+ \rule[0.5ex]{2em}{0.4pt} H_2O + SO_2(g)\uparrow$$
$$S^{2-} + 2H^+ \rule[0.5ex]{2em}{0.4pt} H_2S(g)\uparrow$$
$$2NO_2^- + 2H^+ \rule[0.5ex]{2em}{0.4pt} H_2O + NO(g)\uparrow + NO_2(g)\uparrow$$
$$S_2O_3^{2-} + 2H^+ \rule[0.5ex]{2em}{0.4pt} H_2S(g)\uparrow + SO_2(g)\uparrow + H_2O$$

其中 H_2S 气体具有臭鸡蛋气味，NO_2 气体是红棕色，能使湿润的 KI-淀粉试纸变蓝色。这些性质给阴离子的鉴定带来很大的方便。

2. 阴离子的氧化还原性

阴离子的氧化性和还原性一般表现比阳离子突出，具有氧化性的阴离子和具有还原性的阳离子在一定的介质中互不相容，不能共存。例如：

$$2NO_2^- + 2I^- + 4H^+ \rule[0.5ex]{2em}{0.4pt} 2NO(g)\uparrow + I_2 + 2H_2O$$
$$2S^{2-} + SO_3^{2-} + 6H^+ \rule[0.5ex]{2em}{0.4pt} 3S(s)\downarrow + 3H_2O$$

因此，在一定的酸碱环境中，如果有一种离子被鉴定出来，那与其不能共存的离子就不用鉴定了，可以直接排除掉。酸性溶液中不能共存的阴离子如表 6.13 所示。

表 6.13　酸性溶液中不能共存的离子

阴离子	与左栏溶液中不能共存的离子
NO_2^-	S^{2-}，SO_3^{2-}，$S_2O_3^{2-}$，I^-
I^-	NO_2^-
SO_3^{2-}	NO_2^-，S^{2-}
$S_2O_3^{2-}$	NO_2^-，S^{2-}
S^{2-}	NO_2^-，SO_3^{2-}，$S_2O_3^{2-}$

3. 难溶盐阴离子的试验

钡组阴离子：在中性或弱碱性的溶液中，Ba^{2+} 与 CO_3^{2-}，PO_4^{3-}，SO_3^{2-}，SO_4^{2-} 生成沉淀，若再加稀硝酸，沉淀不溶或部分不溶，证明溶液中含有 SO_4^{2-}。银组阴离子：Ag^+ 与 S^{2-} 形成黑色沉淀，Ag^+ 与 $S_2O_3^{2-}$ 形成白色沉淀且迅速分解，沉淀颜色变化过程为白→黄→棕→黑。Ag^+ 与 Cl^-，Br^-，I^- 形成的浅色沉淀很容易被同时存在的黑色沉淀覆盖，所以往沉淀中加入稀硝酸，认真观察沉淀是否溶解或部分溶解，以推断有无 Cl^-，Br^-，I^- 存在的可能。

部分阴离子的初步试验如表 6.14 所示。

表 6.14　阴离子的初步试验

试剂 阴离子	稀 H_2SO_4	$BaCl_2$ 中性或弱碱性	$AgNO_3$ 稀硝酸	I_2淀粉 稀硫酸	$KMnO_4$ 稀硫酸	KI 淀粉 稀硫酸
Cl^-			白色沉淀		褪色①	
Br^-			淡黄色沉淀		褪色	
I^-			黄色沉淀		褪色	
NO_3^-						
NO_2^-	气体				褪色	变蓝
SO_4^{2-}		白色沉淀				
SO_3^{2-}	气体	白色沉淀		褪色	褪色	
$S_2O_3^{2-}$	气体	白色沉淀①	溶液或沉淀②	褪色	褪色	
S^{2-}	气体		黑色沉淀	褪色	褪色	
PO_4^{3-}		白色沉淀				
CO_3^{2-}	气体	白色沉淀				

注:① 阴离子浓度较大。
② 阴离子浓度较大时生成$[Ag(S_2O_3)_2]^{3-}$无色溶液，$S_2O_3^{2-}$ 和 Ag^+ 的量适中时，生成 $Ag_2S_2O_3$ 白色沉淀，并很快分解，颜色由白→黄→棕→黑，最后产物为 Ag_2S。

三、实验器材

试管；离心试管；点滴板；离心机；酒精灯；水浴锅。

四、实验试剂

HNO_3（$6\ mol\cdot L^{-1}$）；$AgNO_3$（$0.1\ mol\cdot L^{-1}$）；氨水（$6\ mol\cdot L^{-1}$，$2.0\ mol\cdot L^{-1}$）；H_2SO_4（$1\ mol\cdot L^{-1}$）；氯水（新制备）；CCl_4；NaOH（$1\ mol\cdot L^{-1}$）；1%亚硝酰铁氰化钠（新配置）；HAC（$2\ mol\cdot L^{-1}$）；1% 对氨基苯磺酸；1% α-萘胺；Ag_2SO_4（$0.02\ mol\cdot L^{-1}$）；浓H_2SO_4；3%的 H_2O_2；$Ba(OH)_2$（饱和）；$(NH_4)_2MoO_4$（$0.1\ mol\cdot L^{-1}$）；$ZnSO_4$（饱和）；$K_4[Fe(CN)_6]$（$0.1\ mol\cdot L^{-1}$）；1% $Na_2[Fe(CN)_5NO]$；尿素（s）；$FeSO_4$（s）；$PbCO_3$（s）等（实验员可根据未知液中的离子确定其他试剂）。

五、操作步骤

1.单一离子的鉴定

（1）Cl^- 的鉴定。取 3 滴试液于离心试管中，加入 1 滴 $6\ mol\cdot L^{-1}HNO_3$ 溶液，再滴加

$0.1\,mol\cdot L^{-1}$ $AgNO_3$ 溶液,如有白色沉淀生成,表明溶液中可能有 Cl^- 存在。将离心试管在水浴上微热,离心分离,弃去上层清液,在沉淀中加入 $3\sim5$ 滴 $6\,mol\cdot L^{-1}$ 氨水,如沉淀完全溶解,再加 5 滴 $6\,mol\cdot L^{-1}$ HNO_3 酸化后再次出现白色沉淀,表明有 Cl^- 存在。

(2) Br^- 的鉴定。取 5 滴试液于试管中,加 3 滴 $1\,mol\cdot L^{-1}$ H_2SO_4 溶液和 3 滴 CCl_4,然后逐滴加入 5 滴氯水,振荡试管,如 CCl_4 层出现黄色或红棕色,表明有 Br^- 存在。

(3) I^- 的鉴定。加 2 滴 $1\,mol\cdot L^{-1}$ H_2SO_4 溶液和 3 滴 CCl_4,然后逐滴加入氯水,振荡试管,如 CCl_4 层出现紫色后退至无色,表明有 I^- 存在。

(4) S^{2-} 的鉴定。取试液 1 滴于点滴板中,加入 NaOH 溶液使试液呈碱性,滴加新配置的 1%亚硝酰铁氰化钠溶液,出现紫红色表示 S^{2-} 存在。

(5) NO_2^- 的鉴定。取 2 滴试液于点滴板上,加入 2 滴 $2\,mol\cdot L^{-1}$ HAC 酸化,加 1%对氨基苯磺酸和 1%α-萘胺各 1 滴,立即生成特殊红色(偶氮染料),表示 NO_2^- 存在。如果浓度过大,红色很快会褪去,此时可将试液稀释。

(6) NO_3^- 的鉴定。取 10 滴试液于离心试管中,加入 5 滴 $2.0\,mol\cdot L^{-1}$ H_2SO_4 溶液,加入 1 mL $0.02\,mol\cdot L^{-1}$ Ag_2SO_4 溶液,离心分离。在清液中加少量尿素固体,并微热。在溶液中加少量 $FeSO_4$ 固体,振荡溶解后,将试管斜持,慢慢沿试管壁滴入 1 mL 浓 H_2SO_4。若 H_2SO_4 层与水溶液层的界面处有"棕色环"出现,表示有 NO_3^- 存在。

(7) CO_3^{2-} 的鉴定。取 10 滴试液于试管中,加入 10 滴 3%的 H_2O_2 溶液,置于水浴上加热 3 min,如检验溶液中无 S^{2-},SO_3^{2-} 存在时,可向溶液中一次性加入 $6\,mol\cdot L^{-1}$ HCl 半滴管,将生成的气体导入另一个盛有 $Ba(OH)_2$ 饱和溶液的试管中,如溶液变浑浊,表明有 CO_3^{2-} 存在。

(8) PO_4^{3-} 的鉴定。取 5 滴试液于试管中,加入 10 滴浓 HNO_3,并置于沸水浴中加热 $1\sim2$ min。稍冷后,加入 20 滴 $0.1\,mol\cdot L^{-1}$ $(NH_4)_2MoO_4$,并在水浴上加热至 $40\sim45\,^{\circ}C$,若有黄色沉淀生成,表示有 PO_4^{3-} 生成。

(9) SO_3^{2-} 的鉴定。取 10 滴试液于离心试管中,加入少量的 $PbCO_3(s)$,振荡,若沉淀由白色变为黑色,则需要再加少量的 $PbCO_3(s)$,直到沉淀呈灰色为止。离心分离,保留清液。在点滴板上,加饱和 $ZnSO_4$ 溶液,$0.1\,mol\cdot L^{-1}$ $K_4[Fe(CN)_6]$ 溶液以及 1% $Na_2[Fe(CN)_5NO]$ 溶液各 1 滴,加 1 滴 $2.0\,mol\cdot L^{-1}$ $NH_3\cdot H_2O$ 溶液将溶液调至中性,最后加 1 滴去除 S^{2-} 的试液。若出现红色沉淀,表明有 SO_3^{2-} 存在。

(10) SO_4^{2-} 的鉴定。取 5 滴试液于试管中,加 $6.0\,mol\cdot L^{-1}$ HCl 溶液至无气泡产生,再多加 $1\sim2$ 滴。加入 $1\sim2$ 滴 $BaCl_2$ 溶液,若生成白色沉淀,表明有 SO_4^{2-} 存在。

(11) $S_2O_3^{2-}$ 的鉴定。取 2 滴试液于试管中,加入过量的 $AgNO_3$ 溶液,若见白色沉淀,并变为黄色、棕色,最后变为黑色的 Ag_2S,证明有 $S_2O_3^{2-}$ 存在。

2. 混合离子的分离与鉴定

(1) S^{2-},SO_3^{2-},$S_2O_3^{2-}$ 混合物的分离与鉴定。

取少量试液于试管中,加入 NaOH 溶液使试液呈碱性,滴加新配置的 1%亚硝酰铁氰化钠溶液,出现紫红色表示 S^{2-} 存在。加入少量的 $PbCO_3(s)$,振荡,若沉淀由白色变为黑色,则需要再加少量的 $PbCO_3(s)$,至沉淀呈灰色为止。离心分离,保留清液。

将清液分成两份,一份用来鉴定 SO_3^{2-} 离子,另一份鉴定 $S_2O_3^{2-}$ 离子。在其中的一份中

加入饱和 $ZnSO_4$ 溶液,$0.1\,mol \cdot L^{-1}$ $K_4[Fe(CN)_6]$ 溶液以及 1% $Na_2[Fe(CN)_5NO]$ 溶液各 1 滴,加 1 滴 $2.0\,mol \cdot L^{-1}$ $NH_3 \cdot H_2O$ 溶液将溶液调至中性。若出现红色沉淀,表明有 SO_3^{2-} 存在。在另一份中加入过量的 $AgNO_3$ 溶液,若沉淀颜色变化为白→黄→棕→黑,证明有 $S_2O_3^{2-}$ 存在。

(2) 设计实验方案鉴定下列混合溶液中离子的存在。

① Cl^-,Br^-,I^- 混合液;

② NO_3^-,PO_4^{3-},Cl^-,SO_4^{2-} 混合液;

③ NO_2^-,$S_2O_3^{2-}$,CO_3^{2-},SO_4^{2-},I^-,S^{2-} 混合液。

六、思考题

(1) 鉴定时,怎样去除干扰?

(2) 用稀酸酸化一未知阴离子混合溶液后,溶液变浑浊,此未知溶液可能含有哪些阴离子?

(3) 常见阴离子可分为几组? 每组的特征是什么?

实验九　常见阳离子未知液的定性分析

一、实验目的

(1) 了解个别阳离子分组鉴定方案。

(2) 学习混合离子分离的方法,进一步巩固离子鉴定的条件和方法。

(3) 熟练运用常见金属离子的化学性质。

(4) 培养综合运用基础知识的能力。

二、实验原理

常见的阳离子有 20 多种,对它们进行个别检出时容易发生相互干扰。所以,对混合阳离子进行分析时,一般利用阳离子的某些共性,先将其分成几组,然后再根据阳离子的个性将其检出。用于常见阳离子分离的性质是指常见阳离子与常用试剂的反应及其差异,重点在于应用这种差异将离子分离。

1. 与盐酸反应

$$\left.\begin{array}{r}Ag^+ \\ Hg_2^{2+} \\ Pb^{2+}\end{array}\right\} \xrightarrow{HCl} \left\{\begin{array}{l}AgCl\downarrow,白色,溶于氨水 \\ Hg_2Cl_2\downarrow,白色,溶于浓 HNO_3 及 H_2SO_4 \\ PbCl_2\downarrow,白色,溶于热 NH_4Ac 及 NaOH\end{array}\right.$$

2．与 H_2SO_4 反应

$$
\left.\begin{array}{l}
Ba^{2+}\\
Sr^{2+}\\
Ca^{2+}\\
Pb^{2+}\\
Ag^{+}
\end{array}\right\}
\xrightarrow{H_2SO_4}
\left\{\begin{array}{l}
BaSO_4\downarrow,白色,难溶于酸\\
SrSO_4\downarrow,白色,溶于蒸沸的酸\\
CaSO_4\downarrow,白色,溶解度较大,当\ Ca^{2+}\ 浓度很大时,才析出沉淀\\
PbSO_4\downarrow,白色,溶于\ NaOH,NH_4Ac(饱和),热\ HCl\ 溶液,\\
\qquad 浓\ H_2SO_4,不溶于稀\ H_2SO_4\\
Ag_2SO_4\downarrow,白色,在浓溶液中产生沉淀,溶于热水
\end{array}\right.
$$

3．与 NaOH 反应

$$
\left.\begin{array}{l}
Al^{3+}\\
Zn^{2+}\\
Pb^{2+}\\
Sb^{3+}\\
Sn^{2+}
\end{array}\right\}
\xrightarrow{过量\ NaOH}
\left\{\begin{array}{l}
AlO_2^{-}\ 或[Al(OH)_4]^{-}\\
ZnO_2^{-}\ 或[Zn(OH)_4]^{-}\\
PbO_2^{-}\ 或[Pb(OH)_4]^{-}\\
SbO_2^{-}\\
SnO_2^{2-}\ 或[Sn(OH)_4]^{2-}
\end{array}\right.
$$

$$
Cu^{2+}\ \xrightarrow[\triangle]{浓\ NaOH}\ [Cu(OH)_4]^{2-}
$$

4．与 NH_3 反应

$$
\left.\begin{array}{l}
Ag^{+}\\
Cu^{2+}\\
Cd^{2+}\\
Zn^{2+}
\end{array}\right\}
\xrightarrow{过量\ NH_3}
\left\{\begin{array}{l}
[Ag(NH_3)_2]^{+}\\
[Cu(NH_3)_4]^{2+},深蓝\\
[Cd(NH_3)_4]^{2+}\\
[Zn(NH_3)_4]^{2+}
\end{array}\right.
$$

5．与 $(NH_4)_2CO_3$ 反应

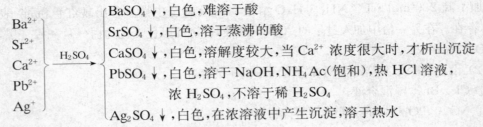

$$
\left.\begin{array}{l}
Cu^{2+}\\
Ag^{+}\\
Zn^{2+}\\
Cd^{2+}\\
Hg^{2+}\\
Hg_2^{2+}\\
Mg^{2+}\\
Pb^{2+}\\
Bi^{3+}\\
Ca^{2+}\\
Sr^{2+}\\
Ba^{2+}\\
Al^{3+}\\
Sn^{2+}\\
Sn^{4+}\\
Sb^{3+}
\end{array}\right\}
\xrightarrow[适量]{(NH_4)_2CO_3}
\left\{\begin{array}{l}
\left.\begin{array}{l}
Cu_2(OH)_2CO_3\downarrow,浅蓝\\
Ag_2CO_3\downarrow,白色\\
Zn_2(OH)_2CO_3\downarrow,白色\\
Cd_2(OH)_2CO_3\downarrow,白色
\end{array}\right\}\xrightarrow[过量]{(NH_4)_3CO_3}
\left\{\begin{array}{l}
[Cu(NH_3)_4]^{2+},深蓝\\
[Ag(NH_3)_2]^{+},无色\\
[Zn(NH_3)_4]^{2+},无色\\
[Cd(NH_3)_4]^{2+},无色
\end{array}\right.\\
Hg_2(OH)_2CO_3\downarrow,白色\\
Hg_2CO_3\downarrow(白)\rightarrow HgO\downarrow(黄)+Hg\downarrow(黑)+CO_2\uparrow\\
Mg_2(OH)_2CO_3\downarrow,白色\\
Pb_2(OH)_2CO_3\downarrow,白色\\
(BiO)_2CO_3\downarrow,白色\\
CaCO_3\downarrow,白色\\
SrCO_3\downarrow,白色\\
BaCO_3\downarrow,白色\\
Al(OH)_3\downarrow,白色\\
Sn(OH)_2\downarrow,白色\\
Sn(OH)_4\downarrow,白色\\
Sb(OH)_3\downarrow,白色
\end{array}\right.
$$

6. 与 H_2S 或 $(NH_4)_2S$ 反应

(1) 在 $0.3\ mol\cdot L^{-1}$ HCl 溶液中通入 H_2S 气体生成沉淀的离子：

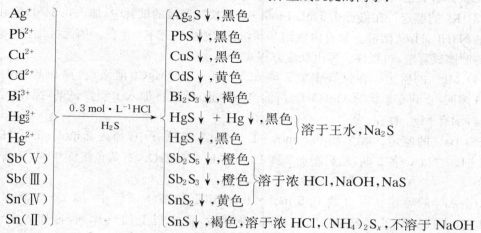

Ag^+		$Ag_2S\downarrow$，黑色
Pb^{2+}		$PbS\downarrow$，黑色
Cu^{2+}		$CuS\downarrow$，黑色
Cd^{2+}		$CdS\downarrow$，黄色
Bi^{3+}		$Bi_2S_3\downarrow$，褐色
Hg_2^{2+}	$\xrightarrow[H_2S]{0.3\ mol\cdot L^{-1}HCl}$	$HgS\downarrow+Hg\downarrow$，黑色 ⎫溶于王水，$Na_2S$
Hg^{2+}		$HgS\downarrow$，黑色 ⎭
$Sb(V)$		$Sb_2S_5\downarrow$，橙色 ⎫溶于浓 HCl，NaOH，NaS
$Sb(III)$		$Sb_2S_3\downarrow$，橙色 ⎭
$Sn(IV)$		$SnS_2\downarrow$，黄色
$Sn(II)$		$SnS\downarrow$，褐色，溶于浓 HCl，$(NH_4)_2S_x$，不溶于 NaOH

(2) 在 $0.3\ mol\cdot L^{-1}$ HCl 溶液中通入 H_2S 气体不生成沉淀，但在氨性介质中通入气体产生沉淀的离子：

Zn^{2+}	$\xrightarrow[NH_3\cdot H_2O,H_2S]{NH_4Cl}$	$ZnS\downarrow$，白色，溶于稀 HCl 溶液，不溶于 HAc 溶液
Al^{3+}		$Al(OH)_3\downarrow$，白色，溶于强碱及稀 HCl 溶液

三、实验器材

离心机；离心试管；点滴板。

四、实验试剂

$AgNO_3$($0.1\ mol\cdot L^{-1}$)；盐酸($2\ mol\cdot L^{-1}$)；氨水($6\ mol\cdot L^{-1}$)；HNO_3($6\ mol\cdot L^{-1}$)；$Pb(NO_3)_2$($0.1\ mol\cdot L^{-1}$)；HAc($2\ mol\cdot L^{-1}$)；K_2CrO_4($0.5\ mol\cdot L^{-1}$)；KCl($1\ mol\cdot L^{-1}$)；酒石酸氢钠(饱和)；$MgCl_2$($0.5\ mol\cdot L^{-1}$)；NaOH($6\ mol\cdot L^{-1}$)；$BaCl_2$($0.5\ mol\cdot L^{-1}$)；NaAc($2\ mol\cdot L^{-1}$)；K_2CrO_4($1\ mol\cdot L^{-1}$)；$AlCl_3$($0.5\ mol\cdot L^{-1}$)；0.1% 铝试剂；$Cd(NO_3)_2$($0.2\ mol\cdot L^{-1}$)；Na_2S($0.5\ mol\cdot L^{-1}$)；$MnSO_4$($0.1\ mol\cdot L^{-1}$)；镁试剂；$NaBiO_3$(s)。

五、操作步骤

1. 常见阳离子的鉴定反应

(1) Ag^+ 的鉴定。取 5 滴 $0.1\ mol\cdot L^{-1}$ $AgNO_3$ 试液于试管中，加 5 滴 $2\ mol\cdot L^{-1}$ 盐酸，产生白色沉淀。在沉淀中加入 $6\ mol\cdot L^{-1}$ 氨水至沉淀完全溶解。此溶液再用 $6\ mol\cdot L^{-1}HNO_3$ 溶液酸化，生成白色沉淀，示有 Ag^+ 存在。

(2) Pb^{2+} 的鉴定。取含 Pb^{2+} 溶液于试管中，加入稀硫酸，振荡后离心分离，弃清液，沉淀洗涤后用醋酸铵溶液处理,取其滤液加 2 mol·L^{-1} HAc 溶液酸化,再加 0.5 mol·L^{-1} K$_2$CrO$_4$,如有黄色沉淀生成,示有 Pb^{2+} 存在。

(3) K$^+$ 的鉴定。在盛有 0.5 mL 1 mol·L^{-1} KCl 溶液的试管中,加入 0.5 mL 饱和酒石酸氢钠 NaHC$_4$H$_4$O$_6$溶液。如有白色结晶状沉淀产生,示有 K$^+$ 存在。如无沉淀产生,可用玻璃棒摩擦试管壁,再观察。写出反应方程式。

(4) Mg^{2+} 的鉴定。在试管中加 2 滴 0.5 mol·L^{-1} MgCl$_2$ 溶液,再滴加 6 mol·L^{-1} NaOH 溶液,直到有絮状的 Mg(OH)$_2$ 沉淀产生为止;然后再加入 1 滴镁试剂,搅拌,生成蓝色沉淀,示有 Mg^{2+} 存在。

(5) Ba^{2+} 的鉴定。取 2 滴 0.5 mol·L^{-1} BaCl$_2$ 于试管中,加入 2 mol·L^{-1} HAc 和 2 mol·L^{-1} NaAc 各 2 滴,然后滴加 2 滴 1 mol·L^{-1} K$_2$CrO$_4$,有黄色沉淀生成,示有 Ba^{2+} 存在。

(6) Al^{3+} 的鉴定。取 2 滴 0.5 mol·L^{-1} AlCl$_3$ 溶液于试管中,加 2～3 滴水,2 滴 2 mol·L^{-1} HAc 以及 2 滴 0.1% 铝试剂,搅拌后,置水浴上加热片刻,再加入 1～2 滴 6 mol·L^{-1} 氨水,有红色絮状沉淀产生,示有 Al^{3+} 存在。

(7) Cd^{2+} 的鉴定。取 2 滴 0.2 mol·L^{-1} Cd(NO$_3$)$_2$ 试液于小试管中,加入 2 滴 0.5 mol·L^{-1} Na$_2$S 溶液,生成亮黄色沉淀,示有 Cd^{2+} 存在。

(8) Mn^{2+} 的鉴定。取 2 滴 Mn^{2+} 试液于白色点滴板上,用 HNO$_3$ 酸化,加 NaBiO$_3$ 粉末少许,搅拌,若溶液呈紫红色,示有 Mn^{2+} 存在。

2. 阳离子混合溶液的分离与鉴定

待检样品可能含有 Ag$^+$,Cd^{2+},Al^{3+},Ba^{2+},K$^+$ 中的部分离子或全部离子的硝酸盐溶液,取样品 0.5～1 mL,设计实验方案进行阳离子的分离与鉴定。

六、思考题

(1) 在未知溶液分析中,当由碳酸盐制取铬酸盐沉淀时,为什么必须用醋酸去溶解碳酸盐沉淀,而不用强酸如盐酸去溶解?

(2) 请查阅 PbCl$_2$ 在水中的溶解度。试验在不同条件下,Pb^{2+} 与盐酸溶液的作用,设计方案分析固相与液相是否存在 Pb^{2+},结果有何启迪?

(3) 设计实验方案,将混合溶液中的 Al^{3+},Cr^{3+},Mn^{2+} 进行分离鉴定。

实验十　酸碱反应与缓冲溶液

一、实验目的

(1) 通过实验巩固酸碱反应的有关概念和原理(如同离子效应、盐类的水解及其影响因素)。

（2）学习缓冲溶液的配制方法并了解缓冲溶液的性质。

（3）学习使用酸度计测定溶液 pH 的方法。

二、实验原理

1. 同离子效应

弱酸、弱碱的电离平衡是动态平衡。当外界条件改变时，电离平衡随即发生移动，移动的结果是使弱酸、弱碱的电离度增大或减小。在一定的温度下，弱酸、弱碱的电离平衡如下：

$$HA(aq) + H_2O(l) \rightleftharpoons H_3O^+(aq) + A^-(aq)$$

$$B(aq) + H_2O(l) \rightleftharpoons BH^+(aq) + OH^-(aq)$$

在弱电解质溶液中，加入与弱电解质含有相同离子的强电解质，可使电离平衡向生成弱电解质的方向移动，弱电解质的电离度降低，这种现象称为同离子效应。

2. 盐的水解

强酸强碱盐在水中不水解。强酸弱碱盐在水中水解，溶液显酸性。强碱弱酸盐在水中水解，溶液显碱性。弱酸弱碱盐水解，溶液的酸碱性取决于相应弱酸弱碱的相对强弱。例如：

$$Ac^-(aq) + H_2O(l) \rightleftharpoons HAc(aq) + OH^-(aq)$$

$$NH_4^+(aq) + H_2O(l) \rightleftharpoons NH_3 \cdot H_2O(aq) + H^+(aq)$$

$$NH_4^+(aq) + Ac^-(aq) + H_2O(l) \rightleftharpoons NH_3 \cdot H_2O(aq) + HAc(aq)$$

水解反应是酸碱中和反应的逆反应。中和反应是放热反应，水解反应则是吸热反应，因此升高温度有利于盐类的水解。另外，浓度、介质的酸碱性也会对盐类的水解有影响。

3. 缓冲溶液

能够抵抗外加的少量强酸、强碱或稀释而保持系统本身 pH 基本不变的溶液叫作缓冲溶液。缓冲溶液一般由共轭酸碱对，如弱酸及其盐、多元弱酸酸式盐及其次级盐组成。

由弱酸-弱酸盐组成的缓冲溶液的 pH 可由下列公式（6.16）计算：

$$pH = pK_a^\ominus(HA) - \lg \frac{c(HA)}{c(A^-)} \tag{6.16}$$

由弱碱-弱碱盐组成的缓冲溶液的 pH 可由下列公式（6.17）计算：

$$pH = 14 - pK_b^\ominus(B) + \lg \frac{c(B)}{c(BH^+)} \tag{6.17}$$

缓冲溶液的 pH 可用 pH 试纸或 pH 计来测定。

缓冲溶液的缓冲能力与组成缓冲溶液的弱酸（或弱碱）及其共轭碱（或酸）的浓度有关，当弱酸（或弱碱）与它的共轭碱（或酸）浓度较大时，其缓冲能力较强。此外，还与 $c(HA)/c(A^-)$ 或 $c(B)/c(BH^+)$ 有关，当比值接近 1 时，其缓冲能力最强。此比值通常选在 0.1～10 范围之内。

三、实验器材

酸度计；量筒；烧杯；试管；离心试管；离心机（精密）；pH 试纸。

四、实验试剂

NH$_3$·H$_2$O(0.1 mol·L^{-1},1 mol·L^{-1});酚酞试液;NH$_4$Ac(s);NaCl(0.1 mol·L^{-1}); HAc(0.1 mol·L^{-1},1 mol·L^{-1});甲基橙溶液;NaAc(0.1 mol·L^{-1},1 mol·L^{-1});HCl (6mol·L^{-1});NH$_4$Cl(0.1 mol·L^{-1},1 mol·L^{-1});Na$_2$CO$_3$(0.1 mol·L^{-1});Al$_2$(SO$_4$)$_3$ (0.1 mol·L^{-1});NaHCO$_3$(0.5 mol·L^{-1});Na$_2$SiO$_3$(0.1 mol·L^{-1});Fe$_2$(SO$_4$)$_3$·9H$_2$O(s); BiCl$_3$(s);Bi(NO$_3$)$_3$(s)。

五、操作步骤

1. 同离子效应

(1) 在试管中加入5滴0.1 mol·L^{-1} NH$_3$·H$_2$O,再加入1滴酚酞试液,溶液显什么颜色? 再向其中加入少量NH$_4$Ac(s),振荡试管使其溶解,观察溶液的颜色有何变化,说明其中的原因。

(2) 用0.1 mol·L^{-1} HAc代替0.1 mol·L^{-1} NH$_3$·H$_2$O,用甲基橙代替酚酞试液,重复实验(1)。

2. 盐的水解及其影响因素

(1) 几种盐类水解的情况。

用酸度计或精密pH试纸分别测定0.1 mol·L^{-1} NaCl,0.1 mol·L^{-1} NaAc,0.1 mol·L^{-1} NH$_4$Cl,0.1 mol·L^{-1} Na$_2$CO$_3$溶液,分别与实验前计算的pH进行比较,解释实验现象,并得出结论。

(2) 影响盐类水解的因素。

① 温度对水解的影响。取少量固体Fe$_2$(SO$_4$)$_3$·9H$_2$O于试管中,用水溶解后,观察溶液颜色,然后将其分成两份。第一份留作比较,第二份试液用小火加热,将两份溶液进行比较,各有什么不同? 并解释实验现象。

② 浓度对水解的影响。取适量的Bi(NO$_3$)$_3$晶体放入离心试管里,加入适量蒸馏水溶解,用玻璃棒充分搅拌,离心分离,用吸管小心地吸取上层清液注入盛有蒸馏水的试管里,观察发生的现象,写出反应方程式。

③ 介质酸度对水解的影响。在一试管中加入少量固体BiCl$_3$,用水溶解,有什么现象? 测试溶液的pH。往溶液中滴加6 mol·L^{-1}的HCl,注意观察实验现象,再加水稀释,又有何现象? 怎样用平衡移动原理解释这一系列现象? 由此可知,实验室配置BiCl$_3$溶液时该如何做?

3. 能水解的盐类间的相互反应

(1) 在1 mL 0.1 mol·L^{-1} Al$_2$(SO$_4$)$_3$溶液中加入1 mL 0.5mol·L^{-1} NaHCO$_3$溶液,观察现象,用水解平衡移动的观点来解释,写出反应的离子方程式。

(2) 在1 mL 0.1 mol·L^{-1} Na$_2$SiO$_3$溶液中加入1 mL 0.1 mol·L^{-1} NH$_4$Cl溶液,稍等片刻或微热后,观察实验现象,解释原因,并写出反应的离子方程式。

4. 缓冲溶液

(1) 按如表6.15所示的试剂用量配制4种缓冲溶液,并用pH计或精密pH试纸测定它们的值,并与计数值进行比较。

表 6.15　几种缓冲溶液的 pH

编　号	配制缓冲溶液	pH 计算值	pH 测定值
1	10.0 mL 1 mol·L^{-1} HAc -10.0 mL 1 mol·L^{-1} NaAc		
2	10.0 mL 0.1 mol·L^{-1} HAc -10.0 mL 1 mol·L^{-1} NaAc		
3	10.0 mL 0.1 mol·L^{-1} HAc 中加入 2 滴酚酞,滴加 2 滴酚酞,滴加 0.1 mol·L^{-1} NaOH 溶液至酚酞变红色,30 s 不消失,再加入 10.0 mL 0.1 mol·L^{-1} HAc		
4	10.0 mL 1 mol·L^{-1} NH$_3$·H$_2$O -10.0 mL 1 mol·L^{-1} NH$_4$Cl		

(2) 在 1 号缓冲溶液中加入 0.5 mL(约 10 滴)0.1 mol·L^{-1} HCl 溶液摇匀,并用 pH 计或精密 pH 试纸测定其 pH;再加入 0.5 mL(约 10 滴)0.1 mol·L^{-1} NaOH 溶液摇匀,并用 pH 计或精密 pH 试纸测定其 pH,并与计算值进行比较。说明缓冲溶液具有什么性质。

六、思考题

(1) 什么是同离子效应? 你能设计的同离子效应有哪些?

(2) 试举例说明对盐的水解的利用和抑制。

(3) 将 10 mL 0.2 mol·L^{-1} 的 HAc 溶液和 10 mL 0.1 mol·L^{-1} 的 NaOH 溶液混合,所得溶液是否具有缓冲能力?

实验十一　硫酸铜的提纯

一、实验目的

(1) 了解用化学法提纯硫酸铜的原理及方法。

(2) 巩固称量、溶解、过滤、蒸发、浓缩、结晶等基本操作。

(3) 学习用分光光度法定量检验产品中杂质铁的含量。

二、实验原理

制备 CuSO$_4$·5H$_2$O 常用的方法是氧化铜法,即先将铜氧化成氧化铜,然后再将氧化铜溶于硫酸制得。由于废铜和工业硫酸不纯,所得硫酸铜粗产品中含有较多的杂质,因此必须加以提纯。

粗硫酸铜中含有不溶性杂质和可溶性杂质 FeSO$_4$,Fe$_2$(SO$_4$)$_3$ 及其他重金属盐等。不溶性杂质可用过滤法除去。Fe^{2+} 离子需要用氧化剂 H$_2$O$_2$ 或 Br$_2$ 氧化成 Fe^{3+} 离子,然后调节溶液的 pH，使 Fe^{3+} 离子水解为 $Fe(OH)_3$ 沉淀而除去。反应方程式如下：

$$2Fe^{2+} + H_2O_2 + 2H^+ == 2Fe^{3+} + 2H_2O$$

$$Fe^{3+} + 3H_2O == Fe(OH)_3 \downarrow + 3H^+$$

溶液的 pH 越大，Fe^{3+} 离子除的越干净，但当溶液中的 pH>4.17 时，$Cu(OH)_2$ 开始析出，方程式如下：

$$Cu^{2+} + 2H_2O == Cu(OH)_2 \downarrow + 2H^+$$

这样会降低硫酸铜的产率。因此，必须将溶液的 pH 控制在适当的范围内，才可以除净铁，又不降低产品的产率。根据如表 6.16 所示和实验的具体情况，控制本实验溶液的 pH≈4。

除去铁离子后的滤液，经蒸发、浓缩，便可得到较为纯净的 $CuSO_4 \cdot 5H_2O$ 晶体。其他微量可溶性杂质留在母液中，经过滤便与 $CuSO_4 \cdot 5H_2O$ 晶体分离。

表 6.16　氢氧化物沉淀时的 pH 及其 K_{sp} 值

氢氧化物	开始沉淀的 pH	完全沉淀的 pH	K_{sp}
$Cu(OH)_2$	4.2	6.7	2.2×10^{-20}
$Fe(OH)_2$	6.5	9.7	2.0×10^{-14}
$Fe(OH)_3$	1.6~2.0	3.9	4.0×10^{-36}

三、实验器材

台秤；酒精灯（或电炉）；721 型分光光度计；微型漏斗及吸滤瓶；蒸发皿；烧杯（50 mL）2 个；量筒（10 mL）1 个；吸量管；容量瓶（50 mL）；漏斗；真空泵；泥三角；三角架；石棉网；坩埚钳；铁架台；铁圈；滤纸；pH 试纸；精密 pH 试纸（0.5~5.0）。

四、实验试剂

H_2SO_4（2 mol·L^{-1}）；HCl（2 mol·L^{-1}）；3% H_2O_2；NaOH（2 mol·L^{-1}）；$NH_3 \cdot H_2O$（6 mol·L^{-1}）；KSCN（1 mol·L^{-1}）；粗硫酸铜。

五、操作步骤

1. 粗硫酸铜的提纯

（1）用台秤称取研细的粗硫酸铜晶体 4 g 作提纯用。

（2）将粗硫酸铜放入 50 mL 烧杯中，加入 10 mL 蒸馏水，加热使其溶解。在不断的搅拌下加入 10 滴 3% H_2O_2 溶液，将 Fe^{2+} 离子氧化成 Fe^{3+} 离子。逐滴加入 2 mol·L^{-1} NaOH 溶液调溶液的 pH≈4，再加热片刻，静置沉降。用倾析法在普通漏斗上过滤，滤液收集到洁净的蒸发皿中。从洗瓶中挤出少量的水淋洗烧杯及玻璃棒，过滤，滤液合并到蒸发皿中。

（3）用 2 mol·L^{-1} H_2SO_4 溶液将溶液调至 pH=1~2，然后将蒸发皿放在泥三角或石棉网上，小火加热，蒸发浓缩，至液面出现一层结晶时停止加热。

（4）冷却至室温，使 $CuSO_4 \cdot 5H_2O$ 晶体析出，减压抽滤并尽量抽干。

（5）停止抽滤，取出晶体，把它夹在两张滤纸中，吸干其表面水分，将吸滤瓶中的母液倒入回收瓶中。

（6）用台秤称取产品质量，计算产率。

2. 产品纯度的检验

（1）称取 0.2 g 提纯后的硫酸铜晶体，放入小烧杯中，加 3 mL 蒸馏水溶解，加 2 滴 2 mol $\cdot$ L^{-1} H_2SO_4 酸化，然后再加入 10 滴 3% H_2O_2 溶液，蒸沸片刻，将 Fe^{2+} 离子氧化成 Fe^{3+} 离子。

（2）冷却至室温，边搅拌边滴加 6 mol $\cdot$ L^{-1} $NH_3 \cdot H_2O$ 溶液，直到浅蓝色 $Cu_2(OH)_2SO_4$ 沉淀溶解，变为深蓝色 $[Cu(NH_3)_4]^{2+}$ 溶液。

（3）用微型漏斗和吸滤瓶过滤，从洗瓶中挤出少量的水淋洗滤纸，去除蓝色。弃去滤液，如有 $Fe(OH)_3$ 沉淀，则留在滤纸上。

（4）用滴管将 1.5 mL（约 30 滴）热的 2 mol $\cdot$ L^{-1} HCl 溶液滴在滤纸上，使 $Fe(OH)_3$ 沉淀完全溶解，并将微型吸滤瓶洗净以承接滤液。如果一次溶解不了，可将滤液加热后再滴加到滤纸上，直到 $Fe(OH)_3$ 沉淀全部溶解。

（5）往滤液中滴加 2 滴 1 mol $\cdot$ L^{-1} KSCN 溶液，并用蒸馏水稀释至 5 mL，摇匀。

（6）用 721 型分光光度计在波长为 465 nm 处测上述溶液的吸光度（A）。然后在 $A \sim \omega(Fe^{3+})$ 标准曲线上查出与 A 对应的 Fe^{3+} 的质量分数 ω，再与如表 6.17 所示的产品规格对照，便可确定产品的规格。

表 6.17　$CuSO_4 \cdot 5H_2O$ 产品规格

规　格	分析纯	化学纯
$\omega(Fe^{3+}) \times 100$	0.003	0.02

六、思考题

（1）粗硫酸铜中，杂质 Fe^{2+} 离子为什么氧化成 Fe^{3+} 离子除去？采用 H_2O_2 作氧化剂比其他氧化剂有什么优点？

（2）除 Fe^{3+} 离子时，为什么要调节溶液的 pH≈4，pH 太大或太小会有什么影响？

（3）用 KSCN 检验 Fe^{3+} 离子时，为什么要加盐酸？

附注：$A \sim \omega(Fe^{3+})$ 标准曲线的绘制

（1）0.01 mg $\cdot$ L^{-1} Fe^{3+} 标准溶液的配制（实验室配制）。

称取 0.086 3 g 硫酸铁铵 $(NH_4)Fe_2(SO_4)_4 \cdot 24H_2O$ 溶解于水，加入 0.05 mL（1+1）H_2SO_4，移入 1 000 mL 的容量瓶中，用蒸馏水稀释至刻度，摇匀。此溶液 Fe^{3+} 离子的浓度为 0.01 mg $\cdot$ L^{-1}。

（2）$A \sim \omega(Fe^{3+})$ 标准曲线的绘制。

用吸量管分别移取 0.01 mg $\cdot$ L^{-1} Fe^{3+} 标准溶液 0.1 mL，2 mL，4 mL，8 mL 于 50 mL 容量瓶中，各加入 2 mL 2 mol $\cdot$ L^{-1} HCl 溶液和 1 滴 1 mol $\cdot$ L^{-1} KSCN 溶液，用蒸馏水稀释至

刻度线。以蒸馏水为参比溶液,在波长为 465 nm 处,用 721 型分光光度计分别测定其吸光度(A)。以 $\omega(Fe^{3+})$ 为横坐标,A 为纵坐标,作图,即得 $A \sim \omega(Fe^{3+})$ 标准曲线。

实验十二 废旧电池的回收和利用

一、实验目的

(1) 进一步熟练无机物的实验室提取、制备、提纯、分析等方法和技能。

(2) 学习实验方案的设计。

(3) 了解废弃物中有效成分的回收利用方法。

二、实验原理

日常生活中用的干电池为锌锰干电池。其负极为作为电池壳体的锌电极,正极是被 MnO_2(为增强导电能力,填充有碳粉)包围着的石墨电极,电解质是氯化锌和氯化铵的糊状物。其电池反应为

$$Zn + 2NH_4Cl + 2MnO_2 =\!=\!= Zn(NH_3)_2Cl_2 + 2MnOOH$$

在使用过程中,锌皮消耗最多,MnO_2 只起氧化作用,NH_4Cl 作为电解质没有消耗,碳粉是填料。因而回收处理废干电池可以获得多种物质,如铜、锌、二氧化锰、氯化铵以及碳棒等,实为变废为宝的一种可利用资源。

回收时,剥去电池外壳包装纸,用螺丝刀撬开顶盖,用小刀挖去盖小面的沥青层,即可用钳子慢慢拔出碳棒(连同铜帽)。取下铜帽集存,可作为实验或生产硫酸铜的原料。碳棒留作电极使用。

用剪刀或钢锯片把废电池外壳剥开,即可取出里面的黑色物质,它为二氧化锰、碳粉、氯化铵和氯化锌等的混合物。把这些黑色混合物倒入烧杯中,按每节大电池加入蒸馏水 50 mL 左右,搅拌、溶解、过滤,滤液用以提取氯化铵,滤渣可用于制备 MnO_2 及锰的化合物,电池的外壳可用以制锌或锌盐。

三、操作步骤

查阅有关文献,设计实验方案,完成下列三项实验内容。

1. 从黑色混合物的滤液中提取氯化铵

(1) 要求。

① 设计实验方案,提取并提纯氯化铵。

② 产品定性检验:a. 证实其为铵盐;b. 证实其为氯化物;c. 判断有无杂质存在。

(2) 提示。

已知滤液的主要成分是 $ZnCl_2$ 和 NH_4Cl,两者在不同温度下的溶解度(g/100 g 水)如表 6.18 所示。

表 6.18　$ZnCl_2$ 和 NH_4Cl 在不同温度下的溶解度(g/100 g 水)

温度(K)	273	283	293	303	313	333	353	363	373
NH_4Cl	29.4	33.2	37.2	31.4	45.8	55.3	65.6	71.2	77.3
$ZnCl_2$	342	363	395	437	452	488	541	—	614

氯化铵在 100 ℃时开始显著地挥发,338 ℃时离解,350 ℃时升华。

氯化铵和甲醛作用生成六次甲基四胺盐酸,后者用 NaOH 标准溶液滴定,便可求出产品中氯化铵的含量。有关反应:

$$4NH_4Cl + 6HCHO = (CH_2)_6N_4 + 4HCl + 6H_2O$$

2. 从黑色混合物的滤渣中提取 MnO_2

(1) 要求。

① 设计实验方案,精制 MnO_2。

② 试验 MnO_2 与盐酸、MnO_2 与 $KMnO_4$ 的作用。

(2) 提示。

黑色混合物的滤渣中含有二氧化锰、碳粉和其他少量有机物。用少量的水冲洗,滤干固体,灼烧除去碳粉和有机物。粗的二氧化锰中尚含有一些低价锰和少量其他金属化合物,应设法除去,以获得精制二氧化锰。

3. 由锌壳制取七水硫酸锌

(1) 要求。

① 设计实验方案,以含锌单质的锌壳制备七水硫酸锌。

② 产品定性检验:a. 证实为硫酸盐;b. 证实为锌盐;c. 证实不含 Fe^{3+},Cu^{2+}。

(2) 提示。

将洁净的碎锌壳以适量的酸溶解。溶液中含有 Fe^{3+},Cu^{2+} 杂质时,设法除去。

四、思考题

(1) 查阅相关资料,了解有关背景知识和废电池回收处理的意义。

(2) 干电池有哪些种类? 各自有怎样的电极构成?

(3) 制取七水硫酸锌时可能含有哪些杂质离子? 如何除去?

实验十三　海带中碘的提取

一、实验目的

(1) 了解从天然产物中提取无机物的一般方法。

(2) 掌握海带的灰化、浸取、浓缩、升华等操作。

(3) 熟悉碘的主要性质,掌握碘的检验方法。

二、实验原理

海带中含碘元素一般以碘离子形式存在。目前,从海带中提取碘的方法有灼烧法、离子交换法、离子膜法等方法。相对来说,灼烧法实验简单,效果也较好。实验中可以先将海带焙烧,使其中的有机物灰化,再将其中的可溶物用水浸出。此时碘元素就以 I^- 形式存在于浸出的溶液中,可用氧化剂(氯气、氯水、二氧化锰、重铬酸钾等)将其氧化成单质碘。但同时海带灰里所含的碳酸钾也存在于浸出的溶液中。因此,氧化之前要酸化浸出液使其呈中性或弱酸性,这样对氧化析出碘是有利的。但硫酸加多了又易使碘离子氧化成碘单质而造成损失。因此酸度不宜过大,溶液为中性或弱酸性即可。酸化后的滤液可以用氧化剂直接氧化,也可在蒸发皿中蒸发至干后用重铬酸钾等氧化。得到的碘单质可以利用碘易升华的性质,加热分离。具体操作如下:

把待精制的物质放入瓷蒸发皿中。用一张穿有若干小孔的圆形滤纸把锥形漏斗的口包起来,把此漏斗倒盖在蒸发皿上,漏斗的颈部塞一团疏松的棉花,如图 6.3 所示。在沙浴或石棉网上加热,逐渐地升高温度,把待精制的物质气化,蒸气通过滤纸孔,遇到冷的漏斗内壁,又凝结为晶体,附在漏斗的内壁和滤纸上。在滤纸上穿小孔,可以防止升华后形成的晶体落回到下面的蒸发皿中。

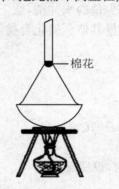

棉花

图 6.3　常压升华装置图

若用灼烧碘的方法提取碘,实验中应注意以下几点:

(1) 灼烧海带时若不完全,其灰的滤液会呈浅褐色,所以实验中应将海带灼烧完全。

(2) 将海带剪碎后,再用乙醇润湿,可使海带易于灼烧完全,灼烧后产生的烟也较少,并可缩短灼烧时间。

(3) 海带如果用水浸泡,碘化物会部分水解而损耗,因此用干海带比湿海带的实验效果好。干海带表面的附着物可用刷子刷净,不要用水洗。

三、实验器材

烧杯;试管;漏斗;铁架台;坩埚;蒸发皿;布氏漏斗;抽滤瓶;真空循环水泵;称量瓶;试剂瓶(棕色);酒精灯;电子天平;干海带;滤纸。

四、实验试剂

$H_2SO_4(1\ mol \cdot L^{-1})$;$K_2CrO_4(s)$;新制氯水;乙醇。

五、操作步骤

1. 定性检验

将一根海带用适量的温水浸泡数小时后,取浸泡后清液 200 mL,稍加过滤,取其滤液 3～5 mL 于试管中,滴加几滴熟淀粉溶液后,再滴加氯水,即可见试管中的溶液变蓝色。证明海带中富含碘离子。

2. 海带中提取碘

(1) 称取 10 g 干海带,剪碎,用乙醇润湿,再放在坩埚中灼烧,使海带完全灰化。

(2) 将海带灰倒入烧杯中,依次加入 25 mL,25 mL 蒸馏水熬煮 2 次,每次熬煮几分钟后,抽滤。最后用洗瓶挤出少量的水淋洗滤渣,将滤液合并在一起。

(3) 往滤液中加 1 mol·L^{-1} H$_2$SO$_4$ 溶液,至溶液的 pH≈7。

(4) 把酸化后的滤液放在蒸发皿中蒸发,炒至糊状调 pH≈1,然后尽量炒干,研细,并加入 5 g 研细的重铬酸钾固体与之混合均匀。

(5) 在蒸发皿上盖一张刺有许多小孔,且孔刺向上的滤纸,取一只大小合适的玻璃漏斗,颈部塞上一团棉花,罩上蒸发皿,小心加热升华(图 6.3)。加热蒸发皿使生成的碘升华。碘蒸气在滤纸的底部凝聚,并在漏斗中看到紫色碘蒸气。当再无紫色碘蒸气产生时,停止加热。取下滤纸,将凝聚的固体碘刮到小称量瓶中,称重。计算海带中碘的百分含量。将新得到的碘回收在棕色试剂瓶中。

六、思考题

(1) 从海带中提取碘的原理是什么?

(2) 哪些因素影响产率?

(3) 写出重铬酸钾氧化 I$^-$ 生成 I$_2$ 的方程式。重铬酸钾能用其他氧化剂替代吗? 选择氧化剂时还应注意什么?

第七章　分析化学实验

实验一　酸碱标准溶液的配制和比较滴定(酸碱滴定法)

一、实验目的

(1) 熟练掌握酸碱近似浓度溶液的配制方法。

(2) 通过比较滴定,练习滴定分析的基本操作技术。

(3) 初步掌握指示剂指示终点的控制。

二、实验原理

酸碱滴定中常用盐酸和氢氧化钠溶液作为标准溶液,且浓度为 $0.1\ \text{mol} \cdot \text{L}^{-1}$。市售浓盐酸易挥发,固体 NaOH 易吸收空气中的水分、CO_2,故不能用直接法配制准确浓度的酸和碱溶液,只能用间接法配制。即先配制成近似浓度的溶液,再以基准物标定其准确浓度。也可以用另一种已知准确浓度的标准溶液滴定该溶液,然后根据它们的体积比求得该溶液的准确浓度,即比较滴定。

比较滴定法中当 NaOH 溶液和 HCl 溶液反应达计量点时,用去的酸、碱的物质的量恰好相等,故

$$c_{HCl} \cdot V_{HCl} = c_{NaOH} \cdot V_{NaOH}$$

即

$$c_{HCl}/c_{NaOH} = V_{NaOH}/V_{HCl}$$

故只需标定其中任一溶液的浓度,再通过比较滴定的结果(体积比),算出浓度比,就可以算出另一种溶液的准确浓度。

酸碱指示剂都有一定的变色范围,应当选择在突跃范围内变色的指示剂。

三、实验器材

锥形瓶;量筒;烧杯;电子天平($d = 0.1\ \text{g}$);试剂瓶;酸式滴定管;碱式滴定管;滴定台;滴定管夹。

四、实验试剂

浓 HCl；NaOH(s)；酚酞指示剂。

五、操作步骤

1. 溶液的配制

(1) $0.1\ mol \cdot L^{-1}$ 的 HCl 标准溶液的配制。

用干净的小量筒量取浓 HCl 2 mL(如何计算?),倒入装有少量蒸馏水的烧杯中,再用蒸馏水稀释至 250 mL,转入玻璃塞试剂瓶中,充分摇匀,贴上标签备用。

(2) $0.1\ mol \cdot L^{-1}$ 的 NaOH 标准溶液的配制。

用电子天平快速称取 NaOH 1 g(如何计算?)于洁净干燥烧杯中,立即加入少量蒸馏水,搅拌使之溶解,再稀释至 250 mL,转入试剂瓶中,用橡胶塞塞紧,贴上标签备用。

固体 NaOH 易吸收空气中的 CO_2 和水分,称量必须迅速。市售 NaOH 常因吸收 CO_2 而混有少量的 Na_2CO_3,故要求严格时必须除去 CO_3^{2-}。即先配制 NaOH 饱和溶液,将其中的 Na_2CO_3 全部沉降下来(Na_2CO_3 在饱和 NaOH 溶液中不溶解)。待溶液澄清后,再吸取上层清液,用新煮沸并冷却的去离子水稀释至所需浓度。

2. 比较滴定

(1) 检查酸式、碱式滴定管是否漏水,并洗净备用。

(2) 分别用粗配的酸碱溶液润洗相应的酸式或碱式滴定管 3 次,每次 5~10 mL,然后将酸碱液装入相应滴定管中,排出气泡,把液面放至 0.00 mL 处,准确记录初读数。

(3) 由酸式滴定管中放出 $0.1\ mol \cdot L^{-1}$ HCl 25.00 mL 于洁净的锥形瓶中,加入 2~3 滴酚酞指示剂,摇匀。再用碱式滴定管中的 NaOH 溶液滴定,开始时可以稍快,但应“成滴不成线”,接近终点时应逐滴逐滴,或半滴半滴加入,至锥形瓶中溶液由无色变为粉红色,30 s 内不褪色,即为终点。准确记录终读数。若溶液颜色较深,可用 HCl 溶液回滴至无色,再用 NaOH 溶液滴至粉红色。记录 HCl 和 NaOH 溶液的准确体积(准确至 0.01 mL)。平行滴定 3 次,每次滴定前都要把滴定管内溶液加至 0.00 mL 处(为什么?)。

计算体积比,即 V_{HCl}/V_{NaOH}。要求测定结果的相对误差小于 0.2%,否则重新滴定。

六、数据记录与处理

将实验结果记录于表 7.1 中。

表 7.1 以 NaOH 滴定 HCl 的实验结果

指示剂:

测定项目	I	II	III
HCl 的初读数(mL)			
HCl 的终读数(mL)			

续表

测定项目	Ⅰ	Ⅱ	Ⅲ
V_{HCl}(mL)			
NaOH 的初读数(mL)			
NaOH 的终读数(mL)			
V_{NaOH}(mL)			
V_{NaOH}/V_{HCl}			
V_{NaOH}/V_{HCl} 的平均值			
相对误差(%)			
相对平均偏差(%)			

七、思考题

(1) 配制酸碱标准溶液时,为什么用量筒量取 HCl 和用台秤称固体 NaOH? 需要用移液管和分析天平吗?

(2) 滴定管在装标准溶液前为什么要用标准溶液润洗三次? 滴定用的锥形瓶需要润洗吗? 为什么?

(3) 接近滴定终点时为什么要一滴一滴地,甚至半滴半滴地加入? 如何控制?

实验二   酸碱标准溶液的标定(酸碱滴定法)

一、实验目的

(1) 掌握酸碱标准溶液的标定方法。

(2) 进一步掌握酸碱滴定技术。

(3) 学习分析天平的使用。

二、实验原理

间接法配制的标准溶液浓度只是近似浓度,其准确浓度需要进行标定。标定是利用基准物或另一种物质的标准溶液来测定溶液浓度的操作过程。

1. 碱标准溶液的标定方法

标定 NaOH 标准溶液的基准物有邻苯二甲酸氢钾(KHC$_8$H$_4$O$_4$)、草酸(H$_2$C$_2$O$_4$·2H$_2$O)。本实验采用邻苯二甲酸氢钾为基准物来标定 NaOH 溶液。反应如下:

$$\text{C}_6\text{H}_4\binom{\text{COOH}}{\text{COOK}} + \text{NaOH} \longrightarrow \text{C}_6\text{H}_4\binom{\text{COONa}}{\text{COOK}} + \text{H}_2\text{O}$$

由反应可知,1 mol 的 $KHC_8H_4O_4$ 与 1 mol 的 NaOH 完全反应,计量点时溶液呈碱性,pH 约为9,可选用酚酞作指示剂。$KHC_8H_4O_4$ 作基准物的优点是:易获得纯品;易干燥,在空气中不吸湿;摩尔质量大,可降低称量误差。

2. 酸标准溶液的标定方法

标定 HCl 标准溶液的基准物有硼砂($Na_2B_4O_7 \cdot 10H_2O$)或碳酸钠(Na_2CO_3)。由于碳酸钠便宜易得,故本实验采用碳酸钠为基准物来标定 HCl 溶液。反应如下:

$$Na_2CO_3 + 2HCl =\!=\!= 2NaCl + H_2CO_3$$

由反应可知,2 mol 的 HCl 正好与 1 mol 的 Na_2CO_3 完全反应。由于生成的 H_2CO_3 是弱酸,计量点时 pH 约为4,故可选用甲基红或甲基橙作指示剂。

三、实验器材

酸式滴定管;碱式滴定管;锥形瓶;量筒;烧杯;滴定台;滴定管夹。

四、实验试剂

浓 HCl;NaOH;邻苯二甲酸氢钾;碳酸钠;酚酞指示剂;甲基橙指示剂。

五、操作步骤

1. 标准溶液的粗配

用电子天平快速称取 NaOH 1 g 于洁净干燥的烧杯中,立即加入少量蒸馏水,搅拌使之溶解,再稀释至 250 mL,转入试剂瓶中,用橡胶塞塞紧,贴上标签摇匀备用。

用干净的小量筒量取浓 HCl 2 mL,倒入装有少量蒸馏水的烧杯中,再用蒸馏水稀释至 250 mL,转入玻璃塞试剂瓶中,充分摇匀,贴上标签摇匀备用。

2. $0.1 \text{ mol} \cdot \text{L}^{-1}$ NaOH 标准溶液的标定

用分析天平准确称取邻苯二甲酸氢钾 0.5 g,于 250 mL 锥形瓶中,加约 30 mL 无 CO_2 蒸馏水溶解。若溶解较慢,可以通过加热加快溶解,但应冷却后再滴定。加 2~3 滴酚酞指示剂,然后用粗配的 NaOH 溶液滴至锥形瓶中,溶液由无色变为浅粉色,30 s 不褪色即为终点,记下滴定管读数(即消耗 NaOH 溶液的体积)。平行滴定 3 次。要求测定结果的相对平均偏差小于 0.2%,否则重新滴定。按下式计算 NaOH 溶液的浓度:

$$c_{NaOH} = \frac{m_{KHC_8H_4O_4}}{M_{KHC_8H_4O_4} \cdot V_{NaOH}} \quad (M_{KHC_8H_4O_4} = 204.22 \text{ g} \cdot \text{mol}^{-1})$$

3. $0.1 \text{ mol} \cdot \text{L}^{-1}$ 的 HCl 标准溶液的标定

用分析天平准确称取碳酸钠 0.1 g,于 250 mL 锥形瓶中,加约 30 mL 无 CO_2 蒸馏水溶解。加 2~3 滴甲基橙指示剂,然后用粗配的 HCl 溶液滴定至锥形瓶中溶液由黄色变为橙色,30 s 不褪色即为终点,记下滴定管读数(即消耗 HCl 溶液的体积)。平行滴定 3 次。要求相对平均偏差应小于 0.2%,否则应重复测定。按下式计算 HCl 溶液的浓度:

$$c_{HCl} = \frac{m_{Na_2CO_3} \times 2}{M_{Na_2CO_3} \cdot V_{HCl}} \quad (M_{Na_2CO_3} = 105.99 \text{ g} \cdot \text{mol}^{-1})$$

六、数据记录与处理

将实验结果记录于表 7.2 和表 7.3 中。

表 7.2　邻苯二甲酸氢钾标定 NaOH 标准溶液的实验结果

指示剂：_____

测定项目	Ⅰ	Ⅱ	Ⅲ
邻苯二甲酸氢钾的质量(g)			
NaOH 的初读数(mL)			
NaOH 的终读数(mL)			
V_{NaOH}(mL)			
c_{NaOH}(mol·L^{-1})			
c_{NaOH}的平均值(mol·L^{-1})			
相对平均偏差(%)			

表 7.3　碳酸钠标定 HCl 标准溶液的实验结果

指示剂：_____

测定项目	Ⅰ	Ⅱ	Ⅲ
碳酸钠的质量(g)			
HCl 的初读数(mL)			
HCl 的终读数(mL)			
V_{HCl}(mL)			
c_{HCl}(mol·L^{-1})			
c_{HCl}的平均值(mol·L^{-1})			
相对平均偏差(%)			

七、思考题

（1）为什么 HCl 和 NaOH 标准溶液不能用直接法配制？

（2）标定 HCl 溶液的浓度时，用碳酸钠作基准物标定和用已知浓度的 NaOH 标准溶液标定，两种方法的优缺点比较。

（3）基准物称取的质量是如何计算出来的？

实验三　甲醛法测定铵盐中铵态氮的含量(酸碱滴定法)

一、实验目的

(1) 了解把弱酸强化为可用酸碱滴定法直接滴定的强酸的方法。

(2) 掌握间接法测定铵盐中氮含量的原理和方法。

(3) 熟悉置换滴定方式的操作技术及酸碱指示剂的选择原则。

二、实验原理

硫酸铵是常用的铵盐氮肥之一。铵盐中氮以铵根离子(NH_4^+)的形式存在。NH_4^+ 离子是一元弱酸($K_a = 5.6 \times 10^{-10}$),不能用 NaOH 标准溶液直接滴定,而生产和实验室中广泛采用甲醛法进行测定。

甲醛法是将铵盐与甲醛作用,生成六亚甲基四胺$(CH_2)_6N_4$ 和一定量的强酸,反应生成的六亚甲基四胺被质子化,以$(CH_2)_6N_4H^+$ 离子存在,故反应式通常表示为

$$4NH_4^+ + 6HCHO \Longrightarrow (CH_2)_6N_4H^+ + 3H^+ + 6H_2O$$

六亚甲基四胺为弱碱,$K_b = 1.4 \times 10^{-9}$,$(CH_2)_6N_4H^+$ 也可用 NaOH 直接滴定。故由反应式可知,1 mol NaOH 可间接地同 1 mol NH_4^+ 完全反应。计量点时,溶液 pH$\approx$8.7,故选酚酞作指示剂。

铵盐与甲醛的反应在室温下进行较慢,加入甲醛后,需放置几分钟,使反应完全。甲醛中常含有少量甲酸,使用前必须先以酚酞为指示剂,用 NaOH 溶液中和,否则会使测定结果偏高。

有时铵盐中含有游离酸,应利用中和法除去。即以甲基红为指示剂,用 NaOH 标准溶液滴定铵盐溶液至橙色,记录 NaOH 溶液用量 V_1;另取等量铵盐溶液,加甲醛溶液和酚酞指示剂,用 NaOH 标准溶液滴至粉红色,30 s 内不褪色即为终点,记录 NaOH 溶液用量 V_2。两次滴定所消耗 NaOH 溶液的体积之差($V_2 - V_1$),即为测定铵盐中氮含量所需的 NaOH 溶液的体积。

若在一份试液中,用两种指示剂连续滴定,溶液颜色变化复杂,终点不易观察。

三、实验器材

碱式滴定管;容量瓶;移液管;锥形瓶;烧杯;滴定台;滴定管夹。

四、实验试剂

0.1 mol·L^{-1} NaOH 标准溶液;$(NH_4)_2SO_4$;甲醛溶液(40%);酚酞指示剂;甲基红指

示剂。

五、操作步骤

1. 0.1 mol·L⁻¹ NaOH 标准溶液的标定

见第七章实验二。

2. 铵盐溶液的配制

用分析天平准确称取 $(NH_4)_2SO_4$ 样品 1.5 g 左右,放入小烧杯中,加 20～30 mL 蒸馏水,搅拌溶解后,定量转入 250 mL 容量瓶中稀释定容,摇匀备用。

3. 样品中氮含量的测定

用移液管准确移取 25.00 mL 试液于 250 mL 锥形瓶中,加入 5 mL 甲醛溶液,摇匀,放置 5 min 后,加入 2～3 滴酚酞指示剂,用 NaOH 标准溶液滴至粉红色,30 s 内不褪色,即为终点。记录 NaOH 溶液的用量,平行测定 3 次。按下式计算氯化铵试样中的含氮量:

$$N\% = \frac{c_{NaOH} \cdot V_{NaOH} \cdot M_N}{m_{铵盐}} \times \frac{250.00}{25.00} \quad (M_N = 14.01 \text{ g·mol}^{-1})$$

六、数据记录与处理

将实验结果记录于表 7.4 中。

表 7.4　铵态氮含量测定的实验结果

指示剂:_____

测定项目	Ⅰ	Ⅱ	Ⅲ
NaOH 标准溶液的浓度(mol·L⁻¹)			
$(NH_4)_2SO_4$ 样品的质量(g)			
移取 $(NH_4)_2SO_4$ 溶液的体积(mL)			
NaOH 的初读数(mL)			
NaOH 的终读数(mL)			
V_{NaOH}(mL)			
N%			
N% 的平均值			
相对平均偏差(%)			

七、思考题

(1) 硫酸铵试样溶于水后,能否用 NaOH 标准溶液直接滴定? 为什么?

(2) 甲醛法测定铵盐中的氮,为什么事先需要除去游离酸? 怎样除去?

(3) 硝酸铵、氯化铵、碳酸氢铵中的含氮量是否也能用甲醛法测定?

实验四　双指示剂法在混合碱测定中的应用(酸碱滴定法)

一、实验目的

(1) 掌握双指示剂法测定混合碱的原理和操作技术。

(2) 掌握强酸滴定二元弱碱的滴定曲线、突跃范围及滴定终点的判断。

二、实验原理

混合碱可能是 Na_2CO_3、$NaHCO_3$、$NaOH$ 或其混合物,其中 $NaOH$ 和 $NaHCO_3$ 不能共存。欲测定同一试样中各组分的含量,可用酸标准溶液进行滴定分析。根据滴定过程中 pH 变化的情况,选用两种不同的指示剂分别指示终点,这种方法称为双指示剂法。此法简便、快速,在实际生产中普遍应用。

首先在混合碱溶液中加入酚酞指示剂(变色范围 8.0～10.0),用 HCl 标准溶液滴定到溶液颜色由红色变为无色时,计量点的 pH 约为 8.3。设此时消耗的 HCl 标准溶液体积为 V_1 mL。反应如下:

$$NaOH + HCl \Longrightarrow NaCl + H_2O$$

$$Na_2CO_3 + HCl \Longrightarrow NaHCO_3 + NaCl$$

再加入甲基橙指示剂(变色范围 3.1～4.4),继续用 HCl 标准溶液滴定到溶液颜色由黄色变为橙色时,计量点的 pH 约为 3.8。设此时消耗的 HCl 标准溶液体积为 V_2 mL,反应如下:

$$NaHCO_3 + HCl \Longrightarrow NaCl + CO_2 \uparrow + H_2O$$

根据前后两次所消耗的 HCl 体积,可以测定混合碱中各组分的含量,总碱量通常以 Na_2O 的含量表示。混合碱的组成与 V_1、V_2 的关系如表 7.5 所示。

表 7.5　混合碱的组成与 V_1、V_2 的关系

V_1、V_2 的关系	$V_1 = 0, V_2 \neq 0$	$V_1 \neq 0, V_2 = 0$	$V_1 = V_2$	$V_1 > V_2, V_2 \neq 0$	$V_1 < V_2, V_1 \neq 0$
混合碱的组成	$NaHCO_3$	$NaOH$	Na_2CO_3	$NaOH$ 和 Na_2CO_3	Na_2CO_3 和 $NaHCO_3$

三、实验器材

酸式滴定管;锥形瓶;容量瓶;移液管;试剂瓶;滴定台;滴定管夹。

四、实验试剂

$0.1\ mol \cdot L^{-1}$ HCl 标准溶液;酚酞指示剂;甲基橙指示剂;混合碱样品。

五、操作步骤

1. 0.1 mol·L^{-1} HCl 标准溶液的标定

见第七章实验二。

2. 混合碱溶液的配制

准确称取混合碱样品约 1.5 g 于 250 mL 烧杯中，加 50 mL 蒸馏水溶解后，定量转移至 250 mL 容量瓶中，稀释定容，备用。

3. 样品测定

用移液管准确移取 25.00 mL 样品溶液于 250 mL 锥形瓶中，加酚酞指示剂 1～2 滴，用 0.1 mol·L^{-1} 的 HCl 标准溶液滴定至溶液红色褪去。记录消耗的 HCl 体积 V_1。再加入 1～2 滴甲基橙指示剂，继续用 HCl 溶液滴定至溶液由黄色变为橙色。接近计量点时应剧烈摇动溶液，以免形成 CO_2 过饱和而使终点提前。记录消耗的 HCl 体积 V_2。平行测定 3 次。

六、数据记录与处理

将实验结果记录于表 7.6 中。

表 7.6   混合碱含量测定的实验结果

指示剂：_____

测定项目	Ⅰ	Ⅱ	Ⅲ
HCl 标准溶液的浓度(mol·L^{-1})			
混合碱样品质量(g)			
消耗 HCl 的体积 V_1(mL)			
消耗 HCl 的体积 V_2(mL)			
Na_2CO_3 含量(%)			
Na_2CO_3 含量平均值(%)			
$NaHCO_3$ 含量(%)			
$NaHCO_3$ 含量平均值(%)			
总碱度(%)			
相对平均偏差(%)			

七、思考题

(1) 测定混合碱，接近第一计量点时，若滴定速度太快，摇动锥形瓶不够，致使锥形瓶中 HCl 局部过浓，会对测定造成什么影响？为什么？

(2) 此实验滴定到第二个终点时应注意什么问题？

实验五　　EDTA 标准溶液的配制和标定（配位滴定法）

一、实验目的

(1) 掌握 EDTA 标准溶液的配制和标定方法。
(2) 理解配位滴定的原理及其特点。
(3) 学会使用钙指示剂和二甲基酚橙指示剂指示终点。

二、实验原理

乙二胺四乙酸 H_4Y（本身是四元酸），简称 EDTA，由于在水中的溶解度很小，在分析中不适用。故通常使用其二钠盐（$Na_2H_2Y \cdot 2H_2O$），也称为 EDTA 或 EDTA 二钠盐。EDTA 能与大多数金属离子形成 1:1 的螯合物，计量关系简单，故常用作配位滴定的标准溶液。

EDTA 因常吸附 0.3% 的水分且含有少量杂质而不能直接配制标准溶液，通常采用标定法配制 EDTA 标准溶液。

标定 EDTA 的基准物有纯的金属：如 Cu，Zn，Ni，Pb，以及它们的氧化物。某些盐类：如 $CaCO_3$，$ZnSO_4 \cdot 7H_2O$，$MgSO_4 \cdot 7H_2O$。通常选用其中与被测组分相同的物质作基准物，这样滴定条件较一致，减小误差。如果用被测元素的纯金属或化合物作基准物，就更为理想。通常采用纯金属锌作基准物标定 EDTA，以铬黑 T（EBT）作指示剂，用 pH = 10 的氨缓冲溶液控制滴定时的酸度。

因为在 pH = 10 的溶液中，铬黑 T 与 Zn^{2+} 形成比较稳定的酒红色螯合物（Zn-EBT），而 EDTA 与 Zn^{2+} 能形成更为稳定的无色螯合物。因此，滴定至终点时，EBT 便被 EDTA 从 Zn-EBT 中置换出来，游离的 EBT 在 pH = 8～11 的溶液中呈纯蓝色。

$$Zn\text{-}EBT + EDTA \Longrightarrow Zn\text{-}EDTA + EBT$$
$$\text{酒红色} \qquad\qquad\qquad\qquad \text{纯蓝色}$$

此外，也可以用二甲基酚橙（XO）作为指示剂，用六次甲基四胺控制溶液的酸度，在 pH = 5～6 条件下，以 EDTA 溶液滴定至溶液由紫红色（Zn-XO）变为亮黄色（游离 XO）。

配位滴定中所用的蒸馏水，应为去离子水，不含 Fe^{3+}，Al^{3+}，Cu^{2+}，Ca^{2+}，Mg^{2+} 等杂质离子。

三、实验器材

电子天平（0.1 g）；分析天平（0.1 mg）；容量瓶；移液管；烧杯；表面皿；试剂瓶；锥形瓶；酸式滴定管；滴定台；滴定管夹。

四、实验试剂

乙二胺四乙酸二钠;金属锌;氨水(1:1);pH = 10 的 $NH_3 \cdot H_2O$-NH_4Cl 缓冲溶液(将 5 g NH_4Cl 溶解于少量水中,加入 25 mL 浓氨水,用去离子水稀释至 250 mL);HCl(1:1); 0.5%铬黑 T 指示剂(称取 0.5 g 铬黑 T 溶于 100 mL 无水乙醇中);二甲基酚橙指示剂;六次甲基四胺(20%)。

五、操作步骤

1. 0.02 mol·L⁻¹ EDTA 标准溶液的配制

用电子天平称取分析纯的乙二胺四乙酸二钠($Na_2H_2Y \cdot 2H_2O$)2 g,加 100 mL 温水搅拌溶解,稀释至 250 mL,转入聚乙烯塑料瓶中储存,摇匀,贴好标签备用,如混浊应过滤后使用。

2. 0.02 mol·L⁻¹ 锌标准溶液的配制

准确称取纯锌 0.3~0.4 g,置于小烧杯中,盖上表面皿,从烧杯嘴处滴加 1:1 的 HCl 溶液 3 mL,必要时可加热,至锌完全溶解。然后冲洗表面皿和烧杯内壁,将溶液定量转移到 250 mL 容量瓶中,稀释定容,摇匀。转入试剂瓶中,贴好标签备用。计算 Zn^{2+} 标准溶液的准确浓度。

3. EDTA 标准溶液浓度的标定

(1) 用铬黑 T 作指示剂。

用移液管准确移取锌标准溶液 25.00 mL 于 250 mL 锥形瓶中,滴加 1:1 氨水至刚出现白色沉淀,再加 10 mL pH = 10 的 $NH_3 \cdot H_2O$-NH_4Cl 缓冲溶液,加入 1~2 滴铬黑 T 指示剂,用 EDTA 标准溶液滴定至溶液由酒红色恰变为纯蓝色,即为终点。根据消耗的 EDTA 标准溶液的体积,计算其浓度。平行测定 3 次。(滴定终点溶液颜色不是突变,而是紫红色-紫-蓝紫-纯蓝的渐变过程,而且过量后仍是纯蓝。所以近终点时一定要慢滴,注意观察。)

(2) 用二甲基酚橙作指示剂。

用移液管准确移取锌标准溶液 25.00 mL 于 250 mL 锥形瓶中,加二甲基酚橙指示剂 2 滴,然后滴加六次甲基四胺至溶液呈现稳定的紫红色后,再多加 3 mL。用 EDTA 标准溶液滴定至溶液由紫红色恰变为亮黄色,即为终点。平行测定 3 次。根据消耗 EDTA 溶液的体积,计算其浓度。

六、数据记录与处理

将实验结果记录于表 7.7 中。

表 7.7 EDTA 标准溶液浓度测定的实验结果

指示剂:___

测定项目	Ⅰ	Ⅱ	Ⅲ
纯 Zn 的质量(g)			
Zn 标准溶液的浓度(mol·L⁻¹)			

续表

测定项目		I	II	III
以铬黑T为指示剂标定	Zn 标准溶液的初读数(mL)			
	Zn 标准溶液的终读数(mL)			
	消耗 Zn 标准溶液的体积(mL)			
	c_{EDTA}(mol·L^{-1})			
	c_{EDTA} 的平均值(mol·L^{-1})			
	相对平均偏差(%)			
以二甲基酚橙为指示剂标定	Zn 标准溶液的初读数(mL)			
	Zn 标准溶液的终读数(mL)			
	消耗 Zn 标准溶液的体积(mL)			
	c_{EDTA}(mol·L^{-1})			
	c_{EDTA} 的平均值(mol·L^{-1})			
	相对平均偏差(%)			

七、思考题

(1) 配位滴定中为什么要加入缓冲溶液？

(2) 试解释以铬黑T为指示剂的标定实验中的几个现象：

① 滴加氨水至开始出现白色沉淀；

② 加入缓冲溶液后沉淀又消失；

③ 用 EDTA 标准溶液滴定至溶液由酒红色变为纯蓝色。

(3) 配位滴定法与酸碱滴定法相比，有哪些不同？操作中应注意哪些问题？

实验六　自来水硬度的测定(配位滴定法)

一、实验目的

(1) 了解自来水的硬度的测定意义和常用表示方法。

(2) 掌握 EDTA 法测定水硬度的基本原理和方法。

二、实验原理

1. 水的硬度的表示方法

自来水中含有较多的钙盐、镁盐，它们的酸式碳酸盐遇热分解，析出沉淀，而使硬度除

去，如

$$Ca(HCO_3)_2 = CaCO_3 \downarrow + H_2O + CO_2 \uparrow$$

这种硬度称为暂时硬度。钙、镁的其他盐类所形成的硬度遇热不会分解，称为永久硬度。暂时硬度和永久硬度的总和称为水的总硬度。

水的硬度的表示方法很多，各国采用的方法和单位也不甚一致。我国生活饮用水卫生标准中规定硬度（以 $CaCO_3$ 计）不得超过 450 $mg \cdot L^{-1}$。除了生活饮用水，我国还采用 Ca^{2+}，Mg^{2+} 总量折合成 CaO 的量，单位为度（°），即 $1° = 10\ mg\ CaO \cdot L^{-1}$。一般 8° 以下为软水，8°～16° 为中等硬水，16°～30° 为硬水，饮用水的总硬度不得超过 25°。还有一种以水中 CaO 的百万分数（ppm）表示，即相当于每 1 L 水中含有 CaO 毫克数（$mg \cdot L^{-1}$），这种方法较以度表示更为方便。

2. 水硬度的测定原理

测定水的硬度常采用配位滴定法，用乙二胺四乙酸二钠盐（EDTA）的标准溶液滴定水中 Ca，Mg 总量，然后换算为相应的硬度单位 $mmol \cdot L^{-1}$ 或 $mg \cdot L^{-1}$，以 $CaCO_3$ 计。

按国际标准方法测定水的总硬度：在 pH = 10 的 $NH_3 \cdot H_2O$-NH_4Cl 缓冲溶液中（为什么?），以铬黑 T（EBT）为指示剂，用 EDTA 标准溶液滴定水中的 Ca^{2+}，Mg^{2+} 总含量。

在上述条件下 EBT 指示终点的变色原理为：滴定前，Ca^{2+}，Mg^{2+}（以 M 表示）与 EBT 配位形成 M-EBT 配合物，即

$$M + EBT = M\text{-}EBT$$
$$\ \ \ \ 蓝色 \quad\quad 紫红色$$

滴定开始到计量点前，溶液中游离的离子逐步被 EDTA 配位。达到计量点时，EDTA 夺取溶液中 M 而游离出指示剂 EBT，溶液从紫红色变为纯蓝色，从而指示终点。

$$M\text{-}EBT + EDTA = M\text{-}EDTA + EBT$$
$$紫红色 \quad\quad\quad\quad\quad\quad 蓝色$$

钙硬度测定原理与总硬度相同，只是加入 NaOH 溶液至 pH = 12～13，使 Mg^{2+} 以 $Mg(OH)_2$ 沉淀形式被掩蔽，以钙指示剂指示终点。钙指示剂与 Ca^{2+} 形成紫红色配合物，当 EDTA 滴定 Ca^{2+} 时，使钙指示剂游离出来呈蓝色。故到滴定终点时，溶液由紫红色变为蓝色。测得 Ca^{2+} 的含量。从 Ca^{2+}，Mg^{2+} 离子的总含量中减去 Ca^{2+} 的含量，即求得 Mg^{2+} 的含量。

3. EDTA 标准溶液的标定

为了减小系统误差，本实验选用 $CaCO_3$ 为基准物，在 pH = 10 的 $NH_3 \cdot H_2O$-NH_4Cl 缓冲溶液中，以铬黑 T 为指示剂，进行标定（标定条件与测定条件一致）。用待标定的 EDTA 溶液滴至溶液由紫红色变为纯蓝色即为终点。

滴定前： EBT + Mg-EDTA = Mg-EBT + EDTA
　　　　　蓝色　　　　　　　　紫红色

滴定时： EDTA + Ca^{2+} = Ca-EDTA
　　　　　　　　　　　　　　无色

终点时： EDTA + Mg-EBT = Mg-EDTA + EBT
　　　　　　　　　　紫红色　　　　　无色　　　蓝色

$$K_稳(\text{Ca-EDTA}) > K_稳(\text{Mg-EDTA}) > K_稳(\text{Mg-EBT}) > K_稳(\text{Ca-EBT})$$

三、实验器材

电子天平(0.1 g);分析天平(0.1 mg);酸式滴定管;万用电炉;容量瓶;移液管;锥形瓶;烧杯;量筒;滴定台;滴定管夹。

四、实验试剂

乙二胺四乙酸二钠;1:1盐酸;100 g·L^{-1} NaOH溶液;钙指示剂;0.5%的铬黑T指示剂;pH=10的NH$_3$·H$_2$O-NH$_4$Cl缓冲溶液,镁溶液(溶解1 g MgSO$_4$·7H$_2$O于水中,稀释至200 mL);CaCO$_3$(基准试剂,取一定量于110 ℃烘箱中干燥2 h,稍冷后置于干燥器中冷至室温,备用)。

五、操作步骤

1. 0.02 mol·L^{-1} EDTA溶液的配制
见第七章实验五。

2. 0.02 mol·L^{-1} Ca^{2+}标准溶液的配制
用分析天平准确称取CaCO$_3$基准物0.6 g左右,置于100 mL烧杯中,用少量水先润湿,盖上表面皿,从杯嘴逐滴滴加1:1 HCl,边滴加边摇匀至CaCO$_3$刚好完全溶解。用少量去离子水淋洗表面皿,加去离子水50 mL,微沸数分钟除去CO$_2$,待冷却后将溶液定量转移入250 mL容量瓶中,用水稀释至刻度,摇匀。计算Ca^{2+}标准溶液的准确浓度。

3. 0.02 mol·L^{-1} EDTA标准溶液的标定
用移液管准确移取25.00 mL Ca^{2+}标准溶液于250 mL锥形瓶中,加入25 mL水、2 mL镁溶液和5 mL 100 g·L^{-1} NaOH溶液,再加入约0.01 g(绿豆大小)钙指示剂,摇匀。立即用待标定的EDTA溶液滴定至溶液由紫红色变为纯蓝色,即为终点。平行测定3次,计算EDTA溶液的准确浓度。

4. 自来水的总硬度的测定
用移液管准确移取100.00 mL自来水于250 mL的锥形瓶中,加3 mL三乙醇胺、5 mL pH=10的NH$_3$·H$_2$O-NH$_4$Cl缓冲溶液,3滴铬黑T指示剂,用EDTA标准溶液滴定至溶液由紫红色变为纯蓝色,即为终点。记录所用的EDTA标准溶液体积V_1,平行测定3次,计算水的总硬度(mg·L^{-1})(以CaCO$_3$计)。

5. 钙硬度和镁硬度的测定
取水样100.0 mL于250 mL锥形瓶中,加入2 mL 6 mol·L^{-1} NaOH溶液(pH=12~13),摇匀,再加入0.01 g(绿豆大小)钙指示剂,摇匀后用EDTA标准溶液滴定至溶液由酒红色变为纯蓝色即为终点。记录所用的EDTA标准溶液体积V_2,平行测定3次,计算钙硬度。由总硬度和钙硬度求出镁硬度。

六、数据记录与处理

将实验结果记录于表 7.8 和表 7.9 中。

表 7.8　以 CaCO₃ 为基准物标定 0.01 mol·L⁻¹ EDTA 标准溶液的实验结果

指示剂：_____

测定项目	Ⅰ	Ⅱ	Ⅲ
CaCO₃ 的质量(g)			
CaCO₃ 标准溶液的浓度(mol·L⁻¹)			
EDTA 标准溶液的初读数(mL)			
EDTA 标准溶液的终读数(mL)			
消耗 EDTA 标准溶液的体积(mL)			
c_{EDTA}(mol·L⁻¹)			
c_{EDTA} 的平均值(mol·L⁻¹)			
相对平均偏差(%)			

表 7.9　自来水硬度的测定结果

指示剂：_____

测定项目	Ⅰ	Ⅱ	Ⅲ
自来水的用量(mL)			
CaCO₃ 标准溶液的浓度(mol·L⁻¹)			
EDTA 标准溶液的初读数(mL)			
EDTA 标准溶液的终读数(mL)			
消耗 EDTA 标准溶液的体积 V_1(mL)			
总硬度(mg·L⁻¹)(以 CaCO₃ 计)			
总硬度的平均值(mg·L⁻¹)			
相对平均偏差(%)			
钙硬度(mg·L⁻¹)(以 CaCO₃ 计)			
镁硬度(mg·L⁻¹)(以 CaCO₃ 计)			

七、思考题

(1) 配制 CaCO₃ 溶液和 EDTA 溶液时,各采用何种天平称量? 为什么?

(2) 本实验标定 EDTA 标准溶液用的基准物是什么? 为什么?

(3) 用 EDTA 法测定水的硬度时,哪些离子存在会有干扰? 如何消除?

实验七 胃舒平中 Al、Mg 含量的测定（配位滴定法）

一、实验目的

(1) 学习药剂测定的前处理方法。
(2) 学习用返滴定法测定铝的方法。
(3) 掌握沉淀分离的操作方法。

二、实验原理

胃舒平药品是胃病患者的常用药品，它是由能中和胃酸的氢氧化铝和三硅酸镁，组合少量解痉止痛药颠茄浸膏，并由大量糊精等赋形剂制成的片剂。药片中铝和镁的含量可用配合滴定法测定。

测定原理是先用水将样品溶解，分离弃去水的不溶物质。然后取一份试液，调节 pH=4，定量加入过量的 EDTA 溶液，加热煮沸，使 Al^{3+} 与 EDTA 完全反应：

$$Al^{3+} + H_2Y^{2-} \Longrightarrow AlY^- + 2H^+$$

冷却后调节 pH=5，以二甲酚橙为指示剂，用 Zn^{2+} 的标准液返滴定过量 EDTA 而测定出 Al^{3+} 的含量。

另取一份溶液，调节 pH=8 左右，使 Al^{3+} 生成 $Al(OH)_3$ 沉淀分离后，再调节 pH=10，以铬黑 T 为指示剂，用 EDTA 标准溶液滴定滤液中的 Mg^{2+}：

$$Mg^{2+} + H_2Y^{2-} \Longrightarrow MgY^{2-} + 2H^+$$

三、实验器材

分析天平（0.1 mg）；锥形瓶；量筒；烧杯；酸式滴定管；容量瓶；移液管；滴定台；滴定管夹。

四、实验试剂

0.02 mol·L^{-1} EDTA 标准溶液；0.02 mol·L^{-1} Zn^{2+} 标准溶液；二甲酚橙指示剂；20% 的六亚甲基四胺溶液；1:1 HCl 溶液；1:1 氨水溶液；1:1 三乙醇胺溶液；pH=10 的 NH_3·H_2O-NH_4Cl 缓冲溶液；甲基红指示剂；0.2% 乙醇溶液；铬黑 T 指示剂；NH_4Cl 固体。

五、操作步骤

1. 药剂处理

取胃舒平药片 10 片,研细后称取药粉 2 g 左右,加入 20 mL HCl(1 : 1),加蒸馏水 100 mL,煮沸,冷却后过滤,并以少量水洗涤沉淀,收集滤液及洗涤液于 250 mL 容量瓶中,稀释至刻度,摇匀。

2. 0.02 mol·L^{-1} 锌标准溶液的配制和 0.02 mol·L^{-1} EDTA 标准溶液的标定

见第 7 章实验五,以纯锌为基准物标定。

3. 铝含量的测定

用移液管准确移取上述溶液 10.00 mL,加水至 25 mL 左右,滴加 1 : 1 NH$_3$·H$_2$O 溶液至刚出现浑浊,再滴加 1 : 1 HCl 溶液至沉淀恰好溶解。准确加入 EDTA 标准溶液 25.00 mL,再加入 10 mL 六亚甲基四胺溶液,煮沸 10 min 并冷却后,加入二甲酚橙指示剂 2～3 滴,以 Zn^{2+} 标准溶液滴定至溶液由亮黄色变为紫红色,即为终点。根据 EDTA 加入量与消耗的 Zn^{2+} 标准溶液的体积,计算每片药片中 Al(OH)$_3$ 的质量分数。

4. 镁含量的测定

用移液管准确移取上述溶液 25.00 mL,滴加 1 : 1 NH$_3$·H$_2$O 溶液至刚出现沉淀,再加 1 : 1 HCl 溶液至沉淀恰好溶解,加入 2 g 固体 NH$_4$Cl,滴加六亚甲基四胺溶液至沉淀出现并过量 15 mL。加热至 80 ℃,维持 10～15 min,冷却后过滤,以少量蒸馏水洗涤沉淀几次,收集滤液与洗涤液于 250 mL 锥形瓶中,加入三乙醇胺溶液 10 mL、NH$_3$·H$_2$O-NH$_4$Cl 缓冲液 10 mL 及甲基红指示剂 1 滴、铬黑 T 指示剂 2 滴,用 EDTA 标准溶液滴定至溶液由暗红色变为蓝绿色,即为终点。计算每片药片中 MgO 的含量。

六、数据记录与处理

(1) 计算 0.02 mol·L^{-1} EDTA 标准溶液的准确浓度。
(2) 计算药片胃舒平中铝的含量。
(3) 计算药片胃舒平中镁的含量。

七、思考题

(1) 为什么要取胃舒平药片 10 片,研细后称取部分药粉进行实验? 而不是直接取 1 片溶解后实验?
(2) 为什么不采用 EDTA 直接滴定铝的含量?
(3) 在分离铝后的滤液中测定镁,为什么要加三乙醇胺?
(4) 为什么要用六亚甲基四胺溶液调节 pH 而不用氨水?

实验八 KMnO₄标准溶液的配制与标定(氧化还原滴定法)

一、实验目的

(1) 了解 KMnO₄标准溶液的配制方法和保存条件。

(2) 掌握用 Na₂C₂O₄作基准物标定 KMnO₄标准溶液浓度的原理和方法。

(3) 了解 KMnO₄自身指示剂的指示终点的方法。

二、实验原理

市售的 KMnO₄中含有少量的 MnO₂和其他杂质,如硫酸盐、氯化物及硝酸盐等。另外由于 KMnO₄的氧化性很强,稳定性不高,在生产、储存及配制溶液的过程中易与其他还原性物质作用,例如配制时与水中的还原性杂质作用等。因此 KMnO₄不能直接配制成标准溶液,必须进行标定。

一般将 KMnO₄先粗略地配制成所需浓度的溶液,加热近沸并保持微沸 1 h,然后放置 2~3 d 使水中的还原性杂质与 KMnO₄充分作用。待溶液浓度趋于稳定后,用微孔玻璃漏斗将还原产物 MnO₂过滤除去(若无微孔玻璃漏斗,可用玻璃棉代替),再标定和使用。将配好的 KMnO₄溶液储存于棕色瓶中,已标定过的 KMnO₄溶液在使用一段时间后必须重新标定。

标定 KMnO₄溶液的基准物有 Na₂C₂O₄,H₂C₂O₄·2H₂O,(NH₄)₂Fe(SO₄)₂·6H₂O(俗称摩尔盐),As₂O₃和纯铁丝等。其中 Na₂C₂O₄不含结晶水,容易提纯,没有吸湿性,是常用的基准物。

在酸性溶液中,$C_2O_4^{2-}$ 与 MnO_4^- 的反应:

$$2MnO_4^- + 5C_2O_4^{2-} + 16H^+ \Longrightarrow 2Mn^{2+} + 10CO_2\uparrow + 8H_2O$$

标定时应注意以下几点:

(1) 温度。该反应在室温下进行较慢,常需将溶液加热到 75~80 ℃,并趁热滴定,滴定完毕时的温度不应低于 60 ℃。但加热温度不能过高,若高于 90 ℃,H₂C₂O₄会发生分解:

$$H_2C_2O_4 \Longrightarrow CO_2\uparrow + H_2O + CO\uparrow$$

(2) 酸度。该反应需在酸性介质中进行,且必须以 H₂SO₄调节酸度,因盐酸中的 Cl^- 有还原性,能与 MnO_4^- 反应;HNO₃有氧化性,能与被滴定的还原性物质反应;醋酸的酸性太弱,达不到所需的酸度。为使反应定量进行,溶液酸度一般控制在 $0.5\sim1.0\ mol\cdot L^{-1}$ 范围内。

(3) 滴定速度。该反应为自动催化反应,反应中生成的 Mn^{2+} 离子具有催化作用。因此滴定开始时的速度不宜太快,应逐滴加入,待到第一滴 KMnO₄溶液颜色褪去后,再加入第二滴。否则酸性热溶液中 MnO_4^- 来不及与 $C_2O_4^{2-}$ 反应而分解,导致结果偏低。

(4) 滴定终点。KMnO₄为自身指示剂。当反应到达化学计量点附近时,滴加一滴

KMnO₄溶液后,锥形瓶中溶液呈稳定的微红色且 30 s 内不褪色即为终点。若在空气中放置一段时间后,溶液颜色消失,不必再加入 KMnO₄溶液,这是因为 KMnO₄溶液与空气中还原性物质反应造成。

三、实验器材

电子天平(0.1 g);分析天平(0.1 mg);酸式滴定管;烧杯;锥形瓶;微孔玻璃漏斗;棕色试剂瓶;万用电炉;滴定台;滴定管夹。

四、实验试剂

$KMnO_4(s)$;$Na_2C_2O_4$(基准试剂,在 105～110 ℃干燥 2 h,置于干燥器中备用);H_2SO_4(3 mol·L^{-1})。

五、操作步骤

1. 0.02 mol·L^{-1} KMnO₄溶液的配制
用电子天平称取 1.6 g KMnO₄溶解于 500 mL 的去离子水中,加热煮沸 1 h,冷却后用微孔玻璃漏斗(或玻璃棉)过滤,滤液贮存于棕色试剂瓶中备用。

2. KMnO₄标准溶液浓度的标定
用分析天平准确称取 0.15 g 左右 Na₂C₂O₄基准物,于洁净的 250 mL 锥形瓶中;加 20～30 mL 去离子水使之溶解,再加入 10 mL 3 mol·L^{-1} H₂SO₄溶液。摇匀后,加热至 75～80 ℃(锥形瓶口冒热气),趁热用 KMnO₄标准溶液滴定(注意速度),至溶液变为微红色且 30 s 不褪色即为终点,记录消耗的 KMnO₄溶液的体积,平行滴定 3 次。

六、数据记录与处理

将实验结果记录于表 7.10 中。

表 7.10　KMnO₄标准溶液浓度测定的实验结果

指示剂:

测定项目	I	II	III
Na₂C₂O₄的质量(g)			
KMnO₄的初读数(mL)			
KMnO₄的终读数(mL)			
KMnO₄消耗的体积(mL)			
KMnO₄的浓度(mol·L^{-1})			
KMnO₄浓度的平均值(mol·L^{-1})			
相对平均偏差(%)			

七、思考题

（1）配制 KMnO₄ 标准溶液时，为什么要将 KMnO₄ 溶液煮沸一定时间并放置数天？配好的 KMnO₄ 溶液为什么要过滤后才能保存？过滤时是否可以用滤纸？

（2）配好的 KMnO₄ 溶液为什么要盛放在棕色瓶中保存？如果没有棕色瓶怎么办？

（3）在滴定时，KMnO₄ 溶液为什么要放在酸式滴定管中？

（4）标定 KMnO₄ 溶液时，为什么第一滴 KMnO₄ 的颜色褪得很慢，以后会逐渐加快？

实验九　KMnO₄ 法测定 H₂O₂ 的含量（氧化还原滴定法）

一、实验目的

（1）掌握 KMnO₄ 法测定 H₂O₂ 含量的原理和方法。

（2）了解氧化还原滴定的滴定速度控制的重要性。

二、实验原理

H_2O_2 俗称双氧水，在工业、卫生、生物、医药等行业具有广泛的用途。工业上利用 H_2O_2 的氧化性漂白毛、丝织物，利用其还原性除去氯气；卫生和医药上常用它消毒杀菌。H_2O_2 在酸性溶液中是一个强氧化剂，但遇 KMnO₄ 却为还原剂。

在酸性介质中，H_2O_2 与 KMnO₄ 发生如下反应：

$$5H_2O_2 + 2MnO_4^- + 6H^+ \Longrightarrow 2Mn^{2+} + 5O_2\uparrow + 8H_2O$$

开始时反应速度慢，滴入的第一滴 KMnO₄ 溶液褪色缓慢，待 Mn^{2+} 生成后，由于 Mn^{2+} 的自动催化作用加快了反应速度，使反应能顺利地到达终点。因此称为自身催化反应。

H_2O_2 的含量通常用质量浓度（$g \cdot L^{-1}$）或质量分数（%）表示。

三、实验器材

酸式滴定管；容量瓶；移液管；锥形瓶；烧杯；滴定台；滴定管夹。

四、实验试剂

$0.02\ mol \cdot L^{-1}$ KMnO₄ 标准溶液；$3\ mol \cdot L^{-1}$ H_2SO_4；30% H_2O_2 溶液。

五、操作步骤

1. 0.02 mol·L⁻¹ KMnO₄标准溶液的配制与标定

见第七章实验八。

2. H₂O₂含量的测定

用吸量管准确移取 30% H₂O₂溶液 1.00 mL,置于 250 mL 容量瓶中,加蒸馏水稀释至刻度,充分摇匀。然后用移液管移取上述溶液 25.00 mL,置于 250 mL 锥形瓶中,加 30 mL 蒸馏水和 10 mL 3 mol·L⁻¹ H₂SO₄,用 KMnO₄标准溶液滴定至溶液呈微红色,30 s 内不褪色即为终点。记录滴定时所消耗的 KMnO₄溶液的体积,平行测定 3 次。

六、数据记录与处理

将实验结果记录于表 7.11 中。

表 7.11　H₂O₂含量测定的实验结果

指示剂:＿＿＿＿＿

测定项目	Ⅰ	Ⅱ	Ⅲ
KMnO₄标准溶液的浓度(mol·L⁻¹)			
30%H₂O₂的实际用量(mL)			
KMnO₄的初读数(mL)			
KMnO₄的终读数(mL)			
KMnO₄消耗的体积(mL)			
H₂O₂含量(g·L⁻¹)			
H₂O₂含量的平均值(g·L⁻¹)			
相对平均偏差(%)			

七、思考题

(1) 用 KMnO₄溶液滴定双氧水时,溶液能否加热? 为什么?

(2) 为什么本实验要把市售双氧水稀释后才进行滴定?

(3) 装过 KMnO₄溶液的滴定管或烧杯等容器,常有难洗去的棕色物质,这是什么? 怎样除去?

实验十　$K_2Cr_2O_7$ 法测定铁矿石中铁的含量
（氧化还原滴定法）

一、实验目的

（1）进一步掌握 $K_2Cr_2O_7$ 标准溶液的配制方法。

（2）学习矿石试样的酸溶解方法。

（3）熟悉无汞 $K_2Cr_2O_7$ 法测定铁矿石中铁含量的原理及操作步骤。

（4）了解二苯胺磺酸钠指示剂的作用原理。

二、实验原理

铁是地球上分布最广的金属元素之一，在地壳中的平均含量为 5%，在元素丰度表中位于氧、硅和铝之后，居第四位。自然界中已知的铁矿石有 300 多种，具有工业利用价值的主要是磁铁矿（Fe_3O_4，含铁 72.4%）、赤铁矿（Fe_2O_3，含铁 70.0%）、菱铁矿（$FeCO_3$，含铁 48.2%）、褐铁矿（$Fe_2O_3 \cdot nH_2O$，含铁 48%～62.9%）等。

铁矿石中铁含量的分析方法主要有两种，汞盐重铬酸钾法和无汞重铬酸钾法。由于汞盐有剧毒，污染环境，危害人体健康，人们提出了改进方法，避免使用汞盐。无汞重铬酸钾法的应用较为普遍，也是国家标准分析方法之一。其基本原理是：在强酸性条件下，Fe^{3+} 通过 $SnCl_2$ 还原为 Fe^{2+}，Fe^{3+} 被还原完全的终点，用钨酸钠（也可用甲基橙、中性红、次甲基蓝等）溶液来指示。本实验以甲基橙指示终点。即 Sn^{2+} 将 Fe^{3+} 还原完全后，甲基橙也可被 Sn^{2+} 还原为氢化甲基橙而褪色，而指示终点。Sn^{2+} 还能继续使氢化甲基橙还原成 N，N-二甲基对苯二胺和对氨基苯磺酸钠，故略过量的 Sn^{2+} 也被消除，由于上述反应都不可逆，故甲基橙的还原产物不消耗 $K_2Cr_2O_7$。

铁矿石属于较难分解的矿物，分解速度很慢，分析试样应通过 200 目筛。铁矿石试样经盐酸溶解后，其中的铁转化为 Fe^{3+}。用 $SnCl_2$ 还原 Fe^{3+} 时，必须在 HCl 溶液中进行，且 HCl 浓度以 $4 \, mol \cdot L^{-1}$ 为好，大于 $6 \, mol \cdot L^{-1}$ 时 Sn^{2+} 先还原甲基橙为无色，无法指示 Fe^{3+} 的还原，且 Cl^- 浓度过高也可能会消耗 $K_2Cr_2O_7$；HCl 浓度低于 $2 \, mol \cdot L^{-1}$ 时，则甲基橙褪色缓慢。且反应温度不应低于 60～70 ℃，否则 $SnCl_2$ 易水解。反应完全后，以二苯胺磺酸钠为指示剂，用 $K_2Cr_2O_7$ 标准溶液滴定至溶液呈紫色即为终点。反应如下：

$$2FeCl_4^- + SnCl_4^{2-} + 2Cl^- \Longrightarrow SnCl_6^{2-} + 2FeCl_4^{2-}$$
$$6Fe^{2+} + Cr_2O_7^{2-} + 14H^+ \Longrightarrow 6Fe^{3+} + 2Cr^{3+} + 7H_2O$$

滴定过程中生成的 Fe^{3+} 呈黄色，影响终点的观察，一般在溶液中加入 H_3PO_4，使其与 Fe^{3+} 生成无色的 $Fe(HPO_4)_2^-$，以掩蔽 Fe^{3+}。同时由于生成 $Fe(HPO_4)_2^-$，使 Fe^{3+}/Fe^{2+} 电对的条件电位降低，滴定突越增大，指示剂可在突越范围内变色，从而减少滴定误差。

按下式计算铁的含量：

$$\text{Fe}_{含量} = \frac{c_{K_2Cr_2O_7} \cdot V_{K_2Cr_2O_7} \times 6M_{Fe}}{m_{试样}} \times 10 \times 100\%$$

三、实验器材

分析天平（0.1 mg）；酸式滴定管；容量瓶；锥形瓶；烧杯；量筒；烧杯。

四、实验试剂

10% $SnCl_2$（称取 10 g $SnCl_2$ 溶于 10 mL HCl 中，用水稀释至 100 mL）；5% $SnCl_2$；硫磷混酸（将 75 mL H_2SO_4 慢慢地加入到 250 mL 水中，冷却后加入 75 mL H_3PO_4，用水稀释至 500 mL，搅拌均匀）；HCl（浓）；3 mol·L^{-1} H_2SO_4；85% H_3PO_4；甲基橙；二苯胺磺酸钠；0.008 mol·L^{-1} $K_2Cr_2O_7$ 标准溶液；铁矿石试样（粉碎，过 200 目筛）；$FeSO_4 \cdot 7H_2O$。

五、操作步骤

1．铁矿石中铁含量的测定

用分析天平准确称取 1.0～1.2 g 铁矿石粉试样于 250 mL 烧杯中，以少量水润湿，加入 20 mL 浓 HCl，盖上表面皿，在通风橱中低温分解试样。若有带色不溶残渣，可滴加 10% $SnCl_2$ 20～30 滴助溶。试样分解完全时，剩余残渣应为白色（SiO_2）或接近白色，此时以少量水冲洗表面皿及烧杯内壁，冷却后将溶液定量转移至 250 mL 容量瓶中，稀释定容，摇匀。

用移液管准确移取 25.00 mL 上述试液于 250 mL 锥形瓶中，加入 8 mL 浓 HCl 加热至沸，加入 6 滴甲基橙，趁热边摇锥形瓶边慢慢滴加 10% $SnCl_2$，滴至溶液由橙色变为红色，再慢慢滴加 5% $SnCl_2$ 至溶液变为浅粉色，若摇动后粉色褪去，说明 $SnCl_2$ 已过量，可补加 1 滴甲基橙，以除去稍过量的 $SnCl_2$，此时溶液如呈浅粉色最好，不影响滴定终点。$SnCl_2$ 切不可过量。然后迅速用流水冷却，加蒸馏水 50 mL，硫磷混酸 20 mL，二苯胺磺酸钠 4 滴，并立即用 $K_2Cr_2O_7$ 标准溶液滴定至出现稳定的紫红色即为终点。平行测定 3 次，计算铁矿石试样中铁的含量。

2．铁盐中铁含量的测定

用分析天平准确称取 $FeSO_4 \cdot 7H_2O$ 约 2.8 g，置于 100 mL 烧杯中，加入 10 mL 3 mol·L^{-1} H_2SO_4，再加蒸馏水 30 mL 使其完全溶解，定量转移至 100 mL 容量瓶中，稀释定容，摇匀。

用移液管准确移取上述待测液 25.00 mL 于 250 mL 锥形瓶中，加蒸馏水 30 mL，加 3 mol·L^{-1} H_2SO_4，3 mL 85% H_3PO_4，加二苯胺磺酸钠指示剂 5～6 滴，以 $K_2Cr_2O_7$ 标准溶液滴定至溶液呈紫色或蓝紫色，即为终点。平行测定 3 次，计算铁盐中铁的含量。

六、数据记录与处理

将实验结果记录于表 7.12 中。

表 7.12　铁盐中铁含量的测定

指示剂：

测定项目	Ⅰ	Ⅱ	Ⅲ
铁样的质量(g)			
$K_2Cr_2O_7$ 标准溶液的浓度($mol \cdot L^{-1}$)			
$K_2Cr_2O_7$ 标准溶液的初读数(mL)			
$K_2Cr_2O_7$ 标准溶液的终读数(mL)			
$K_2Cr_2O_7$ 消耗的体积(mL)			
铁的含量(%)			
铁的含量的平均值(%)			
相对平均偏差(%)			

七、思考题

(1) 用 Sn^{2+} 还原 Fe^{3+} 时,为何要趁热反应? $SnCl_2$ 过量或不足量对实验有何影响?

(2) 本实验以 $K_2Cr_2O_7$ 标准溶液滴定 Fe^{2+} 时,为什么在滴定前要加入硫磷混酸?

(3) 本实验中甲基橙起什么作用?

(4) 氧化还原指示剂与酸碱指示剂有何不同?

实验十一　银量法测定氯化物中氯的含量(沉淀滴定法)

一、实验目的

(1) 学习 $AgNO_3$ 标准溶液的配制及标定方法。

(2) 掌握用莫尔法进行沉淀滴定的原理、方法和实验操作。

二、实验原理

　　某些可溶性氯化物中氯含量的测定常采用莫尔法。此法是在弱碱性或中性溶液中,以 K_2CrO_4 为指示剂,以 $AgNO_3$ 标准溶液进行滴定。由于 AgCl 的溶解度比 Ag_2CrO_4 小,因此溶液中先析出 AgCl 沉淀。当 AgCl 定量沉淀后,过量的 $AgNO_3$ 溶液即与 CrO_4^{2-} 生成砖红色 Ag_2CrO_4 沉淀指示终点。反应式如下:

$$Ag^+ + Cl^- \Longrightarrow AgCl \downarrow (白) \quad (K_{sp} = 1.8 \times 10^{-10})$$

$$2Ag^+ + CrO_4^{2-} \Longrightarrow Ag_2CrO_4 \downarrow (砖红) \quad (K_{sp} = 2.0 \times 10^{-12})$$

此滴定必须在中性或弱碱性溶液中进行,最适宜 pH 范围是 6.5～10.5。若有 NH_4^+ 存在,pH 应保持在 6.5～7.2。酸度过高,不产生 Ag_2CrO_4 沉淀,过低则形成 Ag_2O 沉淀。

指示剂的量对滴定终点的准确判断有影响,一般以 5×10^{-3} mol·L^{-1} 为宜。凡是能与 Ag^+ 生成难溶性化合物或络合物的阴离子都干扰测定,如 PO_4^{3-},AsO_4^{3-},SO_3^{2-},S^{2-},CO_3^{2-} 及 $C_2O_4^{2-}$ 等,其中 S^{2-} 可生成 H_2S,加热煮沸除去,SO_3^{2-} 可氧化成 SO_4^{2-} 而不再干扰。Cu^{2+},Co^{2+},Ni^{2+} 等有色离子影响终点的观察。凡是能与 CrO_4^{2-} 生成难溶化合物的阴离子也干扰测定,如 Ba^{2+},Pb^{2+} 能与 CrO_4^{2-} 生成沉淀,可加入过量的 Na_2SO_4 而消除。Al^{3+},Fe^{3+},Bi^{3+},Zr^{4+} 等高价金属离子在中性或弱碱性溶液中易水解而产生沉淀,也会干扰测定。

三、实验器材

电子天平(0.1 g);分析天平(0.1 mg);容量瓶;棕色试剂瓶;移液管;酸式滴定管;锥形瓶;烧杯;滴定台;滴定管夹。

四、实验试剂

$AgNO_3$;NaCl 基准试剂(将 NaCl 置于带盖的瓷坩埚中 500～600 ℃ 灼烧 30 min,稍冷转入干燥器中冷却备用);5% K_2CrO_4;氯化物试样。

五、操作步骤

1. 0.05 mol·L^{-1} $AgNO_3$ 溶液的配制

用电子天平称取 2.1 g $AgNO_3$ 溶液于 250 mL 不含 Cl^- 的蒸馏水中,将溶液转入棕色试剂瓶中,置暗处保存,以减缓因见光而分解的作用。

2. 0.05 mol·L^{-1} $AgNO_3$ 溶液的标定

用分析天平准确称取约 0.5～0.65 g NaCl 基准试剂于小烧杯中,用蒸馏水溶解,定量转入 100 mL 容量瓶,稀释定容,摇匀备用。

用移液管准确移取 25.00 mL NaCl 标准溶液于 250 mL 锥形瓶中,加 25 mL 水和 1 mL 5% K_2CrO_4 溶液,用 $AgNO_3$ 标准溶液滴至白色沉淀中呈现砖红色,即为终点。平行滴定 3 次,计算 $AgNO_3$ 标准溶液的浓度。

3. 试样分析

用分析天平准确称取氯化物试样约 2 g 于烧杯中,加水溶解后,定量转入 250 mL 容量瓶中,加水稀释至刻度,摇匀备用。

用移液管准确量取 25.00 mL 氯化物试液于 250 mL 锥形瓶中,加入 25 mL 水和 1 mL 5% K_2CrO_4 溶液,用 $AgNO_3$ 标准溶液滴定至白色沉淀中呈现砖红色,即为终点。平行滴定 3 次,计算试样中氯的含量。

实验完毕后,将装有 $AgNO_3$ 标准溶液的滴定管先用蒸馏水冲洗 2～3 次,再用自来水清洗干净,以免 AgCl 残留于管内。

六、数据记录与处理

将实验结果记录于表 7.13 和表 7.14 中。

表 7.13 AgNO$_3$ 溶液标定的实验结果

指示剂：_____

测定项目	I	II	III
NaCl 的质量(g)			
NaCl 标准溶液的浓度(mol·L^{-1})			
NaCl 标准溶液的用量(mL)			
AgNO$_3$ 标准溶液的消耗量(mL)			
AgNO$_3$ 标准溶液的浓度(mol·L^{-1})			
AgNO$_3$ 浓度的平均值(mol·L^{-1})			
相对平均偏差(%)			

表 7.14 氯含量测定的实验结果

指示剂：_____

测定项目	I	II	III
氯化物的质量(g)			
AgNO$_3$ 标准溶液的浓度(mol·L^{-1})			
AgNO$_3$ 溶液的初读数(mL)			
AgNO$_3$ 溶液的终读数(mL)			
AgNO$_3$ 标准溶液的消耗量(mL)			
氯含量(%)			
氯含量的平均值(%)			
相对平均偏差(%)			

七、思考题

（1）AgNO$_3$ 标准溶液应装在酸式滴定管内还是碱式滴定管内？为什么？

（2）莫尔法测氯含量时为什么要控制溶液的 pH 在 6.5～10.5？

（3）滴定中指示剂 K$_2$CrO$_4$ 的量是否要控制？为什么？

实验十二　邻二氮菲分光光度法测微量铁（分光光度法）

一、实验目的

(1) 学习分光光度法确定实验条件的方法。

(2) 掌握邻二氮菲分光光度法测定微量铁的原理和方法。

(3) 了解分光光度计的构造、性能及使用方法。

二、实验原理

邻二氮菲(1,10-二氮杂菲,phen)，也称邻菲罗啉，是测定微量铁的一个很好的显色剂。在 pH = 2～9 范围内（一般控制在 5～6 间），邻二氮菲与 Fe^{2+} 生成稳定的橙红色配合物 $[Fe(Phen)_3]^{2+}$，$\lg K_稳 = 21.3$，反应式为

该配合物的最大吸收波长在 510 nm 处，摩尔吸光系数 $\varepsilon_{510} = 1.1 \times 10^4$ L·mol^{-1}·cm^{-1}。Fe^{3+} 也能与邻二氮菲作用生成浅蓝色配合物，$\lg K_稳 = 14.1$，稳定性较差，因此在显色前常加入还原剂盐酸羟胺($NH_2OH·HCl$)使 Fe^{3+} 还原为 Fe^{2+}，反应式为

$$2Fe^{3+} + 2NH_2OH·HCl \longrightarrow 2Fe^{2+} + N_2\uparrow + 2H_2O + 4H^+ + 2Cl^-$$

测定时，控制溶液 pH = 5 较为适宜，酸度高，反应进行较慢；酸度太低，则 Fe^{2+} 水解，影响显色。

本法不仅灵敏度高、稳定性好，而且选择性很高。相当于含铁量 40 倍的 Sn^{2+}，Al^{3+}，Ca^{2+}，Mg^{2+}，Zn^{2+}，SiO_3^{2-}，20 倍的 Cr^{3+}，Mn^{2+}，PO_4^{3-} 和 5 倍的 Co^{2+}，Ni^{2+}，Cu^{2+} 不干扰测定。因而是目前普遍采用的一种方法。

用分光光度法测定物质的含量，为了使测定有较高的灵敏度和准确度，必须通过实验确定实验条件，如测量波长、溶液酸度、显色剂用量、显色时间、温度、溶剂以及共存离子的干扰及消除方法等。本实验只做几个基本的条件实验，以便初学者掌握确定实验条件的方法。

条件实验的一般步骤为：改变其中一个因素，暂时固定其他因素，显色后测量相应溶液吸光度，通过吸光度与变化因素的曲线来确定实验条件的适宜值或适宜范围。

根据朗伯-比尔定律：$A = \varepsilon bc$。当入射光波长 λ 及光程 b 一定时，在一定浓度范围内，

有色物质的吸光度 A 与该物质的浓度 c 成正比。分光光度法一般采用标准曲线法,即配制一系列浓度的标准溶液,在实验条件下依次测量各标准溶液的吸光度(A),以溶液的浓度 c 为横坐标,相应的吸光度 A 为纵坐标,绘制 A-c 标准曲线。在同样的实验条件下,测定待测溶液的吸光度,根据测得的 A 值从标准曲线上查出相应的浓度值,即可计算试样中被测物质的浓度。

三、实验器材

分析天平(0.1 mg);电子天平(0.1 g);移液管;容量瓶;pH 计;紫外可见分光光度计。

四、实验试剂

(1) 100.0 mg·L^{-1} 铁标准储备液:用分析天平准确称取 0.863 6 g $NH_4Fe(SO_4)_2$·$12H_2O$ 于烧杯中,以 50 mL 1∶1 HCl 溶解后转入 1 000 mL 容量瓶中,加水稀释至刻度,摇匀;

(2) 10.00 mg·L^{-1} 铁标准溶液:用移液管移取上述铁标准储备液 10.00 mL 于 100 mL 容量瓶中,加水稀释至刻度,摇匀;

(3) 0.15% 邻二氮菲水溶液:用电子天平称取 0.15 g 邻二氮菲,先以少量乙醇溶解,再以水稀释至 100 mL,避光保存,溶液颜色变暗时即不能使用;

(4) 10% 盐酸羟胺溶液(现配现用);

(5) 1 mol·L^{-1} NaAc 溶液;

(6) 1 mol·L^{-1} NaOH 溶液;

(7) 1∶1 HCl;

(8) 含铁待测液。

五、操作步骤

1. 测定条件的选择(条件实验)

(1) 吸收曲线的绘制和测量波长的选择。

取 2 只 50 mL 洁净的容量瓶依次编号 1 和 2,贴好标签。用吸量管分别加入 0.00、8.00 mL 10.00 mg·L^{-1} 铁标准溶液,1.00 mL 10% 盐酸羟胺溶液,摇匀后放置 2 min,再加入 2.00 mL 0.15% 邻二氮菲溶液以及 5.00 mL 1 mol·L^{-1} NaAc 溶液,以水稀释至刻度,摇匀。

取 2 只 1 cm 的吸收池,以蒸馏水洗净后,分别以 1 号、2 号溶液润洗 2~3 次,然后分别装入 1 号、2 号溶液。在分光光度计上,以 1 号试剂空白溶液为参比,在 440~560 nm 之间,每隔 10 nm 测一次 2 号溶液的吸光度 A(最大吸收波长附近,每隔 5 nm)。记录测定数据。以波长为横坐标,吸光度为纵坐标,绘制吸收曲线。选择吸收曲线的峰值处波长为铁的测量波长(最大吸收波长)。

(2) 显色时间的选择。

取 1 只 50 mL 洁净的容量瓶,用吸量管依次加入 8.00 mL 10.00 mg·L^{-1} 铁标准溶液,

1.00 mL 盐酸羟胺溶液,摇匀后放置 2 min,再加入 2.00 mL 邻二氮菲溶液、5.00 mL NaAc,以水稀释至刻度,摇匀。在最大吸收波长处,立即以 1 号试剂空白溶液为参比,测定一次吸光度,经 5、10、30、60 和 120 min 后,各测一次吸光度。以时间 t 为横坐标,吸光度 A 为纵坐标,绘制 A-t 曲线,从曲线上确定显色反应完全所需要的适宜时间。

(3) 显色剂浓度的选择。

取 50 mL 容量瓶 7 个,用吸量管准确吸取 10.00 mg·L^{-1} 铁标准溶液 8.00 mL 于各容量瓶中,加入 1.00 mL 盐酸羟胺摇匀,再加入 5.00 mL NaAc,然后分别加入邻二氮菲溶液 0.3、0.6、1.0、1.5、2.0、3.0 和 4.0 mL,以水稀释至刻度,摇匀。在测量波长处,以 1 号试剂空白溶液为参比测定不同用量显色剂溶液的吸光度。然后以邻二氮菲加入的体积为横坐标,吸光度为纵坐标,绘制 A-$V_{显色剂}$ 曲线,从曲线上确定显色剂最佳加入量。

(4) 溶液酸度的选择。

取 50 mL 容量瓶 8 个,用吸量管分别依次加入 8.00 mL 铁标准溶液、1.00 mL 盐酸羟胺溶液,摇匀后放置 2 min,再加入 2.00 mL 邻二氮菲溶液,摇匀。依次用吸量管准确吸取加入 1 mol·L^{-1} NaOH 0.00、0.20、0.50、1.00、1.50、2.00、2.50 和 3.00 mL,以水稀释至刻度,摇匀。放置 10 min 待测。在测量波长处,以 1 号试剂空白溶液为参比测定各溶液的吸光度。同时用 pH 计测量各溶液的 pH。以 pH 为横坐标,吸光度为纵坐标,绘制 A-pH 曲线,从曲线上确定最适宜的酸度范围。

(5) 根据上面条件实验的结果,找出邻二氮菲分光光度法测定铁的测定条件并讨论之。

2. 铁含量的测定(标准曲线法)

(1) 标准曲线的绘制。

取 25 mL 容量瓶 6 个,分别准确吸取铁标准溶液 0.00、1.00、2.00、3.00、4.00 和 5.00 mL 于各容量瓶中,各加 1.00 mL 10% 盐酸羟胺溶液,摇匀后放置 2 min,再加入 2.00 mL 0.15% 邻二氮菲溶液、5.00 mL 1 mol·L^{-1} NaAc,以水稀释至刻度,摇匀。在最大吸收波长处以 1 号试剂空白溶液为参比测定各溶液的吸光度,以含铁量为横坐标,吸光度为纵坐标,绘制标准曲线。

(2) 试样铁含量的测定。

吸取待测液 5.00 mL 于 25 mL 容量瓶中,按上述标准曲线相同条件和步骤测定其吸光度。根据未知液吸光度,在标准曲线上查出其对应的铁含量,计算试样中微量铁的含量 (mg·L^{-1})。

六、数据记录与处理

将实验结果记录于表 7.15 和表 7.16 中。

表 7.15　吸收曲线的绘制

紫外可见分光光度计型号:＿＿＿＿＿＿

波长 λ(nm)	440	460	480	500	505	510	515	520	540	560
吸光度 A										

λ_{max} = ＿＿＿＿＿＿ nm。

其他条件实验的记录可以参照表 7.15,自行设计列表。

表 7.16　铁含量的测定(标准曲线法)

紫外可见分光光度计型号:＿＿＿

溶　液	10.00 mg·L⁻¹铁标准溶液						待测液
实验编号	1	2	3	4	5	6	7
加入溶液的体积(mL)							
含铁量(mg·L⁻¹)							
吸光度 A							

七、思考题

(1) 邻二氮菲分光光度法测定微量铁时为何要加入盐酸羟胺溶液?

(2) 邻二氮菲与铁的显色反应,其主要条件有哪些?

(3) 参比溶液有什么作用? 在本实验中可否用蒸馏水作参比?

(4) 吸收曲线与标准曲线有何区别? 在实际应用中有何意义?

实验十三　水泥熟料全分析(综合实验)

一、实验目的

(1) 了解在同一份试样中进行多组分测定的系统分析方法。

(2) 了解重量法测定水泥熟料中 SiO_2 含量的原理和方法。

(3) 进一步掌握配位滴定中,通过溶液酸度、温度及选择合适的掩蔽剂和指示剂等,在多组分共存时测定方法的选择。

(4) 掌握水浴加热、沉淀、过滤、灰化、灼烧等实验操作技术。

二、实验原理

水泥熟料是调和生料经 1 400 ℃以上的高温煅烧而成的。通过熟料分析,可以检验熟料质量和烧成情况的好坏,根据分析结果,可及时调整原料的配比以控制生产。普通硅酸盐水泥熟料的主要化学成分及其控制范围如表 7.17 所示。

表 7.17　普通水泥熟料的主要化学成分及含量控制范围

主要化学成分	含量范围(质量分数,%)	一般控制范围(质量分数,%)
SiO_2	18~24	20~24
Fe_2O_3	2.0~5.5	3~5

续表

主要化学成分	含量范围(质量分数,%)	一般控制范围(质量分数,%)
Al_2O_3	4.0~9.5	5~7
CaO	60~68	63~68
MgO	<5	<4.5

对水泥熟料的分析,就是对其所含的主要化学成分的含量进行测定。

1. 水泥熟料试样的分解

水泥熟料主要为硅酸二钙($2CaO \cdot SiO_2$)、硅酸三钙($3CaO \cdot SiO_2$)、铝酸三钙($3CaO \cdot Al_2O_3$)和铁铝酸四钙($4CaO \cdot Al_2O_3 \cdot Fe_2O_3$)的混合物,这些混合物易为酸所分解。故当它们与盐酸作用时,生成硅酸和可溶性的氯化物,反应式如下:

$$2CaO \cdot SiO_2 + 4HCl \longrightarrow 2CaCl_2 + H_2SiO_3 + H_2O$$
$$3CaO \cdot SiO_2 + 6HCl \longrightarrow 3CaCl_2 + H_2SiO_3 + 2H_2O$$
$$3CaO \cdot Al_2O_3 + 12HCl \longrightarrow 3CaCl_2 + 2AlCl_3 + 6H_2O$$
$$4CaO \cdot Al_2O_3 \cdot Fe_2O_3 + 20HCl \longrightarrow 4CaCl_2 + 2AlCl_3 + 2FeCl_3 + 10H_2O$$

硅酸是一种很弱的无机酸,在水溶液中绝大部分以溶胶状态存在(分散在水溶液中),其化学式以 $SiO_2 \cdot nH_2O$ 表示。用浓酸和加热蒸干等方法处理后,能使绝大部分硅酸水溶胶脱水成水凝胶析出,因此可以利用沉淀分离的方法把硅酸与水泥中的铁、铝、钙、镁等组分分开。

2. SiO_2 含量的测定原理

本实验以重量法测定 SiO_2 的含量。对水泥熟料经酸分解后的溶液,采取加热蒸发近干和加固体氯化铵两种措施,使水溶性胶状硅酸尽可能全部脱水析出。蒸干脱水是将溶液控制在 100~110 ℃下进行。由于 HCl 的蒸发,硅酸中所含的水分大部分被带走,硅酸水溶胶即成为水凝胶析出。由于溶液中的 Fe^{3+},Al^{3+} 等离子在温度超过 110 ℃时易水解生成难溶性的碱式盐混在硅酸凝胶中,这样将使 SiO_2 的结果偏高,而使 Fe_2O_3,Al_2O_3 等的结果偏低,故加热蒸干宜采用水浴以严格控制温度。

加入固体 NH_4Cl 后,由于 NH_4Cl 易水解生成 $NH_3 \cdot H_2O$ 和 HCl,加热的情况下,它们易挥发逸去,从而消耗了水,加速了硅酸水溶胶的脱水过程。

含水硅酸的组成不固定,故沉淀经过过滤、洗涤、烘干后,还需经 950~1 000 ℃高温灼烧成固定成分 SiO_2,然后称量,根据沉淀的质量计算 SiO_2 的质量分数。灼烧时,硅酸凝胶不仅失去吸附水,还进一步失去结合水,脱水过程的变化如下:

$$H_2SiO_3 \cdot H_2O \xrightarrow{110\,℃} H_2SiO_3 \xrightarrow{950 \sim 1\,000\,℃} SiO_2$$

灼烧得到的 SiO_2 应为雪白的疏松粉末,若粉末为灰色、黄色或红棕色,则说明不纯。在要求较高的测定中,应用 HF-H_2SO_4 处理后重新灼烧,此时 SiO_2 变为 SiF_4 挥发,称量,扣除混入杂质的质量。

3. 铁、铝、钙、镁等组分的测定原理

水泥中的铁、铝、钙、镁等组分以 Fe^{3+},Al^{3+},Ca^{2+},Mg^{2+} 等离子形式存在于过滤硅酸沉淀后的滤液中,它们都与 EDTA 形成稳定的配离子。但这些配离子的稳定性有较显著的差别,因此只要控制适当的酸度,就可用 EDTA 分别滴定它们。

（1）直接滴定法测定铁。

测定 Fe^{3+} 时需控制酸度 pH=1.5～2.5。当 pH=1.5 时，结果偏低；pH>3 时，Fe^{3+} 开始形成红棕色氢氧化物，往往无滴定终点，共存的 Ti^{4+} 和 Al^{3+} 的影响也显著增加。

滴定时一般以磺基水杨酸或其钠盐为指示剂，其水溶液无色。在 pH=1.5～2.5 时，磺基水杨酸与 Fe^{3+} 形成的配合物为红紫色。由于 Fe-磺基水杨酸配合物不及 Fe-EDTA 稳定，故临近终点时加入的 EDTA 便会夺取 Fe^{3+}，使磺基水杨酸游离出来，故终点时溶液由红紫色变为亮黄色。

滴定时溶液的温度以 60～70 ℃为宜。当温度高于 75 ℃，并有 Al^{3+} 离子存在时 Al^{3+} 可能与 EDTA 配合，使 Fe_2O_3 的测定偏高，Al_2O_3 的结果偏低；当温度低于 50 ℃时，则反应速度缓慢，不易得到准确的终点。

（2）返滴定法测定铝。

以 PAN 为指示剂的铜盐回滴法是普遍采用的一种测定铝的方法。因为 Al^{3+} 与 EDTA 的配合物作用进行得较慢，不宜采用直接滴定法。故一般先加入过量的 EDTA 溶液，并加热煮沸，使 Al^{3+} 离子与 EDTA 充分配合，然后用 $CuSO_4$ 标准溶液回滴过量的 EDTA。

Al-EDTA 配合物是无色的，PAN 指示剂在 pH=4.3 时是黄色的，故滴定开始前溶液呈黄色。随着 $CuSO_4$ 标准溶液的加入，Cu^{2+} 离子不断与过量的 EDTA 配合生成浅蓝色的 Cu-EDTA，溶液逐渐由黄色变为绿色。在过量的 EDTA 与 Cu^{2+} 完全反应后，继续加入 $CuSO_4$，则过量的 Cu^{2+} 即与 PAN 形成深红色配合物，由于蓝色的 Cu-EDTA 的存在，使得终点呈紫色。

这里需要注意的是，溶液中存在三种有色物质，而它们的含量又在不断变化，故溶液的颜色特别是在终点时的变化比较复杂。终点是否敏锐，取决于 Cu-EDTA 浓度的大小。终点时 Cu-EDTA 的量等于加入的过量的 EDTA 的量。一般来说，在 100 mL 溶液中加入的 EDTA 标准溶液（浓度在 0.015 mol·L^{-1} 附近的），以过量 10 mL 左右为宜。在这种情况下，实际观察到的终点颜色为紫红色。

（3）钙含量的测定。

在 pH≥12 时（一般以 NaOH 调节），共存的 Mg^{2+} 形成 $Mg(OH)_2$ 沉淀被掩蔽，加入钙指示剂与 Ca^{2+} 配位后呈酒红色，再用 EDTA 滴定，随着 EDTA 的不断加入，钙指示剂不断被游离出来，溶液呈纯蓝色，即为滴定终点。测出钙的含量。滴定时 Fe^{3+}，Al^{3+} 的干扰可用三乙醇胺掩蔽。

（4）镁含量的测定。

在另一份试液中，加入 pH=10 的氨性缓冲溶液，以 K-B 为指示剂（EBT 易被某些金属离子封闭），用 EDTA 标准溶液直接测定钙镁总量。再从钙镁总量中减去钙的量即为镁的含量。

三、实验器材

电炉；马弗炉；锥形瓶；烧杯；电子天平（0.1 g）；分析天平（0.1 mg）；酸式滴定管；瓷坩埚；漏斗；滤纸；移液管；量筒；容量瓶；表面皿；滴定台；滴定管夹。

四、实验试剂

浓盐酸;1:1 盐酸;3:97 稀盐酸;浓硝酸;2 mol·L^{-1} HNO$_3$;1:1 氨水;10% NaOH; NH$_4$Cl;1:1 三乙醇胺;0.015 mol·L^{-1} EDTA 标准溶液;0.016 mol·L^{-1} CuSO$_4$ 标准溶液;pH = 4.3 的 HAc-NaAc 缓冲溶液;pH = 10 的 NH$_3$·H$_2$O-NH$_4$Cl 缓冲溶液;0.05% 溴甲酚绿指示剂;10% 磺基水杨酸指示剂;0.2% PAN 指示剂;酸性铬蓝 K-萘酚绿 B(K-B 指示剂);钙指示剂。

五、操作步骤

1. SiO$_2$ 含量的测定

用分析天平准确称取试样 0.5 g 左右,置于干燥的 50 mL 烧杯中,加 2 g 固体 NH$_4$Cl,用平头玻璃棒混合均匀。滴加 3 mL 浓盐酸和 1 滴浓硝酸,充分搅匀,使试样充分分解,此时深灰色试样变为浅黄色糊状物。盖上表面皿。将烧杯置于沸水浴上,蒸发至近干(约需 10~15 min)。取下加 10 mL 热的稀盐酸(3:97),搅拌,使可溶性盐类溶解,以中速定量滤纸过滤,用胶头淀帚蘸以热的稀盐酸(3:97)擦洗玻璃棒及烧杯,并洗涤沉淀至洗涤液中不含 Cl$^-$ 为止。Cl$^-$ 可用 AgNO$_3$ 检验,检验方法:用表面皿接滤液 1~2 滴,加 1 滴 2 mol·L^{-1} HNO$_3$ 酸化,加入 2 滴 AgNO$_3$,若无白色浑浊,则 Cl$^-$ 已洗净。

将滤液及洗涤液保存在 250 mL 容量瓶中,并用水稀释至刻度,摇匀,供测定 Fe^{3+},Al^{3+},Ca^{2+},Mg^{2+} 等之用。

将沉淀和滤纸移至已称至恒重的瓷坩埚中,先在电炉上低温烘干,再升高温度使滤纸充分灰化,然后在 950~1 000 ℃的马弗炉内灼烧 30 min。取出,稍冷,再移置干燥器中冷却至室温(约需 15~40 min),称重。如此反复灼烧,直至恒重,即可求出 SiO$_2$ 的百分含量。

2. Fe$_2$O$_3$ 含量的测定

用移液管准确移取分离 SiO$_2$ 后之滤液 50.00 mL,置于 500 mL 烧杯中,加 2 滴 0.05% 溴甲酚绿指示剂,此时溶液呈黄色,逐滴滴加 1:1 氨水,使之为绿色,然后加入 1:1 的 HCl 调节溶液的酸度,至呈黄色后再过量 3 滴,此时溶液 pH 约为 2。加热至约 70 ℃取下,加 6~8 滴 10% 磺基水杨酸,以 EDTA 标准溶液滴定。滴定开始时溶液呈红紫色,此时滴定速度宜稍快些,当溶液开始呈浅红紫色时滴定放慢,一定要每加一滴,摇匀并观察现象。最好同时加热,直至滴至溶液变为亮黄色时,即为终点。记录消耗的 EDTA 标准溶液的体积。

3. Al$_2$O$_3$ 含量的测定

在上述滴定测铁含量后的溶液中,加入 EDTA 标准溶液约 20 mL,记下读数,以水稀释至 200 mL,搅拌均匀。然后加入 15 mL pH = 4.3 的 HAc-NaAc 缓冲溶液,以精密试纸检验酸度。煮沸 1~2 min 后,冷至 90 ℃左右,加入 4 滴 0.2% PAN 指示剂,以 CuSO$_4$ 标准溶液滴定。开始时溶液呈黄色,随着 CuSO$_4$ 溶液的加入,颜色逐渐变绿且逐渐加深,出现蓝绿变为灰绿色的过程,在灰绿色溶液中再加 1 滴 CuSO$_4$,溶液变为亮紫色即为终点。记录消耗的 CuSO$_4$ 标准溶液的体积。

4. CaO 含量的测定

用移液管准确移取分离 SiO_2 后的滤液 25.00 mL,于 250 mL 锥形瓶中,加去离子水稀释至约 50 mL,加 4 mL 1∶1 三乙醇胺,摇匀后再加 5 mL 10% NaOH 溶液,再摇匀,加入约 0.01 g 固体钙指示剂(用药勺小头取约 1 勺),此时溶液呈酒红色。然后以 EDTA 标准溶液滴定至溶液呈蓝色,即为终点。记录消耗的 EDTA 标准溶液的体积 V_1。

5. MgO 含量的测定

用移液管准确移取分离 SiO_2 后的滤液 25.00 mL,于 250 mL 锥形瓶中,加去离子水稀释至约 50 mL,加 4 mL 1∶1 三乙醇胺,摇匀后加入 5 mL pH = 4.3 的 $NH_3 \cdot H_2O$-NH_4Cl 缓冲溶液,再摇匀,然后加入适量 K-B 指示剂,以 EDTA 标准溶液滴定至溶液呈蓝色,即为终点。记录消耗的 EDTA 标准溶液的体积 V_2。

六、数据记录与处理

将实验结果记录于表 7.18~表 7.21 中。

表 7.18　SiO_2 含量测定的实验结果

称取水泥熟料的质量:$m =$ _____ g

测定项目	第 1 次称量(g)	第 2 次称量(g)	……	恒重时质量(g)
瓷坩埚的质量(g)				
瓷坩埚 + SiO_2 的质量(g)				
SiO_2 的质量(g)				
SiO_2 含量(%)				

表 7.19　Fe_2O_3 含量测定的实验结果

测定项目	Ⅰ	Ⅱ	Ⅲ
$V_{试液}$(mL)			
c_{EDTA}(mol · L^{-1})			
EDTA 的初读数(mL)			
EDTA 的终读数(mL)			
V_{EDTA}(mL)			
Fe_2O_3 含量(%)			
Fe_2O_3 含量的平均值(%)			
相对平均偏差(%)			

表 7.20　Al_2O_3 含量测定的实验结果

测定项目	Ⅰ	Ⅱ	Ⅲ
V_{EDTA}(mL)			
c_{EDTA}(mol · L^{-1})			
$CuSO_4$ 的浓度(mol · L^{-1})			

续表

测定项目	Ⅰ	Ⅱ	Ⅲ
$CuSO_4$ 的初读数(mL)			
$CuSO_4$ 的终读数(mL)			
消耗 $CuSO_4$ 的体积(mL)			
Al_2O_3 含量(%)			
Al_2O_3 含量的平均值(%)			
相对平均偏差(%)			

表 7.21　CaO、MgO 含量测定的实验结果

测定项目	Ⅰ	Ⅱ	Ⅲ
$V_{试液}$(mL)			
EDTA 的初读数(mL)			
EDTA 的终读数(mL)			
消耗 EDTA 的 V_1(mL)			
CaO 含量(%)			
CaO 含量的平均值(%)			
相对平均偏差(%)			
EDTA 的初读数(mL)			
EDTA 的终读数(mL)			
消耗 EDTA 的 V_2(mL)			
$V_1 - V_2$(mL)			
MgO 含量(%)			
MgO 含量的平均值(%)			
相对平均偏差(%)			

七、思考题

(1) 如何分解水泥熟料试样？分解后被测组分以什么形式存在？

(2) 试样分解后加热蒸发的目的是什么？操作中应注意些什么？

(3) 本实验以什么方法测定 SiO_2 含量？其原理是什么？

(4) 在测定 SiO_2、Fe_2O_3、Al_2O_3 时，操作中各应注意些什么？

(5) 在钙的测定中，为什么要先加三乙醇胺而后加氢氧化钠溶液？

第八章　有机化学实验

实验一　环己烯的制备

一、实验目的

(1) 学习在酸催化下醇脱水制备烯烃的原理和方法。

(2) 进一步巩固和学习分馏、简单蒸馏的装置及操作方法。

(3) 巩固使用分液漏斗洗涤液体的操作及采用干燥剂干燥液体的方法。

二、实验原理

相对分子量低的烯烃比如乙烯、丙烯、丁二烯等是合成材料工业的基本原料,工业上主要由石油裂解或者催化加氢分离提纯制得。而在实验室中,主要通过醇的脱水及卤代烃脱卤化氢两种方法制得。

醇的脱水,可用氧化铝或者分子筛在高温(350~400 ℃)进行催化脱水,也可以用酸催化脱水的方法。常用的脱水剂有硫酸、磷酸、对甲苯磺酸及硫酸氢钾等。在本实验中就是采用磷酸催化环己醇脱水制备环己烯。一般认为,这是一个通过碳正离子中间体进行的单分子消去反应(E1),形成的烯烃满足 Saytzeff(查依采夫)规律。

主反应:

$$\text{环己醇} \xrightarrow{85\% \ H_3PO_4} \text{环己烯} + H_2O$$

副反应:

$$\text{环己醇} \xrightarrow{85\% \ H_3PO_4} \text{二环己基醚} + H_2O$$

环己醇分子间脱水形成醚。

主反应为可逆反应,为了提高产率,本实验采用的措施是:边反应边蒸出反应生成的环己烯和水形成的二元共沸物(沸点 70.8 ℃,含水 10%)。但是原料环己醇也能和水形成二元共沸物(沸点 97.8 ℃,含水 80%)。为了使产物以共沸物的形式蒸出反应体系,而又不夹带原料环己醇,本实验采用分馏装置,并控制柱顶温度不超过 73 ℃。

反应采用 85%的磷酸为催化剂,而不用浓硫酸作催化剂,是因为磷酸氧化能力较硫酸弱得多,减少了氧化副反应。

三、物理常数

相关物理常数如表8.1所示。

表8.1   物理常数

名　称	性　状	分子量	比重(d)	熔点(℃)	沸点(℃)	折光率(n)	溶解性		
							水	乙醇	乙醚
环己醇	无色有樟脑气味的晶体或液体	100.16	0.962 4	25.2	161	1.461	略溶	溶	溶
环己烯	无色透明液体,有特殊刺激性气味	82.14	0.810	-103.7	83.3	1.445 0	难溶	易溶	易溶

四、实验器材

圆底烧瓶(50 mL 2 个);维氏(Vigreux)分馏柱(1 支);直形冷凝管(1 支);蒸馏头(1 个);温度计(1 支);温度计套管(1 个);接引管(1 个);锥形瓶(25 mL 2 个);量筒(25 mL 1 个);电热套(1 个)。

五、实验试剂

环己醇 9.6 g,10 mL(0.096 mol);85%磷酸 5 mL;饱和食盐水;无水氯化钙。

六、实验装置

实验装置如图8.1和图8.2所示。

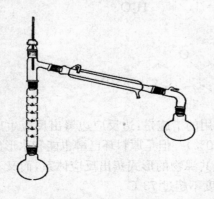

图8.1   反应分馏装置

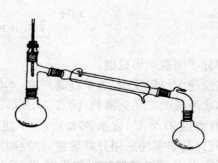

图8.2   常压蒸馏装置

七、操作步骤

(1) 在 50 mL 干燥的圆底烧瓶中,放入 10 mL 环己醇及 5 mL 85%磷酸,充分摇荡使两种液体混合均匀。投入几粒沸石。

(2) 按照如图 8.1 所示安装分馏装置。用 50 mL 圆底烧瓶作接收器,置于碎冰浴里。

(3) 用小火慢慢加热混合物至沸腾,以较慢速度进行蒸馏,并控制分馏柱顶部温度不超过 73 ℃。当无液体蒸出时,加大火焰,继续蒸馏。当温度计达到 85 ℃时,停止加热,烧瓶中只剩下很少量的残渣并出现阵阵白雾。蒸出液为环己烯和水的混浊液。

(4) 圆底烧瓶中的粗产物,用滴管吸去水层,加入等体积的饱和食盐水,摇匀后静置待液体分层。用吸管吸去水层,油层转移到干燥的小锥形瓶中,加入少量的无水氯化钙干燥之。

(5) 将干燥后的粗制环己烯在水浴上进行蒸馏,收集 80～85 ℃的馏分。所用的蒸馏装置必须是干燥的。

八、操作要点

(1) 环己醇在室温下为黏稠的液体(m.p. 25.2 ℃),量筒内的环己醇难以倒净,会影响产率。若采用称量法则可避免损失。

(2) 磷酸有一定的氧化性,因此,磷酸和环己醇必须混合均匀后才能加热,否则反应物会被氧化。

(3) 小火加热至沸腾,调节加热速度,以保证反应速度大于蒸出速度,使分馏得以连续进行,控制柱顶温度不超过 73 ℃,防止未反应的环己醇蒸出,降低反应产率。反应时间 40 min 左右。

(4) 用饱和 NaCl 水溶液洗涤的目的是洗去有机层中水溶性杂质,减少有机物在水中的溶解度。

(5) 干燥剂的用量应适量。过少,水没法除尽,蒸馏中前馏分较多;过多,干燥剂会吸附产品,降低产率。

(6) 粗产物要充分干燥后方可进行蒸馏。蒸馏所用仪器(包括接收器)要全部干燥。

(7) 反应终点的判断:

① 圆底烧瓶中出现白雾;

② 柱顶温度下降后又回升至 85 ℃以上;

③ 接收器中馏出物(环己烯-水的共沸物)的量达到理论计算值。

九、思考题

(1) 在环己烯制备实验中,为什么要控制分馏柱顶温度不超过 73 ℃?

(2) 环己烯的制备过程中,如果实验产率太低,试分析可能是在哪些操作步骤中造成损失?

(3) 用磷酸作脱水剂比用浓硫酸作脱水剂有什么优点?

(4) 在纯化环己烯时,用等体积的饱和食盐水洗涤,而不用水洗涤,目的何在?

十、实验的成败关键

反应温度的控制和反应终点的判断。

实验二 1-溴丁烷的制备

一、实验目的

(1) 掌握由醇制备溴丁烷的原理和方法。

(2) 掌握回流及气体吸收装置。

二、实验原理

卤代烃是一类重要的有机合成中间体。通过卤代烃的取代反应,能制备多种有用的化合物,如腈、胺、醚等。实验室中制备卤代烃最常用的方法是将结构对应的醇通过亲核取代反应转变为卤代物。最常用的卤代试剂为卤代酸、三卤化磷和氯化亚砜。1-溴丁烷是由正丁醇与卤代试剂(溴化钠和浓硫酸反应生成的氢溴酸),通过亲核取代反应而制得的。

主反应:

$$NaBr + H_2SO_4 \longrightarrow NaHSO_4 + HBr$$

$$n\text{-}C_4H_9OH + HBr \xrightarrow{H_2SO_4} n\text{-}C_4H_9Br + H_2O$$

副反应:

$$n\text{-}C_4H_9OH + \xrightarrow{H_2SO_4} CH_3CH_2CH \!\!=\!\! CH_2 + H_2O$$

$$2n\text{-}C_4H_9OH \xrightarrow{H_2SO_4} (n\text{-}C_4H_9)_2O + H_2O$$

本实验主反应为可逆反应,为了提高产率,一方面采用 HBr 过量;另一方面使用 NaBr 和 H_2SO_4 代替 HBr,使 HBr 边生成边参与反应,这样可提高 HBr 的利用率,同时 H_2SO_4 还起到催化脱水作用。反应中,为防止反应物正丁醇及产物 1-溴丁烷逸出反应体系,反应采用回流装置。由于 HBr 有毒且 HBr 气体难以冷凝,为防止 HBr 逸出,污染环境,需安装气体吸收装置。回流后再进行粗蒸馏,一方面使生成的产品 1-溴丁烷分离出来,便于后面的分离提纯操作;另一方面,粗蒸过程可进一步使醇与 HBr 的反应趋于完全。

粗产品中含有未反应的醇和副反应生成的醚,用浓 H_2SO_4 洗涤可将它们除去。因为二者能与浓 H_2SO_4 形成烊盐:

$$C_4H_9OH + H_2SO_4 \longrightarrow [C_4H_9\overset{+}{O}H_2]HSO_4^-$$

$$C_4H_9OC_4H_9 + H_2SO_4 \longrightarrow \left[C_4H_9\overset{+}{\underset{H}{O}}C_4H_9\right]HSO_4^-$$

如果 1-溴丁烷中含有正丁醇,蒸馏时会形成沸点较低的前馏分(1-溴丁烷和正丁醇的共沸混合物沸点为 98.6 ℃,含 1-溴丁烷 87%,正丁醇 13%),而导致精制品产率降低。

三、物理常数

相关物理常数如表 8.2 所示。

表 8.2 物理常数

名　称	性　状	分子量	比重(d)	熔点(℃)	沸点(℃)	折光率(n)	溶解度(g/100 mL 溶剂)		
							水	醇	醚
正丁醇	无色透明液体,有特殊气味	74.12	0.809 78	−89.12	117.7	1.399 3	7.920	∞	∞
正溴丁烷	无色透明有香味液体	137.0	1.299	−112.4	101.6	1.439 8	不溶	∞	∞
溴化钠	无色立方晶体或白色粉末	102.9	3.203	75.5	139.0	—	可溶	略溶	不溶
浓硫酸	无色无臭油状液体	98.08	1.84	10.35	340(分解)	—	∞		
1-丁烯	无色气体	56.10	0.594 6	−185.4	−6.3	1.377 7	不溶	易溶	易溶
正丁醚	无色透明液体	130.22	0.773	−97.9	142.4	1.399 2	<0.05	∞	∞

四、实验器材

圆底烧瓶(50 mL、100 mL 各 1 个);冷凝管(直形冷凝管、球形冷凝管各 1 支);温度计(1支);温度计套管(1 个);短颈漏斗(1 个);烧杯(800 mL 1 个);75°弯管(1 个);蒸馏头(1 个);接引管(1 个);锥形瓶(2 个);分液漏斗(1 个);电热套(1 个)。

五、实验试剂

正丁醇 5 g 6.2 mL(0.068 mol);溴化钠(无水)8.3 g(0.08 mol);浓硫酸 10 mL(0.18 mol);10%碳酸钠溶液;无水氯化钙。

六、实验装置

实验装置如图 8.3 和图 8.4 所示。

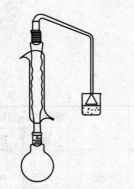 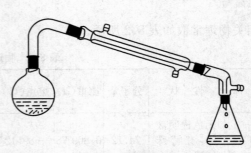

图 8.3　带气体吸收的回流装置　　　　　　　　**图 8.4　简易蒸馏装置**

七、操作步骤

1. 投料

在圆底烧瓶中加入 10 mL 水,再慢慢加入 10 mL 浓硫酸,混合均匀并冷至室温后,再依次加入 6.2 mL 正丁醇和 8.3 g 溴化钠,充分振荡后加入几粒沸石。

2. 安装装置

以电热套为热源,按如图 8.3 所示安装回流装置,含气体吸收部分(注意防止碱液被倒吸)。

3. 加热回流

在电热套上加热至沸,调整加热速度,以保持沸腾而又平稳回流,并不时摇动烧瓶促使反应完成。反应约 30～40 min。

4. 分离粗产物

待反应液冷却后,改回流装置为简易蒸馏装置(用直形冷凝管冷凝),蒸出粗产物(注意判断粗产物是否蒸完)。

5. 洗涤粗产物

将馏出液移至分液漏斗中,静置分层后,下层倒入干燥的锥形瓶,加入 3 mL 浓硫酸洗涤,在分液漏斗中静置分层。分出下层的浓硫酸。油层依次用 10 mL 水、5 mL 10%碳酸钠溶液和 10 mL 水洗涤后,转入干燥的锥形瓶中,加入 1～2 g 的无水氯化钙干燥,间歇振荡锥形瓶,直到液体清亮为止。

6. 收集产物

将干燥好的产物移至小蒸馏瓶中,蒸馏,收集 99～102 ℃的馏分。

八、操作要点

（1）加料时,不要让溴化钠黏附在液面以上的烧瓶壁上,加完物料后要充分摇匀,防止硫酸局部过浓,一加热就会产生氧化副反应,使产品颜色加深。

（2）加热时,一开始不要加热过猛,否则,反应生成的 HBr 来不及反应就会逸出,另外反应混合物的颜色也会很快变深。操作情况良好时,油层仅呈浅黄色,冷凝管顶端应无明显的HBr 逸出。

（3）蒸出 1-溴丁烷完全与否可从以下三方面判断:

① 蒸馏瓶内上层油层有否蒸完;

② 蒸出的液体是否由混浊变澄清;

③ 用盛清水的烧杯收集馏出液,有无油滴沉在下面。

（4）如果用磨口仪器,粗蒸时,也可将 75°弯管换成蒸馏头进行蒸馏,用温度计观察蒸气出口的温度,当蒸气温度持续上升到 105 ℃ 以上而馏出液增加甚慢时即可停止蒸馏,这样判断蒸馏终点比观察馏出液有无油滴更为方便准确。用浓硫酸洗涤粗产品时,一定要事先将油层与水层彻底分开,否则浓硫酸被稀释而降低洗涤的效果。如果粗蒸时蒸出的 HBr 洗涤前未分离除尽,加入浓硫酸后就被氧化生成 Br_2,而使油层和酸层都变为橙黄色或橙红色。

（5）酸洗后,如果油层有颜色,是由于氧化生成的 Br_2 造成的,在随后水洗时,可加入少量 $NaHSO_3$,充分振摇而除去。

$$Br_2 + 3NaHSO_3 \longrightarrow 2NaBr + NaHSO_4 + 2SO_2 + H_2O$$

（6）本实验最后蒸馏收集 99～102 ℃ 的馏分,但是由于干燥时间较短,水一般不能完全除尽。因此,水和产品形成的共沸物会在 99 ℃ 以前就被蒸出来,这称为前馏分,不能作为产品收集,要另用瓶接收,等到 99 ℃ 后,再用事先称重的干燥的锥形瓶接收产品。

九、思考题

（1）在正溴丁烷的制备实验中,硫酸浓度太高或太低会带来什么结果?

（2）在正溴丁烷的制备实验中,各步洗涤的目的是什么?

十、实验的成败关键

反应终点和粗蒸馏终点的判断;洗涤时有机层的判断。

在反应完成后,蒸馏得到的馏出液分为两层,判断哪一层为正溴丁烷是实验成败的关键。正常情况下,正溴丁烷在有水存在时是略带浑浊的无色液体,在下层。但如果蒸馏过度,溴化氢-正丁醇的二元混合物也随之蒸出,相对密度随之发生改变,正溴丁烷就可能变为上层。

实验三　2-甲基-2-己醇的合成

一、实验目的

(1) 了解格氏试剂在有机合成中的应用,掌握其制备原理和方法。

(2) 掌握制备格氏试剂的基本操作,学习电动搅拌机的安装和使用,巩固回流、萃取、蒸馏等操作。

二、实验原理

卤代烷烃与金属镁在无水乙醚中反应生成烃基卤化镁 RMgX,称为 Grignard 试剂。Grignard 试剂能与羰基化合物等发生亲核加成反应,产物经水解后可得到醇类化合物。本实验以 1-溴丁烷为原料、乙醚为溶剂制备 Grignard 试剂,而后再与丙酮发生加成、水解反应,制备 2-甲基-2-己醇。反应必须在无水、无氧、无活泼氢条件下进行,因为水、氧或其他活泼氢的存在都会破坏 Grignard 试剂。

$$n\text{-}C_4H_9Br + Mg \xrightarrow{\text{无水乙醚}} n\text{-}C_4H_9MgBr$$

$$n\text{-}C_4H_9MgBr + CH_3COCH_3 \xrightarrow{\text{无水乙醚}} n\text{-}C_4H_9\underset{\underset{\text{OMgBr}}{|}}{C}(CH_3)_2$$

$$n\text{-}C_4H_9\underset{\underset{\text{OMgBr}}{|}}{C}(CH_3)_2 + H_2O \xrightarrow{H^+} n\text{-}C_4H_9\underset{\underset{\text{OH}}{|}}{C}(CH_3)_2$$

三、物理常数

相关物理常数如表 8.3 所示。

表 8.3　物理常数

名　称	性　状	分子量	比重(d)	熔点(℃)	沸点(℃)	折光率(n)	溶解性		
							水	醇	醚
正溴丁烷	无色透明有香味液体	137.03	1.276 4	−112.4	101.6	1.439 8	不	∞	∞
2-甲基-2-己醇	无色或浅黄色透明液体	116.2	0.812 0	—	141～142	1.417 5	微溶	∞	∞
无水乙醚	无色有特殊气味的液体	74.12	0.713 8	−116.2	34.5	1.352 6	微溶	溶	溶

四、实验器材

圆底烧瓶(50 mL 1个);三口烧瓶(250 mL 1个);烧杯(250 mL 1个);冷凝管(直形冷凝管、球形冷凝管各1支);温度计(1支);温度计套管(1个);蒸馏头(1个);接引管(1个);锥形瓶(2个);分液漏斗(1个);恒压滴液漏斗(1个);干燥管(1个);酒精灯(1个);电动搅拌机(1个)。

五、实验试剂

镁条3.1 g(0.13 mol);正溴丁烷17 g(13.5 mL,约0.13 mol);丙酮7.9 g(10 mL,0.14 mol);无水乙醚(自制);乙醚;10%硫酸溶液;5%碳酸钠溶液;无水碳酸钾。

六、实验装置

实验装置如图8.5和图8.6所示。

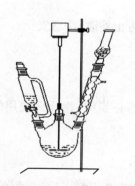
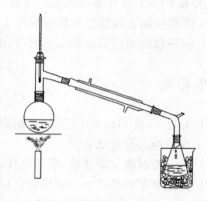

图8.5　带搅拌滴加的回流装置　　　　　　　图8.6　常压蒸馏装置

七、操作步骤

1. 正丁基溴化镁的制备

按实验装置图装配仪器(所有仪器必须干燥)。向三颈瓶内投入3.1 g镁条、15 mL无水乙醚及一小粒碘片;在恒压滴液漏斗中混合13.5 mL正溴丁烷和15 mL无水乙醚。

先向瓶内滴入约5 mL混合液,数分钟后溶液呈微沸状态,碘的颜色消失。若不发生反应,可用温水浴加热。反应开始比较剧烈,必要时可用冷水浴冷却。待反应缓和后,自冷凝管上端加入25 mL无水乙醚。开动搅拌(用手帮助旋动搅拌棒的同时启动调速旋钮,至合适转速),并滴入其余的正溴丁烷-无水乙醚混合液,控制滴加速度维持反应液呈微沸状态。滴加完毕后,在热水浴上回流20 min,使镁条几乎作用完全。

2. 2-甲基-2-己醇的制备

将上面制好的 Grignard 试剂在冰水浴冷却和搅拌下,自恒压滴液漏斗中滴入 10 mL 丙酮和 15 mL 无水乙醚的混合液,控制滴加速度,勿使反应过于猛烈。加完后,在室温下继续搅拌 15 min(溶液中可能有白色黏稠状固体析出)。将反应瓶在冰水浴冷却和搅拌下,自恒压滴液漏斗中分批加入 100 mL 10% 硫酸溶液,分解上述加成产物(开始滴入宜慢,以后可逐渐加快)。待分解完后,将溶液倒入分液漏斗中,分出醚层。水层每次用 25 mL 乙醚萃取两次,合并醚层,用 30 mL 5% 碳酸钠溶液洗涤一次,分液后,用无水碳酸钾干燥。

装配蒸馏装置。将干燥后的粗产物醚溶液分批滗入小烧瓶中,用温水浴蒸去乙醚,再在石棉网上直接加热蒸出产品,收集 138~142 ℃ 的馏分。

八、操作要点

(1) 镁屑不宜长期放存。长期放存的镁屑,需用 5% 的盐酸溶液浸泡数分钟,抽滤后,依次用水、乙醇、乙醚洗涤,干燥。

(2) 本实验采用简易密封。也可用磁力搅拌替代电动搅拌。

(3) 本实验所用仪器、药品必须充分干燥。1-溴丁烷用无水 $CaCl_2$ 干燥并蒸馏纯化,丙酮用无水 K_2CO_3 干燥并蒸馏纯化。仪器与空气连接处必须装 $CaCl_2$ 干燥管。

(4) 注意控制加料速度和反应温度。

(5) 使用和蒸馏低沸点物质乙醚时,要远离火源,防止外泄,注意安全。

九、思考题

(1) 实验中,将 Grignard 试剂与加成物反应水解前各步中,为什么使用的药品、仪器均需绝对干燥? 应采取什么措施?

(2) 反应若不能立即开始,应采取什么措施?

(3) 实验中有哪些可能的副反应? 应如何避免?

(4) 由 Grignard 试剂与羰基化合物反应制备 2-甲基-2-己醇,还可采用何种原料? 写出反应式。

十、实验的成败关键

(1) 严格按操作规程装配实验装置,电动搅拌棒必须垂直且转动顺畅。

(2) Grignard 试剂制备的所需仪器必须干燥。

(3) 反应的全过程应控制好滴加速度,使反应平稳进行。

(4) 干燥剂用量合理,且将产物醚溶液干燥完全。

实验四　正丁醚的制备

一、实验目的

(1) 掌握醇分子间脱水制醚的反应原理和实验方法。
(2) 学习分水器的实验操作。
(3) 巩固分液漏斗的实验操作。

二、实验原理

正丁醚是一种重要的有机溶剂,可作为树脂、橡胶、油类、脂肪、有机酸、酯等的溶剂,并在有机合成中作反应介质。正丁醚同水的分离性好,在贮存时生成过氧化物毒性和危险性小,是安全性很高的溶剂。

主反应:

$$2CH_3CH_2CH_2CH_2OH \xrightarrow[134 \sim 135\ ℃]{H_2SO_4} (CH_3CH_2CH_2CH_2)_2O + H_2O$$

副反应:

$$CH_3CH_2CH_2CH_2OH \xrightarrow[>135\ ℃]{H_2SO_4} CH_3CH_2CH=CH_2 + H_2O$$

为从可逆反应中获得较好收率,常采用的方法有两种:(1) 使廉价的原料过量;(2) 使反应产物之一生成后立即脱离反应区。本实验不存在第(1)种方法,只能采用第(2)种方法使生成的水迅速脱离反应区,故采用分水器一边反应一边蒸出生成水的方法。

三、物理常数

相关物理常数如表 8.4 所示。

表 8.4　物理常数

名　称	性　状	分子量	比重(d)	熔点(℃)	沸点(℃)	折光率(n)	溶解度(g/100 mL 溶剂)		
							水	乙醇	乙醚
正丁醇	无色透明液体,有特殊气味	74.32	0.810	−89.8	118.0	1.399 1	9	∞	∞
1-丁烯	无色气体	56.12	0.595 1	−185.4	−6.3	1.393 1	不溶	易溶	易溶
正丁醚	无色液体	130.23	0.768 9	−95.3	142	1.399 2	<0.05	∞	∞

四、实验器材

圆底烧瓶(50 mL 2 个);三口烧瓶(100 mL 1 个);冷凝管(空气冷凝管、球形冷凝管各 1 支);温度计(1 支);温度计套管(1 个);蒸馏头(1 个);接引管(1 个);锥形瓶(2 个);分液漏斗(1 个);分水器(1 个);电热套(1 个)。

五、实验试剂

正丁醇 15.5 mL;浓硫酸 2.5 mL;无水氯化钙 1 g;5%氢氧化钠 8 mL;饱和氯化钙 8 mL。

六、实验装置

实验装置如图 8.7 和图 8.8 所示。

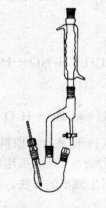
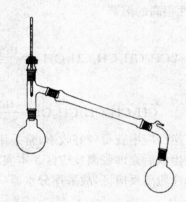

图 8.7　分水回流装置　　　　　　　　　图 8.8　常压蒸馏装置

七、操作步骤

(1) 在 100 mL 三口烧瓶中,加入 15.5 mL 正丁醇、2.5 mL 浓硫酸和几粒沸石,摇匀后,一口装上温度计,温度计插入液面以下,另一口装上分水器,分水器的上端接一回流冷凝管。

(2) 在分水器内放置$(V-1.7)$mL 水,另一口用塞子塞紧。

(3) 将三口瓶放在电热套上小火加热至微沸,进行分水。反应中产生的水经冷凝后收集在分水器的下层,上层有机相积至分水器支管时,即可返回烧瓶。大约经 1.5 h 后,三口瓶中反应液温度可达 134~136 ℃。当分水器全部被水充满时停止反应。若继续加热,则反应液变黑并有较多副产物烯生成。

(4) 将反应液冷却到室温后倒入盛有 25 mL 水的分液漏斗中,充分振摇,静置后弃去下层液体。上层粗产物依次用 12 mL 水、8 mL 5%氢氧化钠溶液、8 mL 水和 8 mL 饱和氯化钙溶液洗涤,用 1 g 无水氯化钙干燥。

(5) 干燥后的产物滤入 50 mL 蒸馏瓶中蒸馏,收集 140～144 ℃的馏分。

八、操作要点

(1) 加料时,正丁醇和浓硫酸如不充分摇动混匀,硫酸局部过浓,加热后易使反应溶液变黑。

(2) 本实验利用恒沸混合物蒸馏方法,采用分水器将反应生成的水层上面的有机层不断流回到反应瓶中,而将生成的水除去。在反应液中,正丁醚和水形成恒沸物,沸点为 94.1 ℃,含水 33.4%。正丁醇和水形成恒沸物,沸点为 93 ℃,含水 45.5%。正丁醚和正丁醇形成二元恒沸物,沸点为 117.6 ℃,含正丁醇 82.5%。此外正丁醚还能和正丁醇、水形成三元恒沸物,沸点为 90.6 ℃,含正丁醇 34.6%,含水 29.9%。这些含水的恒沸物冷凝后,在分水器中分层。上层主要是正丁醇和正丁醚,下层主要是水。利用分水器可以使分水器上层的有机物流回反应器中。

(3) 反应开始回流时,因为有恒沸物的存在,温度不可能马上达到 135 ℃。但随着水被蒸出,温度逐渐升高,最后达到 135 ℃以上,即应停止加热。如果温度升得太高,反应溶液会炭化变黑,并有大量副产物丁烯生成。

(4) 50%硫酸的配制方法:20 mL 浓硫酸缓慢加入到 34 mL 水中。

(5) 正丁醇能溶于 50%硫酸,而正丁醚溶解很少。

(6) 本实验根据理论计算失水体积为 1.5 mL,但是实际分出水的体积要略大于理论计算量,因为有单分子脱水的副产物生成。故分水器放满水后先放掉约 1.7 mL 水。

(7) 在碱洗过程中,不要太剧烈地摇动分液漏斗,否则生成乳浊液,分离困难。

(8) 正丁醇溶在饱和氯化钙溶液中,而正丁醚微溶。

九、思考题

(1) 如何得知反应已经比较完全?

(2) 反应物冷却后为什么要倒入 25 mL 水中? 各步洗涤目的何在?

(3) 如果反应温度过高,反应时间过长,可导致什么结果?

(4) 如果最后蒸馏前的粗品中含有丁醇,能否用分馏的方法将它除去? 这样做好不好?

十、实验的成败关键

分水器的使用和反应终点的判断。

实验五 苯乙酮的制备

一、实验目的

（1）学习利用 Friedel-Crafts 酰基化反应制备芳香酮的原理与方法。
（2）巩固无水实验操作的基本实验技巧。

二、实验原理

自然界中苯乙酮存在于 Stirlingia latifolia 的精油中，可以从其中分馏结晶得到，也存在于岩蔷薇、大鄂麻、香薰草及各种植物中，还存在于海狸香精油中。苯乙酮在室温下为无色至淡黄色液体或无色晶体，具有香豆素和扁桃的气味，有甜香尖刺气息，苦的芬芳的风味，有强的吸湿性。

Friedel-Crafts 酰基化反应是制备芳香酮的最重要和常用的方法之一，酸酐是常用的酰化试剂，无水 $FeCl_3$，BF_3，$ZnCl_2$ 和 $AlCl_3$ 等路易斯酸作催化剂，分子内的酰化反应还可用多聚磷酸（PPA）作催化剂。酰基化反应常用过量的液体芳烃、二硫化碳、硝基苯、二氯甲烷等作为反应的溶剂。该类反应一般为放热反应，通常是将酰基化试剂配成溶液后，慢慢滴加到盛有芳香族化合物的反应瓶中。用苯和乙酸酐制备苯乙酮的反应方程式如下：

$$\bigcirc + (CH_3CO)_2O \xrightarrow{AlCl_3} \bigcirc\!-COCH_3 + CH_3COOH$$

三、物理常数

相关物理常数如表 8.5 所示。

表 8.5 物理常数

名 称	性 状	分子量	比重(d)	熔点(℃)	沸点(℃)	折光率(n)	溶解性(水)
苯	无色有甜味的透明液体	78.11	0.878 6	5.5	80.1	1.501 0	不溶
乙酐	无色透明液体	102.09	1.082 0	−73.1	139.6	1.390 4	反应
苯乙酮	无色晶体或浅黄色油状液体	120.15	1.028 1	19.7	202.3	1.537 2	不溶

四、实验器材

圆底烧瓶(50 mL 2 个)；三口烧瓶(250 mL 1 个)；冷凝管(直形冷凝管、空气冷凝管各 1 支)；温度计(1 支)；温度计套管(1 个)；蒸馏头(1 个)；接引管(1 个)；锥形瓶(2 个)；分液漏斗(1 个)；恒压滴液漏斗(1 个)；干燥管(1 个)；短颈漏斗(1 个)；烧杯(800 mL 1 个)；电动搅拌机(1 个)；电热套(1 个)。

五、实验试剂

无水三氯化铝 13 g；无水苯 16 mL；乙酐 4 mL；浓盐酸 18 mL；10%氢氧化钠 15 mL；无水硫酸镁。

六、实验装置

实验装置如图 8.9 和图 8.10 所示。

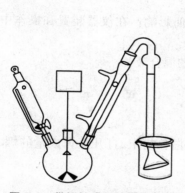
图 8.9　带搅拌滴加的回流装置

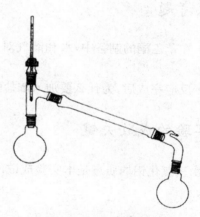
图 8.10　常压蒸馏装置

七、操作步骤

(1) 向装有恒压滴液漏斗、机械搅拌器和回流冷凝管(上端通过一氯化钙干燥管与氯化氢气体吸收装置相连)的 250 mL 三颈烧瓶中迅速加入研细的 13 g(0.097 mol)无水三氯化铝和 16 mL(约 14 g,0.18 mol)无水苯。

(2) 在搅拌下自滴液漏斗慢慢滴加 4 mL 乙酐(约 4.3 g,0.04 mol),回流,直到不再有氯化氢气体逸出为止(约 30 min)。

(3) 将反应混合物冷却到室温,在搅拌下倒入 18 mL 浓盐酸和 35 g 碎冰的烧杯中(在通风橱中进行)。若仍有固体不溶物,可补加适量浓盐酸使之完全溶解。

(4) 将混合物转入分液漏斗中,分出有机层,水层每次用 8 mL 苯萃取 2 次。

　　(5) 合并有机层,依次用 15 mL 10%氢氧化钠、15 mL 水洗涤,无水硫酸镁干燥。

　　(6) 将干燥后的产物分批加入 50 mL 圆底烧瓶中,电热套小火加热蒸去苯,稍冷却后改用空气冷凝管,蒸馏收集 198~202 ℃的馏分。

八、操作要点

　　(1) 此实验应在无水条件下进行,所用药品及仪器需要全部干燥。无水三氯化铝在空气中容易吸潮分解,在称量过程中动作要快,称完后及时倒入烧瓶中,将烧瓶和药品瓶盖子及时盖好。

　　(2) 在与无水三氯化铝接触的过程中,应避免与皮肤接触,以免灼伤。

　　(3) 反应温度不宜过高,一般控制反应液温度在 60 ℃左右为宜,反应时间长些,可以提高产率。

　　(4) 加酸水时,开始慢一些,过快会引起暴沸,反应高峰过后可以加快速度。

　　(5) 粗产物中的少量水,在蒸馏时与苯以共沸物形式蒸出,其共沸点为 69.4 ℃,这是液体化合物的干燥方法之一。

九、思考题

　　(1) 在苯乙酮的制备中,水和潮气对本实验有何影响? 在仪器装置和操作中应注意哪些事项?

　　(2) 反应完成后,为什么要加入浓盐酸和冰水的混合液?

十、实验的成败关键

　　无水三氯化铝的质量是本实验成败的关键,以白色粉末、打开盖冒大量的烟、无结块现象为好。

实验六　己二酸的制备

一、实验目的

　　(1) 学习环己醇氧化制备己二酸的原理和了解由醇氧化制备羧酸的常用方法。

　　(2) 巩固干燥、浓缩、过滤、重结晶等基本操作。

　　(3) 熟悉电动搅拌、抽滤等实验技术。

二、实验原理

己二酸又称肥酸,是一种重要的有机二元酸,主要用于制造尼龙 66 纤维和尼龙 66 树脂、聚氨酯泡沫塑料,在有机合成工业中,为己二腈、己二胺的基础原料,同时还可用于生产润滑剂、增塑剂己二酸二辛酯,也可用于医药等方面,用途十分广泛。

制备羧酸最常用的方法是烯、醇、醛等的氧化法。常用的氧化剂有硝酸、重铬酸钾(钠)的硫酸溶液、高锰酸钾、过氧化氢及过氧乙酸等。但其中用硝酸为氧化剂时反应非常剧烈,伴有大量二氧化氮毒气放出,既危险又污染环境。因而本实验采用环己醇在高锰酸钾的酸性条件发生氧化反应,然后酸化得到己二酸。

反应式:

$$3 \underset{}{\bigcirc}\!\!-OH + 8KMnO_4 + H_2O$$

$$\longrightarrow 3HO_2C-(CH_2)_4-CO_2H + 8MnO_2\downarrow + 8KOH$$

三、物理常数

相关物理常数如表 8.6 所示。

表 8.6　物理常数

名　称	性　状	分子量	比重(d)	熔点(℃)	沸点(℃)	折光率(n)	溶解性		
							水	乙醇	乙醚
环己醇	无色有樟脑气味的晶体或液体	100.16	0.962 4	25.2	161	1.465	略溶	可溶	可溶
高锰酸钾	深紫色有金属光泽的晶体	158.04	2.703	240(分解)	—	—	略溶	难溶	不溶
己二酸	白色结晶体,有骨头烧焦的气味	146.14	1.360	153	332.7	—	略溶	易溶	易溶

四、实验器材

三口烧瓶(250 mL 1 个);冷凝管(球形冷凝管 1 支);温度计(1 支);温度计套管(1 个);锥形瓶(2 个);短颈漏斗(1 个);烧杯(100 mL 1 个);吸滤瓶(1 个);布氏漏斗(1 个);真空泵(1 台);电动搅拌机(1 个);电热套(1 个);滤纸。

五、实验试剂

环己醇 2 g(2.1 mL,0.02 mol);高锰酸钾 6 g(0.038 mol);0.3 mol·L^{-1} NaOH 50 mL;

浓盐酸。

六、实验装置

实验装置如图 8.11 和图 8.12 所示。

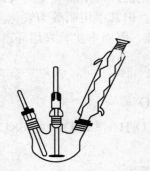
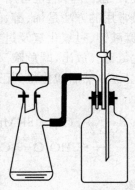

图 8.11 搅拌测温回流装置　　　　图 8.12 抽滤装置

七、操作步骤

(1) 安装反应装置,在三口烧瓶中加入 6 g 高锰酸钾和 50 mL 0.3 mol·L^{-1}氢氧化钠溶液,搅拌加热至 35 ℃使之溶解,然后停止加热。

(2) 在继续搅拌下用滴管滴加 2.1 mL 环己醇,控制滴加速度,维持反应温度 43～47 ℃,滴加完毕后若温度下降,可在 50 ℃的水浴中继续加热,直到高锰酸钾溶液颜色褪去。在沸水浴中将混合物加热几分钟使二氧化锰凝聚。

(3) 趁热抽滤,滤渣二氧化锰用少量热水洗涤 3 次,每次尽量挤压掉滤渣中的水分。

(4) 滤液用小火加热蒸发使溶液浓缩至原来体积的一半,冷却后再用浓盐酸酸化至 pH 为 2～4 止。冷却析出结晶,抽滤后得粗产品。

(5) 将粗产物用水进行重结晶提纯。然后在烘箱中烘干。

八、操作要点

(1) 环己醇在较低温度下为针状晶体,熔化时为黏稠液体,不易倒净。因此量取后可用少量水荡洗量筒,一并加入滴液漏斗中,这样既可减少器壁黏附损失,也因少量水的存在而降低环己醇的熔点,避免在滴加过程中结晶堵塞滴液漏斗。

(2) 本反应强烈放热,环己醇切不可一次加入过多,否则反应太剧烈,可能引起爆炸。

(3) 注意装置不要漏气;亦不能装成密闭系统。

(4) 浓缩蒸发时,加热不要过猛,以防液体外溅。浓缩至 10 mL 左右后停止加热,让其自然冷却、结晶。

九、思考题

(1) 制备己二酸时,为什么必须严格控制滴加环己醇的速度和反应的温度?

(2) 用 $KMnO_4$ 法制备己二酸,怎样判断反应是否完全? 若 $KMnO_4$ 过量将如何处理?

十、实验的成败关键

环己醇的滴加速度和反应温度的控制。

实验七　乙酸正丁酯的制备

一、实验目的

(1) 学习羧酸与醇反应制备酯的原理和方法。

(2) 学习利用恒沸去水以提高酯化反应收率的方法。

二、实验原理

乙酸正丁酯是优良的有机溶剂,对乙酸纤维素、乙基纤维素、氯化橡胶、聚苯乙烯、甲基丙烯酸树脂及许多天然橡胶如烤胶、马尼拉胶、达马树脂等均有良好的溶解性能。广泛应用于硝酸纤维清漆中。在人造革、织物及塑料加工过程中用作溶剂,在各种石油加工和制药过程中用作萃取剂。也用于香料复配及杏、香蕉、梨、菠萝等各种香味剂的成分。

主反应:

$$CH_3COOH + n\text{-}C_4H_9OH \underset{}{\overset{H^+}{\rightleftharpoons}} CH_3 - \overset{\overset{\displaystyle O}{\|}}{C} - OC_4H_9\text{-}n + H_2O$$

副反应:

$$CH_3CH_2CH_2CH_2OH \xrightarrow{H_2SO_4} CH_3CH_2CH = CH_2 + H_2O$$

$$2CH_3CH_2CH_2CH_2OH \xrightarrow{H_2SO_4} (CH_3CH_2CH_2CH_2)_2O + H_2O$$

羧酸与醇在少量酸性催化剂(如浓硫酸)存在下,加热脱水生成酯。这个反应叫酯化反应。常用的酸催化剂有:浓硫酸、磷酸等质子酸,也可用固体超强酸及沸石分子筛等。酯化反应是可逆反应,本实验采用回流分水装置,随时将反应所生成的水从体系中除去,以使平衡正向进行,从而提高产率。

三、物理常数

相关物理常数如表 8.7 所示。

表 8.7　物理常数

名　称	性　状	分子量	比重(d)	熔点(℃)	沸点(℃)	折光率(n)	溶解度(g/100 mL 溶剂)		
							水	乙醇	乙醚
正丁醇	无色透明液体,有特殊气味	74.32	0.810	−89.8	118.0	1.399 1	9	∞	∞
冰醋酸	无色吸湿性液体	60.05	1.049	16.6	118.1	1.371 5	∞	∞	∞
乙酸正丁酯	无色透明液体,有果子香味	116.16	0.882	−73.5	126.1	1.395 1	0.7	∞	∞
1-丁烯	无色气体	56.12	0.595 1	−185.4	−6.3	1.393 1	不溶	易溶	易溶
正丁醚	无色液体	130.23	0.768 9	−95.3	142	1.399 2	<0.05	∞	∞

四、实验器材

圆底烧瓶(50 mL 2 个);冷凝管(直形冷凝管、球形冷凝管各 1 支);分水器(1 个);蒸馏头(1 个);接引管、锥形瓶(各 1 个);分液漏斗(1 个);温度计(1 支);温度计套管(1 个);电热套(1 个)。

五、实验试剂

正丁醇 9.3 g(11.5 mL,0.125 mol);冰醋酸 10.5 g(10.0 mL,0.175 mol);浓硫酸;10% 碳酸钠溶液 10 mL;无水硫酸镁。

六、实验装置

实验装置如图 8.13 和图 8.14 所示。

七、操作步骤

（1）50 mL 圆底烧瓶中，加 11.5 mL（0.125 mol）正丁醇，10 mL 冰醋酸（0.175 mol）和 3～4 滴浓 H_2SO_4（催化反应），混匀，加 2 颗沸石。

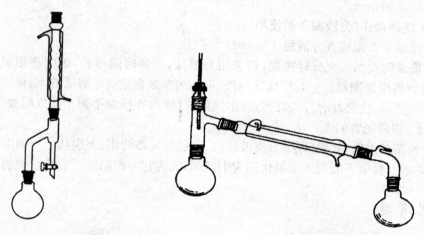

图 8.13　分水回流装置　　　　　　　**图 8.14　常压蒸馏装置**

（2）接上回流冷凝管和分水器。在分水器中预先加少量水至略低于支管口（约为 1～2 cm），目的是使上层酯中的醇回流回烧瓶中继续参与反应。用笔作记号并加热至回流，不需要控制温度，控制回流速度每秒 1～2 滴。

（3）反应一段时间后，把水分出并保持分水器中水层液面在原来的高度。

（4）大约 40 min 后，不再有水生成（即液面不再上升），即表示完成反应。

（5）停止加热，记录分出的水量。

（6）将分水器分出的酯层和反应液一起倒入分液漏斗中，用 10 mL 水洗涤，并除去下层水层（除去乙酸及少量的正丁醇）；有机相继续用 10 mL 10% Na_2CO_3 洗涤至中性（除去硫酸）；上层有机相再用 10 mL 的水洗涤除去溶于酯中的少量无机盐，最后将有机层倒入小锥形瓶中，用无水硫酸镁干燥。

（7）蒸馏：将干燥后的乙酸正丁酯滤入 50 mL 烧瓶中，常压蒸馏，收集 124～126 ℃ 的馏分。

八、操作要点

（1）加入硫酸后须振荡，以使反应物混合均匀。实验中的浓硫酸仅起催化作用，故只需少量，不可多加。

（2）冰乙酸适当过量，以尽量使反应完成。这样反应完毕后残余正丁醇的量会很少，因而在最后蒸馏时很难生成乙酸正丁酯-正丁醇的二元共沸物，才能收集到 124～126 ℃ 的馏分。

（3）在分水器中预先加水至分水器回流支管口，从分水器下口放出 0.5 mL 水（加水量须计量),以保证醇能及时回到反应体系继续参加反应。

　　注意　只要水不回流到反应体系中就不要放水。

　　(4) 在回流过程中,要控制加热速度,一般以上升气环的高度不超过球形冷凝管的1/3为宜,回流速度每秒1~2滴。

　　(5) 反应终点的判断:分水器中不再有水珠下沉;水面不再升高;出水接近理论量。反应大约需要40 min。

　　(6) 洗涤操作(分液漏斗的使用):

　　① 洗涤前首先检查分液漏斗旋塞的严密性。

　　② 洗涤时要做到充分轻振荡,切忌用力过猛,振荡时间过长,否则将形成乳浊液,难以分层,给分离带来困难。一旦形成乳浊液,可加入少量食盐等电解质或水,使之分层。

　　③ 振荡后,注意及时打开旋塞,放出气体,以使内外压力平衡。放气时要使分液漏斗的尾管朝上,切忌尾管朝人。

　　④ 振荡结束后,静置分层;分离液层时,下层经旋塞放出,上层从上口倒出。

　　(7) 本实验中不能用无水氯化钙为干燥剂,因为它与产品能形成络合物而影响产率。

九、思考题

　　(1) 在乙酸正丁酯的制备实验中,粗产品中除乙酸正丁酯外,还有哪些副产物? 怎样减少副产物的生成?

　　(2) 何谓酯化反应? 有哪些物质可以作为酯化反应的催化剂?

　　(3) 乙酸正丁酯的合成实验是根据什么原理来提高产品产量的?

　　(4) 对乙酸正丁酯的粗产品进行水洗和碱洗的目的是什么?

十、实验的成败关键

　　回流速度的控制及反应终点的判断。

实验八　乙酰乙酸乙酯的制备

一、实验目的

　　(1) 了解 Claisen 缩合反应实验技术(无水操作)。

　　(2) 掌握金属钠的粉碎处理。

　　(3) 熟悉减压蒸馏操作技术。

二、实验原理

乙酰乙酸乙酯,无色至淡黄色的澄清液体,微溶于水,易溶于乙醚、乙醇,有刺激性和麻醉性,还有醚样和苹果似的香气。可燃,遇明火、高热或接触氧化剂有发生燃烧的危险。广泛应用于食用香精中,主要用以调配苹果、杏、桃等食用香精。制药工业用于制造氨基比林、维生素 B 等。染料工业用作合成染料的原料和电影基片染色。涂料工业用于制造清/色漆及漆用稀释/溶解溶剂。有机工业用作溶剂和合成有机化合物的原料。制备方法主要有:乙酸乙酯自缩合法、双乙烯酮与乙醇酯化法、乙酸乙酯与乙醇钠 Claisen 缩合法。本实验采用的制备方法是乙酸乙酯与乙醇钠 Claisen 缩合法。

乙酸乙酯在乙醇钠存在下,起分子间的缩合反应,酸化后得到乙酰乙酸乙酯:

$$
2CH_3 \overset{O}{\underset{}{C}}OEt \xrightarrow[(2)CH_3COOH,H_2O]{(1)EtONa,EtOH} CH_3 \overset{O}{\underset{}{C}} - CH_2 \overset{O}{\underset{}{C}} \cdot OEt + EtOH
$$

乙酸乙酯　　　　　　　　　　　　　乙酰乙酸乙酯(沸点:181 ℃)
　　　　　　　　　　　　　　　　　　　　　　75%

其他有两个 α-氢的羧酸酯也可以在乙醇钠存在下缩合,酸化后得到 β-酮酸酯。

$$
2CH_3CH_2 \overset{O}{\underset{}{C}}OEt \xrightarrow[(2)CH_3COOH,H_2O]{(1)EtONa,EtOH} CH_3CH_2 \overset{O}{\underset{}{C}} - \underset{CH_3}{CH} - \overset{O}{\underset{}{C}}OEt + EtOH
$$

丙酸乙酯　　　　　　　　　　2- 甲基 -3- 戊酮酸乙酯
　　　　　　　　　　　　　　　　　　81%

这是制备 β-酮酸酯的重要方法,称为克莱森缩合(Claisen condensation)。

三、物理常数

相关物理常数如表 8.8 所示。

表 8.8　物理常数

名　称	性　状	分子量	比重(d)	熔点(℃)	沸点(℃)	折光率(n)	溶解度(g/100 mL 溶剂)		
							水	醇	醚
乙酸	无色吸湿性液体	60.05	1.049 2	16.6	117.9	1.371 6	∞	∞	∞
乙醇	无色透明液体,有特殊香味	46.7	0.789 3	− 117.3	78.5	1.361 1	∞	∞	∞

続表

名　称	性　状	分子量	比重(d)	熔点(℃)	沸点(℃)	折光率(n)	溶解度(g/100 mL 溶剂)		
							水	醇	醚
乙酰乙酸乙酯	无色至淡黄色澄清液体	130.15	1.028 2	< -80	180.4	1.419 4	略溶	∞	∞
乙酸乙酯	无色澄清液体,有水果香味	88.12	0.900 3	-83.578	77.06	1.372 3	略溶	∞	∞

四、实验器材

圆底烧瓶(100 mL、50 mL 各 1 个);冷凝管(直形冷凝管、球形冷凝管各 1 支);干燥管(1 个);双口蒸馏头(1 个);接引管(真空 1 个);锥形瓶(1 个);分液漏斗(1 个);温度计(1 支);温度计套管(1 个);毛细管(1 个);吸滤瓶(1 个);布氏漏斗(1 个);真空泵(1 台);电热套(1 个)。

五、实验试剂

乙酸乙酯 25.00 mL;Na 2.5 g;二甲苯 15.00 mL;50% 乙酸 20.00 mL;饱和 NaCl 40.00 mL;无水 $MgSO_4$。

六、实验装置

实验装置如图 8.15 和图 8.16 所示。

图 8.15　带干燥的回流装置

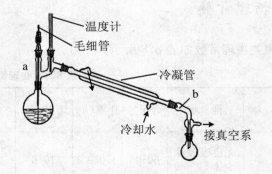

图 8.16　减压蒸馏装置

七、操作步骤

(1) 在 100 mL 圆底烧瓶中加金属钠 2.5 g 和二甲苯 15.00 mL,待钠熔融,拆去冷凝管,用橡皮塞塞紧圆底烧瓶,用力振摇得细粒状钠珠。

(2) 稍经放置,钠珠沉于瓶底,将二甲苯倾倒到二甲苯回收瓶中。迅速向瓶中加入乙酸乙酯 25.00 mL。待激烈的反应过后,置反应瓶于电热套上小火加热,保持微沸状态,直至所有金属钠全部作用完为止。此时生成的乙酰乙酸乙酯钠盐为橘红色透明溶液(有时析出黄白色沉淀)。

(3) 待反应物稍冷后,在摇荡下加入 50%的醋酸溶液,直到反应液呈弱酸性(约需15 mL)。

(4) 将溶液转移到分液漏斗中,加入等体积的饱和氯化钠溶液,用力振摇片刻。静置后,乙酰乙酸乙酯分层析出。

(5) 分出上层粗产物,用无水硫酸镁干燥后滤入蒸馏瓶,并用少量乙酸乙酯洗涤干燥剂,一并转入蒸馏瓶中。

(6) 在沸水浴上蒸去未作用的乙酸乙酯。余物移至 100 mL 蒸馏瓶中进行减压蒸馏,收集 80～110 ℃馏分。

八、操作要点

(1) 所用试剂及仪器必须干燥。乙酸乙酯必须绝对干燥,但其中应含有 1%～2%的乙醇。其提纯方法如下:将普通乙酸乙酯用饱和氯化钠溶液洗涤数次,再用熔焙过的无水碳酸钾干燥,在水浴上蒸馏,收集 76～78 ℃的馏分。

(2) 钠遇水即燃烧、爆炸,使用时应十分小心。钠珠的制作过程中间一定不能停,且要来回振摇,使瓶内温度下降不至于使钠珠结块。

九、思考题

(1) Claisen 酯缩合反应的催化剂是什么? 本实验为什么可以用金属钠代替?

(2) 本实验加入 50%醋酸溶液和饱和氯化钠溶液的目的何在?

(3) 乙酰乙酸乙酯为什么不发生碘仿反应?

十、实验的成败关键

(1) 仪器干燥,严格无水。

(2) 摇钠为本实验关键步骤,因为钠珠的大小决定着反应的快慢。钠珠越细越好。

(3) 酯缩合反应是放热反应,用小火加热,控制上升蒸气在回流冷凝管的第一个球下。

(4) 乙酸不能多加,否则会造成乙酰乙酸乙酯的溶解损失。

实验九　乙酰苯胺的制备

一、实验目的

（1）了解苯胺的酰基化反应原理及其在合成上的意义。

（2）学习重结晶原理和以水为溶剂进行重结晶的操作方法。

（3）熟悉过滤、滤饼的洗涤、脱色、热滤等重结晶操作技术。

二、实验原理

乙酰苯胺为无色晶体，具有退热镇痛作用，是较早使用的解热镇痛药，因此俗称"退热冰"。乙酰苯胺也是磺胺类药物合成中重要的中间体。由于芳环上的胺基易氧化，在有机合成中为了保护胺基，往往先将其乙酰化转化为乙酰苯胺，然后再进行其他反应，最后水解除去乙酰基。

乙酰苯胺可由苯胺与乙酰化试剂如：乙酰氯、乙酐或乙酸等直接作用来制备。反应活性是乙酰氯＞乙酐＞乙酸。由于乙酰氯和乙酐的价格较贵，本实验选用纯的乙酸（俗称冰醋酸）作为乙酰化试剂。反应式如下：

$$\bigcirc\!\!-\!\!NH_2 + CH_3COOH \xrightarrow{\text{Zn 粉}} \bigcirc\!\!-\!\!NH-\overset{\overset{\displaystyle O}{\|}}{C}-CH_3 + H_2O$$

冰醋酸与苯胺的反应速率较慢，且反应是可逆的，为了提高乙酰苯胺的产率，一般采用冰醋酸过量的方法，同时利用分馏柱将反应中生成的水从平衡中移去。由于苯胺易氧化，加入少量锌粉，防止苯胺在反应过程中氧化。

乙酰苯胺在水中的溶解度随温度的变化差异较大（20 ℃，0.46 g；100 ℃，5.5 g），因此生成的乙酰苯胺粗品可以用水重结晶进行纯化。

三、物理常数

相关物理常数如表 8.9 所示。

表 8.9　物理常数

名　称	性　状	分子量	比重(d)	熔点（℃）	沸点（℃）	折光率(n)	溶解度（g/100 mL 溶剂）		
							水	乙醇	乙醚
苯胺	无色透明液体	93.12	1.022	-6.1	184.4	1.586 3	略溶	∞	∞

续表

名　称	性　状	分子量	比重(d)	熔点(℃)	沸点(℃)	折光率(n)	溶解度(g/100 mL 溶剂)		
							水	乙醇	乙醚
冰醋酸	无色吸湿性液体	60.05	1.049	16.5	118.1	1.371 5	∞	∞	∞
乙酰苯胺	白色片状或叶状晶体	135.16	1.21	133.4	305	—	略溶	略溶	略溶

四、实验器材

圆底烧瓶(100 mL 1 个);分馏柱(1 支);蒸馏头(1 个);温度计套管(1 个);温度计(1 支);接引管(1 个);量筒(10 mL 1 个);锥形瓶(25 mL 1 个);烧杯(250 mL 2 个);表面皿(1 个);保温漏斗(1 个);吸滤瓶(1 个);布氏漏斗(1 个);真空泵(1 台);电热套(1 个);滤纸。

五、实验试剂

苯胺 5.1 g(5 mL,0.055 mol);冰醋酸 7.8 g(7.4 mL,0.13 mol);锌粉;活性炭。

六、实验装置

实验装置如图 8.17 和图 8.18 所示。

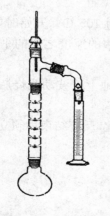

图 8.17　反应分馏装置

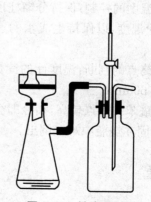

图 8.18　抽滤装置

七、操作步骤

1. 酰化

在 100 mL 圆底烧瓶中,加入 5 mL 新蒸馏的苯胺、7.4 mL 冰醋酸和 0.1 g 锌粉。立即装上分馏柱,在柱顶安装一支温度计,用小量筒收集蒸出的水和乙酸。用电热套缓慢加热至反应物沸腾。调节电压,当温度升至约 105 ℃ 时开始蒸馏。维持温度在 105 ℃ 左右约 30 min,这时反应所生成的水基本蒸出。当温度计的读数不断下降时,则反应达到终点,即可停止加热。

2．结晶抽滤

在烧杯中加入 100 mL 冷水,将反应液趁热以细流倒入水中,边倒边不断搅拌,此时有细粒状固体析出。冷却后抽滤,并用少量冷水洗涤固体,得到白色或带黄色的乙酰苯胺粗品。

3．重结晶

将粗产品转移到烧杯中,加入 100 mL 水,在搅拌下加热至沸腾。观察是否有未溶解的油状物,如有则补加水,直到油珠全溶。稍冷后,加入 0.5 g 活性炭,并煮沸 10 min。在保温漏斗中趁热过滤除去活性炭。滤液倒入热的烧杯中。然后自然冷却至室温,冰水冷却,待结晶完全析出后,进行抽滤。用少量冷水洗涤滤饼两次,压紧抽干。将结晶转移至表面皿中,自然晾干后称量,计算产率。

八、操作要点

(1) 苯胺极易氧化。久置的苯胺会变成红色,使用前须重新蒸馏以除去其中的杂质,否则将影响产品的产量和质量。

(2) 锌粉在酸性介质中可使苯胺中的有色物质还原,防止苯胺进一步氧化,因此,在反应中加入少量锌粉。但锌粉加入量不可过多,否则不仅消耗乙酸(生成乙酸锌),还会在后处理时因乙酸锌水解生成难溶于水的 $Zn(OH)_2$ 而难以从乙酰苯胺中分离出去。锌粉加入适量,反应液呈淡黄色或接近无色。

(3) 反应温度的控制:保持分馏柱顶温度不超过 105 ℃。开始时要缓慢加热,待有水生成后,调节反应温度,以保持生成水的速度与分出水的速度之间的平衡。切忌开始就强烈加热。

(4) 反应终点的判断:温度计的读数较大范围地上下波动或烧瓶内出现白烟现象。反应时间约 40～60 min。

(5) 因乙酰苯胺熔点较高,稍冷即会固化。因此,反应结束后须立即倒入事先准备好的水中。否则凝固在烧瓶中难以倒出。

九、思考题

(1) 合成乙酰苯胺时,柱顶温度为什么要控制在 105 ℃ 左右?
(2) 合成乙酰苯胺时,锌粉起什么作用? 加多少合适?
(3) 在重结晶过程中,必须注意哪几点才能使产品的产率高、质量好?
(4) 从苯胺制备乙酰苯胺时可采用哪些化合物作酰化剂? 各有什么优缺点?

十、实验的成败关键

反应温度的控制和反应终点的判断。

实验十　甲基橙的制备

一、实验目的

（1）通过甲基橙的制备学习重氮化反应和偶合反应的实验操作。
（2）巩固盐析和重结晶的原理和操作。

二、实验原理

甲基橙是一种指示剂，它是由对氨基苯磺酸重氮盐与 N,N-二甲基苯胺的醋酸盐，在弱酸性介质中偶合得到的。偶合首先得到的是嫩红色的酸式甲基橙，称为酸性黄，在碱中酸性黄转变为橙色的钠盐，即甲基橙。

本实验主要运用了芳香伯胺的重氮化反应及重氮盐的偶联反应。由于原料对氨基苯磺酸本身能生成内盐，而不溶于无机酸，故采用倒重氮化法，即先将对氨基苯磺酸溶于氢氧化钠溶液，再加需要量的亚硝酸钠，然后加入稀盐酸。

化学反应式：

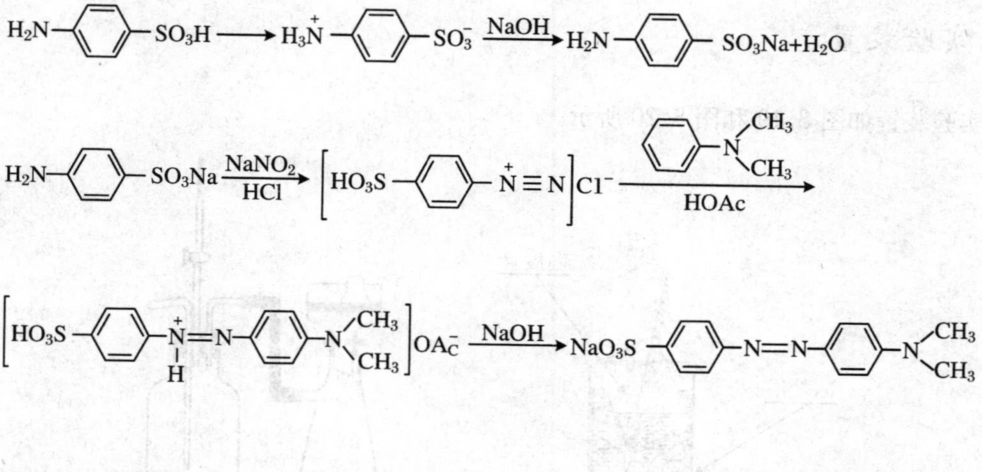

三、物理常数

相关物理常数如表 8.10 所示。

表 8.10   物理常数

名 称	性 状	分子量	比重(d)	熔点(℃)	沸点(℃)	折光率(n)	溶解性 水	溶解性 乙醇
对氨基苯磺酸	白色或灰白色晶体	173.84	1.485	280 ℃时分解炭化	—	—	微溶	不溶
亚硝酸钠	白色或微带浅黄色晶体	69.05	2.168	271	320 ℃以上分解	—	易溶	微溶
N,N-二甲基苯胺	淡黄色油状液体	121.18	0.955 7	2.45	194	1.558 2	微溶	易溶
甲基橙	橙黄色鳞片状结晶	327.34	—	—	—	—	微溶,易溶于热水	不溶

四、实验器材

烧杯(250 mL、125 mL、50 mL 各 1 个);玻璃棒(1 支);水银温度计(150 ℃ 1 支);滴管(1 支);试管(1 支);表面皿(1 个);吸滤瓶(1 个);布氏漏斗(1 个);真空泵(1 台);电热套(1 个);淀粉-碘化钾试纸;滤纸。

五、实验试剂

对氨基苯磺酸 2.1 g;亚硝酸钠 0.8 g;5% 氢氧化钠 10 mL;N,N-二甲基苯胺 1.2 g;浓盐酸 3 mL;冰醋酸 1 mL;5% 氢氧化钠 25 mL;乙醇;乙醚。

六、实验装置

实验装置如图 8.19 和图 8.20 所示。

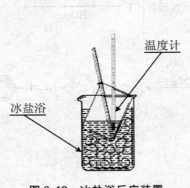

图 8.19   冰盐浴反应装置

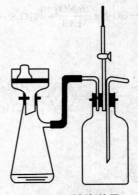

图 8.20   抽滤装置

七、操作步骤

1. 重氮盐的制备

在 125 mL 烧杯中放置 10 mL 5%氢氧化钠溶液及 2.1 g 对氨基苯磺酸晶体,温热使其溶解(大约 60 ℃)。另在 50 mL 小烧杯中溶 0.8 g 亚硝酸钠于 6 mL 水中,加入上述烧杯内,用冰盐浴冷至 0~5 ℃。在不断搅拌下,将 3 mL 浓盐酸与 10 mL 水配成的溶液缓缓滴加到上述混合溶液中,并控制温度在 5 ℃以下。滴加完后用淀粉-碘化钾试纸及刚果红试纸检验。然后在冰盐浴中放置 15 min 以保证反应完全。

2. 偶合

在试管内混合 1.2 g N,N-二甲基苯胺和 1 mL 冰醋酸,在不断搅拌下,将此溶液慢慢加到上述冷却的重氮盐溶液中。加完后,继续搅拌 10 min,然后慢慢加入 25 mL 5%氢氧化钠溶液,直至反应物变为橙色,这时反应液呈碱性,粗制的甲基橙呈细粒状沉淀析出。将反应物在沸水浴上加热 5 min,冷至室温后,再在冰水浴中冷却,使甲基橙晶体析出完全。抽滤收集结晶,依次用少量水、乙醇、乙醚洗涤,压干。

若要得到较纯产品,可用溶有少量氢氧化钠(约 0.1~0.2 g)的沸水(每克粗产物约需 25 mL)进行重结晶。待结晶析出完全后,抽滤收集,沉淀依次用少量乙醇、乙醚洗涤。得到橙色的小叶片状甲基橙结晶。

3. 检验

溶解少许产品,加几滴稀 HCl,然后用稀 NaOH 中和,观察颜色变化。现象:滴入稀 HCl 后颜色由橙色变成红色,滴稀 NaOH 后颜色又变回至橙色。

八、操作要点

(1) 本反应温度控制相当重要,制备重氮盐时,温度应保持在 5 ℃以下。如果重氮盐的水溶液温度升高,重氮盐会水解生成酚,降低产率。

(2) 用淀粉碘化钾试纸检验的原因:第一,若试纸不变蓝色,说明反应不完全,即 $NaNO_2$ 的量不够;第二,若试纸变紫色,表明亚硝酸过量,这种情况可加尿素消除,以避免引起更多的副反应。

(3) 由于产物晶体较细,抽滤时,应防止将滤纸抽破(布氏滤斗不必塞得太紧)。用乙醇、乙醚洗涤的目的是使其迅速干燥。湿的甲基橙受日光照射,亦会颜色变淡,通常在 55~78 ℃烘干。所得产品是一种钠盐,无固定熔点,不必测定。

九、思考题

(1) 何谓重氮化反应? 为什么此反应必须在低温、强酸性条件下进行?

(2) 什么叫作偶联反应? 结合本实验讨论一下偶联反应的条件。

(3) 试解释甲基橙在酸碱介质中变色的原因,并用反应式表示。

十、实验的成败关键

控制反应温度(冰-盐水控温；水浴加热控温)。

实验十一　从果皮中提取果胶

一、实验目的

(1) 了解天然产物的提取方法。

(2) 掌握酸提法提取果胶的方法和原理。

二、实验原理

果胶广泛存在于各类水果和蔬菜中,主要成分是半乳糖醛酸甲酯,分子量在 5 万到 30 万之间。常见的苹果皮、橘子皮、向日葵花盘和鸡蛋果皮中都含有丰富的果胶。例如苹果中的含量为 0.8%~1.5%,蔬菜南瓜中的果胶含量最多,达到 8.17%。果胶具有良好的胶凝化和乳化稳定作用,已广泛用于食品、医药、日化及纺织行业。制造果冻、果酱和冰淇淋都用到果胶,在饮料中用作稳定剂,化妆品中用作乳化剂,药品中作为辅助剂。

果胶存在于植物组织内,一般以原果胶、果胶酯酸和果胶酸 3 种形式存在于各种植物的果实、果皮以及根、茎、叶的组织之中。果胶为白色、浅黄色到黄色的粉末,有非常好的特殊水果香味,无异味,无固定熔点和溶解度,不溶于乙醇、甲醇等有机溶剂中。粉末果胶溶于 20 倍水中形成黏稠状透明胶体,胶体的等电点 pH 为 3.5。果胶的主要成分为多聚 D-半乳糖醛酸,各醛酸单位间经 α-1,4 糖苷键联结,具体结构式如图 8.21 所示。

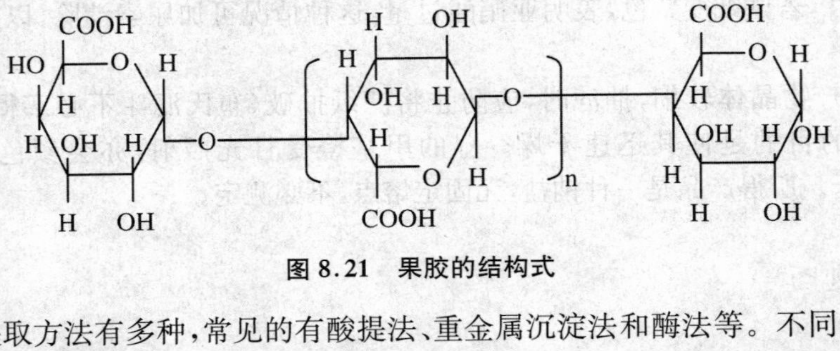

图 8.21　果胶的结构式

果胶的提取方法有多种,常见的有酸提法、重金属沉淀法和酶法等。不同的方法各有优缺点,重金属沉淀法操作简单,但会引进重金属离子,不安全。酶法操作复杂。本实验采用柑橘皮为原料,采用酸法萃取、酒精沉淀这一种最简单的工艺路线来提取果胶。

三、实验器材

大烧杯(200 mL 1 个);小烧杯(50 mL 1 个);量筒(50 mL 1 个);玻棒;纱布;表面皿;恒温水浴锅;真空干燥箱;布氏漏斗;抽滤瓶;精密 pH 试纸;电子天平;小刀;小剪刀;真空泵;纱布;滤纸。

四、实验试剂

柑橘皮 20 g;工业酒精 50 mL;浓盐酸;活性炭。

五、实验装置

实验装置如图 8.22 和图 8.23 所示。

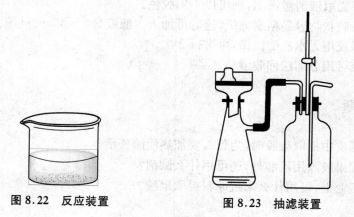

图 8.22　反应装置　　　　　　　图 8.23　抽滤装置

六、操作步骤

1. 柑橘皮的预处理

称取干柑橘皮 20 g,将其浸泡在温水中(60～70 ℃)约 30 min,使其充分吸水软化,并除掉可溶性糖、有机酸、苦味和色素等;把柑橘皮沥干浸入沸水 5 min 进行灭酶,防止果胶分解;然后用小剪刀将柑橘皮剪成 2～3 mm 的颗粒;再将剪碎后的柑橘皮置于流水中漂洗,进一步除去色素、苦味和糖分等,漂洗至沥液近无色为止,最后甩干。

2. 酸提取

根据果胶在稀酸下加热可以变成水溶性果胶的原理,把已处理好的柑橘皮放入水中,控制温度,用稀盐酸调整 pH 至明显酸性进行提取,用纱布过滤得果胶提取液。

3. 脱色

将提取液装入 250 mL 的烧杯中,加入脱色剂活性炭;适当加热并搅拌 20 min,然后用滤纸过滤得浅黄色滤液。

4. 真空浓缩

将滤液于沸水浴中浓缩至原液的 10% 为止,以减少乙醇用量。

5. 乙醇沉淀

将浓缩液用适量(约为浓缩后滤液体积的 1.5 倍)95% 的乙醇沉淀约 30 min,减压过滤后用稀乙醇洗涤得果胶。

6. 真空干燥

将所得的果胶置于表面皿内,放在真空干燥箱里,调温至 50 ℃ 左右,真空干燥约 12 h,取出并称量所得产品。

七、操作要点

(1) 预处理的主要目的是灭酶,以防果胶酶解。同时也是对果皮进行清洗,以除去泥土、杂质、色素等。这种处理的好坏直接影响果胶的色泽和质量。

(2) 如果提取液清澈透明,则可以不用脱色。

(3) 因为胶状物容易堵塞滤纸,这时可加入占滤液 2%～4% 的硅藻土用作助滤剂。

(4) 湿果胶用无水乙醇洗涤,可进行 2 次。

(5) 滤液可用分馏法回收酒精。

八、思考题

(1) 从橘皮中提取果胶时,为什么要加热使酶失活?

(2) 沉淀果胶除用乙醇外,还可用什么试剂?

(3) 在工业上,可用什么果蔬原料提取果胶?

九、实验的成败关键

pH 的调整和煮沸时间。

实验十二　从烟叶中提取烟碱

一、实验目的

(1) 了解生物碱的提取方法及其一般性质。

(2) 掌握水蒸气蒸馏的装置及其操作方法。

二、实验原理

烟碱(nicotine)又叫尼古丁,是烟草生物碱(包括 12 种以上单一成分)的主要成分,在烟叶中的含量为 2%～8%,纸烟中约含 1.5%。于 1928 年首次被分离出来。它是一种无色或淡黄色的透明的油状液体,通过口、鼻、支气管黏膜很容易被人体吸收。烟碱有剧毒,其急性致死量成人约 40～60 mg。烟碱可用于制造高效农药,对各类害虫触杀、熏蒸或胃毒效果都很好。由于它是天然物质,它的最大特点是可自然降解,不造成二次污染,不产生抗药性,是保护生态环境的生物活性农药。

由于烟碱是含氮的碱,因此它很容易与盐酸反应生成烟碱盐酸盐而溶于水,在提取液中加入 NaOH 后可使烟碱游离。一般生物碱都可以与一些特殊试剂(称为生物碱试剂,常系重金属盐类或分子量较大的复盐以及特殊无机酸如硅钨酸、磷钨酸,或有机酸如苦味酸的溶液)作用生成不溶于水的盐而沉淀。利用这个性质可检查提取液中是否有生物碱存在。

三、物理常数

相关物理常数如表 8.11 所示。

表 8.11　物理常数

名　称	性　状	分子量	比重(d)	熔点(℃)	沸点(℃)	折光率(n)	溶解性
烟碱	无色油状液体	162.23	1.015	−8	247(分解)	1.525 5	不溶于水

四、实验器材

圆底烧瓶(100 mL、250 mL 各 1 个);冷凝管(球形、直形各 1 支);接引管、锥形瓶(各 1 个);安全管(1 个);T 形管(1 个);试管(3 支);长颈滴管(1 支);电热套(1 个);pH 试纸。

五、实验试剂

烟叶 5 g;10%盐酸 50 mL;40% NaOH;饱和苦味酸;0.5%醋酸;碘化汞钾;10%鞣酸。

六、实验装置

实验装置如图 8.24 所示。

七、操作步骤

1. 烟碱的提取

(1) 取 5 g 烟叶置于 100 mL 圆底烧瓶内,加入 50 mL 10% HCl 溶液,安装好回流装置,加热沸腾并回流 20 min。

(2) 将反应混合物冷却至室温,在不断搅拌下慢慢滴加 40% NaOH 溶液,使之呈明显碱性。

(3) 将该混合物留在 100 mL 圆底烧瓶中,作为蒸馏装置的部分。用 250 mL 圆底烧瓶安装好水蒸气发生装置,用 T 形管将两部分相连。用电热套加热水蒸气发生器,当有大量水蒸气产生时,先通冷却水,再关闭 T 形管上的螺丝夹,使水蒸气导入 100 mL 蒸馏烧瓶进行水蒸气蒸馏。

(4) 收集约 20 mL 提取液后,先打开螺丝夹,再停止加热。待体系稍冷却,关闭冷却水。停止水蒸气蒸馏。

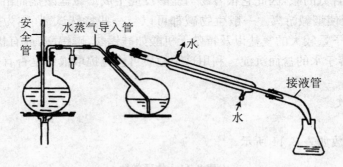

图 8.24　简易水蒸气蒸馏装置

2. 烟碱的性质检验

(1) 用 pH 试纸检验馏出液的酸碱性。

(2) 取 3 支试管各加入 6 滴烟碱馏出液。在第一支试管中加 6 滴饱和苦味酸;在第二支试管中加 6 滴 0.5% 醋酸及 2 滴碘化汞钾溶液;在第三支试管中加 1 滴 10% 鞣酸。观察各试管中的现象。

八、操作要点

(1) 水蒸气蒸馏法提取烟碱时,中和混合物至明显碱性是实验成败的关键,否则烟碱不能被蒸出。

(2) 烟碱具有生物碱的一般通性,可以与生物碱试剂(如碘的碘化钾试剂、鞣酸等)生成有颜色的复合物沉淀。

(3) 烟碱与高锰酸钾或硝酸等氧化剂作用,则生成烟酸(尼克酸)。

(4) 过滤烟叶的氢氧化钠溶液时,不能用滤纸。因滤纸遇强碱会膨胀而失去滤纸的作用。

九、思考题

(1) 与普通蒸馏相比,水蒸气蒸馏有何特点?在什么情况下采用水蒸气蒸馏的方法进行分离提取?

（2）水蒸气蒸馏提取烟碱时，为什么要用 NaOH 中和至明显碱性？

（3）蒸馏过程中若发现水从安全管顶端喷出或发生倒吸现象，应如何处理？

十、实验的成败关键

回流时间和加入 NaOH 的量。

第九章　物理化学实验

实验一　溶解热的测定

一、实验目的

(1) 掌握电热补偿法测定硝酸钾积分溶解热的方法和原理。

(2) 了解作图法求硝酸钾在水中的微分溶解热、微分冲淡热和积分冲淡热的方法。

二、实验原理

物质溶解于溶剂中时所产生的热效应称为溶解热,通常包括溶质晶格的破坏和溶质分子或离子的溶剂化。其中,晶格的破坏常为吸热过程,溶剂化常为放热过程,总的热效应的大小和方向由这两个热量的相对大小所决定。温度、压力以及溶质、溶剂的性质、用量等都是影响溶解热大小的因素。

溶解热分为积分溶解热和微分溶解热两种。积分溶解热(一般指摩尔积分溶解热)系指在一定温度、压力条件下把 1 mol 溶质溶解在 n_0 mol 溶剂中时所产生的热效应,以 $\Delta_{sol}H_m$ 表示。摩尔微分溶解热系指在一定温度、压力条件下把 1 mol 溶质溶解在无限量的某一定浓度的溶液中时所产生的热效应,以 $\left(\dfrac{\partial \Delta_{sol}H}{\partial n}\right)_{T,p,n_0}$ 表示。

在热化学中,关于溶解过程的热效应,还需要了解稀释热。稀释热是指在一定温度、压力下,把一定量的溶剂 A 加到某浓度的溶液中使之稀释所产生的热效应,又称为冲淡热。稀释热也分为积分稀释热和微分稀释热。摩尔积分稀释热是指在一定温度、压力条件下,在含有 1 mol 溶质的溶液中加入一定量的溶剂使之稀释成另一浓度的溶液,这个过程产生的热效应,以 $\Delta_{dil}H_m$ 表示。

$$\Delta_{dil}H_m = \Delta_{sol}H_{m2} - \Delta_{sol}H_{m1} \tag{9.1}$$

式中 $\Delta_{dil}H_{m2}$,$\Delta_{dil}H_{m1}$ 为两种浓度的摩尔积分溶解热。

摩尔微分稀释热是指在一定温度、压力下,把 1 mol 溶剂加入到无限量某一浓度的溶液中时所发生的热效应,以 $\left(\dfrac{\partial \Delta_{sol}H}{\partial n_A}\right)_{T,p,n_B}$ 表示,简写为 $\left(\dfrac{\partial \Delta_{sol}H}{\partial n_A}\right)_{n_B}$。A 为某溶剂,B 为某溶质。

积分溶解热可由实验直接测定,微分溶解热、微分稀释热、积分稀释热则可根据图形计算得到。在一定温度、压力条件下,对于指定的溶剂 A 和溶质 B,积分溶解热与其他三者之间的关系由公式(9.1)和式(9.2)(公式的推导见参考文献[44])可知:

$$\Delta_{sol}H_m = n_0\left(\frac{\partial \Delta_{sol}H_m}{\partial n_0}\right)_{T,p,n_B} + \left(\frac{\partial \Delta_{sol}H}{\partial n_B}\right)_{T,p,n_A} \tag{9.2}$$

式中,$n_0 = \dfrac{n_A}{n_B}$,$\left(\dfrac{\partial \Delta_{sol}H_m}{\partial n_0}\right)_{T,p,n_B}$ 为微分稀释热,$\left(\dfrac{\partial \Delta_{sol}H}{\partial n_B}\right)_{T,p,n_A}$ 为微分溶解热。

　　式(9.1)和式(9.2)可用图 9.1 来表示。由图 9.1 可知,曲线上某点切线的斜率为该浓度下(n_{01})的摩尔微分稀释热(即 $\dfrac{AD}{CD}$),切线与纵坐标的截距,为该浓度下的摩尔微分溶解热(即 OC)。显然,图中 n_{02} 点的摩尔积分溶解热与 n_{01} 点的摩尔积分溶解热之差为该过程的摩尔积分稀释热(即 BE)。微分稀释热随 n_0 的增加而减少,而微分溶解热随 n_0 的增加而增加,当 n_0 趋向于无穷时,即溶液为无限稀释溶液时,前者为 0,后者等于积分溶解热。

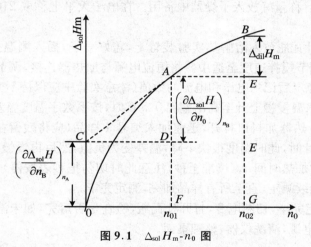

图 9.1　$\Delta_{sol}H_m$-n_0 图

　　测量热效应是在"量热计"中进行的。本实验装置可看作是绝热体系,在绝热体系中测定热效应的方法有两种:标准物质法和电热补偿法。本实验用电热补偿法测定 KNO_3 在水中的积分溶解热:先测出体系的起始温度 T_0,溶解过程中系统温度随反应进行而降低到 T,再用电加热法使体系温度从 T 恢复到起始温度 T_0,根据所消耗电能求出热效应 Q。

$$Q = IUt \tag{9.3}$$

$$\Delta_{sol}H_m = \frac{Q}{n_{HNO_3}} = \frac{IUt}{\left(\dfrac{m}{M}\right)_{KNO_3}} = \frac{101.1IUt}{m_{KNO_3}} \tag{9.4}$$

三、实验器材

　　溶解热测定装置 1 套;精密数字温度温差仪 1 台;恒流电源 1 台;电子天平 1 台;干燥器 1 个;秒表 1 个;称量瓶 8 个;搅拌磁子 1 个;500 mL 烧杯 1 个。

四、实验试剂

KNO$_3$(分析纯)。

五、操作步骤

(1) 恒流电源使用前在空载条件下预热 15 min。

(2) 样品处理。取大约 26 g KNO$_3$ 于研钵中磨细,放入烘箱在 110 ℃下烘 1.5～2 h,然后取出放入干燥器中备用。

(3) 称样。将 8 个称量瓶编号,并依次称取 2.5 g、1.5 g、2.5 g、2.5 g、3.5 g、4.0 g、4.0 g、4.5 g KNO$_3$。称量好放入干燥器中备用。在电子天平上称取 216 g 蒸馏水注入杜瓦瓶中。

(4) 安装。把杜瓦瓶放入溶解热实验装置上,盖好盖子,插入测温探头,注意测温探头不能与磁子相碰,调节搅拌速度至适中。将恒流电源与加热器连接,调节恒流电源的加热功率为 2.5 W 左右,稳定后记录电压和电流的数值(注意实验中应保持不变)。

(5) 测量。当水温慢慢上升至高出室温 0.5 ℃时,按下数字温度温差计上的"采零"键和"锁定"键,同时将量热器加料口打开,迅速加入编号 1 样品(应将残留在外的样品全部扫入杜瓦瓶中),并开始计时,此时温度很快下降,温差变为负值,然后再慢慢上升,当温差显示为零时,立刻记下此时加热时间 t_1(读准至秒,注意此时切勿把秒表按停),并迅速加入第二份样品,按上述步骤继续测定,直至所有样品加完,测定完毕。

(6) 整理。测定完毕,切断电源,打开杜瓦瓶,检查是否溶完,如未溶完,实验失败,需重做;溶解完全,关闭电源,清洗仪器,整理桌面。

六、数据记录与处理

(1) 把实验数据记录于表 9.1 中。

表 9.1　原始数据记录表格

				$P = $ ____ kPa	$T = $ ____ ℃	$IU = $ ____ W		
	1	2	3	4	5	6	7	8
样品质量(g)								
t(s)								

(2) 根据溶剂的量和加入溶质的量,计算溶液的浓度,以 $n_0 = n_A / n_B$ 表示。

(3) 按公式 $Q = IUt$ 计算各次溶解过程的热效应,并求各浓度下溶液的 $\Delta_{sol}H_m$。

(4) 作 $\Delta_{sol}H_m$-n_0 图,从图中求出 $n_0 = 80$、100、200、300、400 处的积分溶解热、微分稀释热、微分溶解热,以及 n_0 从 80→100、100→200、200→300、300→400 的积分稀释热。

七、思考题

（1）本实验装置是否适用于放热反应的热效应测定？是否适用于中和热、水化热、液态有机物的混合热等的测定？

（2）分析测量溶解热的误差因素。

实验二　燃烧热的测定

一、实验目的

（1）明确燃烧热的定义，了解恒压燃烧热与恒容燃烧热的差别及相互关系。

（2）了解氧弹式热量计的结构，掌握用氧弹式热量计测定燃烧热的实验技术。

（3）学会用经验公式法校正温度改变值。

二、实验原理

根据热化学的定义，1 mol 物质完全氧化时反应放出的热量称作燃烧热。所谓完全氧化是指碳元素生成气态的二氧化碳，氢生成液态的水，硫氧化成气态的二氧化硫等。

在恒容或恒压条件下，可以分别测得恒容燃烧热 Q_V 或恒压燃烧热 Q_p。若把参加反应的气体和反应生成的气体都作为理想气体处理，则它们之间存在以下关系：

$$Q_p = Q_V + \Delta nRT \tag{9.5}$$

式(9.5)中，T 为反应时的热力学温度，Δn 为生成物和反应物中气体的物质的量之差。

测量热效应的仪器称作量热计，本实验所用氧弹式热量计为环境恒温式量热计，其有内、外两个桶，外桶较大，盛满与室温相同的水，用来保持环境温度恒定，内桶装有定量的，适用实验温度的水。内桶安置在支撑垫上的空气夹层中，且器壁经高度抛光，以减少热交换。氧弹放在内桶中，冲入高压氧气，保证样品完全燃烧，因此氧弹是刚性容器，耐高压，耐高温，耐腐蚀，密封性好，是典型的恒容容器。

氧弹热量计测量的基本原理是能量守恒定律。样品在氧弹中完全燃烧所释放的能量使得氧弹本身及其周围的介质温度升高。假设系统与环境之间没有热交换，测量介质在燃烧前后温度的变化值，就可求算该样品的恒容燃烧热。其关系式如下：

$$- nQ_V - m_2Q_2 - 5.98V = K\Delta T \tag{9.6}$$

式(9.6)中，n 是燃烧样品的物质的量，m_2 是引燃丝的质量，Q_V 为样品的恒容燃烧热，如苯甲酸的恒容燃烧热为 $-3\,226.8\ kJ \cdot mol^{-1}$，$Q_2$ 为引燃丝的热值（$-1\,400\ J \cdot g^{-1}$），V 为 $0.100\ mol \cdot L^{-1}$ NaOH 的体积，5.98 表示每毫升碱液相当于氮气氧化生成硝酸的热值（由氮、氧和水生成稀硝酸的恒容燃烧热是 $-59.8\ kJ \cdot mol^{-1}$），K 为量热计常数，指热量计升高

1 ℃所吸收的热量,单位为 kJ·K^{-1}。量热计常数的测定方法是:用已知燃烧热的定量标准物质(一般为苯甲酸),在热量计中完全燃烧,测定燃烧前后的温差 ΔT,便可计算出 K。

从上面的讨论可知,测量物质的燃烧热,关键是准确测量物质燃烧时引起的温度升高值 ΔT,然而 ΔT 的准确度除了与测量温度计有关外,还与其他许多因素有关,如热传导、蒸发、对流和辐射等引起的热交换,搅拌器搅拌时所产生的机械热等,它们对 ΔT 的影响相当复杂,常采用雷诺图解法或经验公式法进行校正,本实验用经验公式法进行校正,公式如下:

$$\Delta T_{校} = \frac{(V_1 + V_2)n}{2} + rV_2 \tag{9.7}$$

$$V_1 = \frac{(T_0 - T_{10})}{10}, \quad V_2 = \frac{T_{高} - T_{高+10}}{10} \tag{9.8}$$

$$\Delta T = T_{高} - T_{低} + \Delta T_{校} \tag{9.9}$$

式(9.7)~式(9.9)中,V_1 为点火前每半分钟热量计的平均温度变化,V_2 为样品燃烧使热量计温度达最高而开始下降后,每半分钟热量计的平均温度变化,n 为点火后每半分钟温度升高不小于 0.3 ℃的间隔数,r 为点火后每半分钟升温小于 0.3 ℃的间隔数,$T_{高}$是点火后热量计达到最高温度后,开始下降的第一个温度,$T_{低}$是点火前读得的热量计温度。

三、实验器材

氧弹热量计 1 套;数字式精密温差测量仪 1 台;充氧器 1 台;氧气钢瓶 1 个;减压阀 1 个;压片机 1 台;电子天平 1 台;容量瓶(1 000 mL、2 000 mL 各 1 个)。

四、实验试剂

引燃丝;苯甲酸(分析纯);萘(分析纯);氧气。

五、操作步骤

1. 量热计常数的测定

(1) 称取 0.8 g 左右的苯甲酸,同时用分析天平称出引燃丝(长度约为 10 cm)的质量。

(2) 在压片机上把苯甲酸压成圆片,然后再称重。

(3) 拧开氧弹盖,擦干净,搁上金属小器皿,小心将样品放在小器皿中部,然后将引燃丝两端固定在电极上(若精确测定需加 5 mL 蒸馏水),旋紧氧弹盖。

(4) 充入 1~1.5 MPa 的氧气(打开减压阀,接着开总阀,然后充气,关总阀、减压阀)。

(5) 量取 3 L 水(水温调节到比外筒温度低 1 ℃左右)倒入盛水桶。

(6) 将氧弹放入盛水桶中央,把氧弹两极与点火导线连接。

(7) 盖上盖子,将数字式精密温差测量仪的探头插入热量计内桶中。

(8) 开动马达搅拌,读数稳定后开始读点火前最初阶段的温度,每隔 30 s 读一次,读 10 个间隔后,立即按点火按键点火,点火成功后继续每 30 s 记录一次数据,直至温度达到最高而开始下降的第一个温度后,每隔 30 s 再读最后阶段的 10 个间隔的读数,便可停止实验。

（9）倒去内桶中的水，洗净氧弹，并擦干全部设备。

2. 测定萘的燃烧热

称 0.7 g 左右的萘，重复以上操作，测定萘的燃烧热。

六、数据记录与处理

（1）把实验数据记录于表 9.2 中。

表 9.2　温度读数记录表

读数序号（每 30 s）	温度读数（℃）	读数序号（每 30 s）	温度读数（℃）

（2）用经验公式法校正温差，并计算量热计常数。

（3）计算萘的恒容燃烧热和恒压燃烧热。

七、思考题

（1）说明恒容燃烧热和恒压燃烧热的相互关系。

（2）加入内桶中水的温度比外桶水温低多少合适？为什么？

实验三　液体饱和蒸气压的测定

一、实验目的

（1）了解纯液体饱和蒸气压的定义，理解 Clausius-Clapeyron 方程的意义。

（2）掌握静态法测定不同温度下乙醇饱和蒸气压的方法。

（3）学会用图解法求液体在实验温度范围内的平均摩尔气化焓。

二、实验原理

饱和蒸气压是指在一定温度下，气液两相达到动态平衡时蒸气的压力。液体饱和蒸气压与温度的关系服从 Clausius-Clapeyron 方程，即

$$\frac{\mathrm{d}p}{\mathrm{d}T} = \frac{\Delta_{\mathrm{vap}}H_{\mathrm{m}}^*}{T\Delta V_{\mathrm{m}}} \tag{9.10}$$

式（9.10）中 $\Delta_{\mathrm{vap}}H_{\mathrm{m}}^*$ 是温度 T 时，某纯物质的摩尔气化焓。

对包括气相的纯物质两相平衡系统，因 $V_{\mathrm{m}}(\mathrm{g}) \gg V_{\mathrm{m}}(\mathrm{l})$，故 $\Delta V_{\mathrm{m}} \approx V_{\mathrm{m}}(\mathrm{g})$。若将气体视

为理想气体,则 Clausius-Clapeyron 方程式为

$$\frac{\mathrm{d}p}{\mathrm{d}T} = \frac{p\Delta_{vap}H_m^*}{RT^2} \tag{9.11}$$

当温度变化范围小时,$\Delta_{vap}H_m^*$ 可以近似作为常数,称为平均摩尔蒸发焓,p 为纯液体在温度 T 时的饱和蒸气压,将式(9.11)积分得

$$\ln\frac{p}{[p]} = \frac{-\Delta_{vap}H_m^*}{RT} + C \tag{9.12}$$

式(9.12)中,C 为积分常数,与压力的单位有关。在一定温度范围内,测定不同温度下液体的饱和蒸气压,作 $\ln(p/[p]) \sim 1/T$ 图,得一直线,由斜率可求算液体的 $\Delta_{vap}H_m^*$。

本实验采用静态升温法测定液体的饱和蒸气压,即在一定的温度下,用数字压力计测定体系的压力,实验装置如图9.2所示。测定时要求体系内无杂质气体,为此用一个球管与一个 U 形管相连,构成等压平衡管,其外形如图9.3所示。

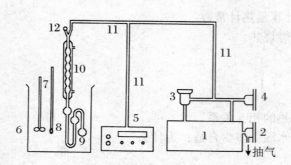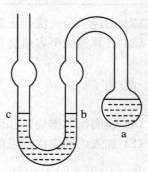

图9.2 饱和蒸气压测量装置

图9.3 等压平衡管

1—不锈钢真空包;2—抽气阀;3—真空包抽气阀;4—进气阀;
5—DP-A 数字压力表;6—玻璃恒温水浴;7—温度计;8—等压计;
9—试样球;10—冷凝管;11—真空橡皮管;12—加样口

平衡管由实样球 a 和等压计 b、c 组成。将被测液体装入 a 中,并将 U 形管 bc 也装入待测液体,作为封闭液。测定时先将 a 与 b 之间的空气抽净,然后从 c 的上方缓慢放入空气,使等压计 b、c 两端的液面平齐,且不再发生变化时,则 ab 之间的蒸气压即为此温度下被测液体的饱和蒸气压,因为此饱和蒸气压与 c 上方的压力相等,而 c 上方的压力可由压力计测出。温度则由恒温槽内的温度计直接读出,这样可得到一个温度下的饱和蒸气压数据。当升高温度时,因饱和蒸气压增大,故等压计内 b 液面逐渐下降,c 液面逐渐上升。同样从 c 的上方再缓慢放入空气,以保持 bc 两液面的平齐,当恒温槽达到设定的温度且在 bc 两液面平齐时,即可读出该温度下的饱和蒸气压。用同样的方法可测定其他温度下的饱和蒸气压。

三、实验器材

恒温水浴1台;等压计冷凝管1个;数字压力计1台;真空泵及附件1套。

四、实验试剂

无水乙醇。

五、操作步骤

（1）装样。从加样口加入 2/3 体积的无水乙醇，并在 U 形管内装入一定体积的无水乙醇。

（2）安装。按如图 9.2 所示安装仪器。注意 ab 管有溶液部分必须放置于恒温水浴中的水面以下，否则其温度与水浴温度不同。

（3）调试。打开数字压力计电源开关，预热 5 min，调单位至"kPa"，关闭阀 3，打开进气阀 4，待压差计数字显示稳定后，按"采零"键，使数字显示为 0.00。同时打开恒温水浴，将水温调至 24 ℃。

（4）检漏。接通冷凝水，关闭进气阀 4，打开阀门 2、3 和真空泵，抽真空 2～3 min，关闭阀门 3，若数字压力计上的数字基本不变，表明系统不漏气，可进行下步操作。否则应逐段检查，消除漏气因素。

（5）抽气。关闭进气阀 4，打开阀门 2 和 3，继续抽真空。这时试样球与 U 形管之间的空气不断从 c 管呈气泡状逸出。抽真空至 −90 kPa 以上。当 c 管中的液面逐渐高于 b 管液面，空气排空时，迅速停止抽气，关闭平衡阀 3。

（6）测量。慢慢打开进气阀 4，使少量空气进入系统，待 bc 两管的液面相平时，迅速关闭进气阀 4，同时读出压力和温度值。然后打开阀 3，使 c 管液面高于 b 管液面，重复以上操作，控制每次读出的压力数字误差≤0.1 kPa，否则重复操作。

（7）每次升温 2～3 ℃，重复上述操作，从低温到高温依次测定，共测 7～8 组。升温过程中会有气泡通过 U 形管逸出，需要调节进气阀 4 加以控制，以免发生暴沸。

（8）实验结束后，关闭抽气阀 2，打开阀门 3、4，放入空气，最后打开抽气阀，使系统通大气，直到气压计显示为 0，关闭其他仪器开关。整理桌面。

六、数据记录与处理

（1）将实验数据填入表 9.3 中。

注意　饱和蒸气压 p^* ＝大气压读数＋压差计读数（为负值！）。

（2）以 $\ln(p/[p])$ 对 $1/T$ 作图，由直线的斜率求出 $\Delta_{vap}H_m^*$。

表 9.3　乙醇的饱和蒸气压测定试样数据记录

室温 $t =$ ＿＿＿＿ ℃　　大气压 $p =$ ＿＿＿＿kPa

编　号	温度(℃)	表压(kPa)	P^* (Pa)	$\ln(P/[P])$	$\frac{1}{T}$(K^{-1})

七、思考题

(1) 如何判断等压计中试样球与等压计 U 形管间空气已全部排出? 如未排尽空气,对实验有何影响? 每次测定前是否需要重新抽气?

(2) 测定蒸气压时为何要严格控制温度?

实验四　差热分析

一、实验目的

(1) 理解差热分析的原理。

(2) 学会定性解释差热分析图谱。

(3) 掌握差热分析仪的使用方法。

二、实验原理

差热分析(DTA)是在程序控制温度下测量物质和参比物之间的温度差与温度(或时间)关系的一种技术。描述这种关系的曲线称为差热曲线或 DTA 曲线。物质在加热或冷却过程中,当达到特定温度时,会产生物理和化学变化,并伴随有吸热或放热现象,即物系的焓发生了变化。物系焓变时,质量不一定改变,但温度必定会发生变化。差热分析就是利用这一特点,通过测定样品与参比物的温度差对时间的函数关系,来鉴别物质或确定组成结构以及转化温度、热效应等物理化学性质。

差热分析时,试样与参比物(如 Al_2O_3)分别放在坩埚中,然后置入电炉中加热升温。在

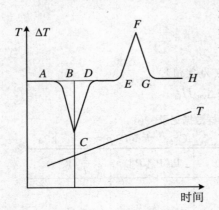

图 9.4　差热曲线

升温过程中试样如没有热效应,则试样与参比物之间的温度差 ΔT 为零,表现为一条水平线,而试样在某温度下有放热效应时,则样品与参比物有正温差,曲线偏离基线移动,直至反应终了,再经过试样与参考物之间的热平衡过程而逐渐恢复到温差为零,形成一个放热峰。吸热反应温差为负值,曲线偏离基线移动的结果形成一个吸热峰。如图 9.4 所示,ACD 为吸热峰,EFG 为放热峰。反应起始点为 A(或 E),C(或 F)为峰顶,主要反应结束于此,但反应全部终止实际是 D(或 G)点。BC 为峰高,表示试样与参比物之间最大温差。ACD 所包围的面积称为峰面积。

分析差热图谱的依据是差热峰的数目、位置、方向、

高度、宽度、对称性以及峰的面积等。峰的数目表示在测定温度范围内,待测样品发生变化的次数;峰的位置表示发生转化的温度范围;峰的方向指示过程是吸热还是放热;峰的面积反映热效应大小,在相同测定条件下,差热峰的面积与过程的热效应成正比,即

$$\Delta H = \frac{C}{m}S \tag{9.13}$$

式(9.13)中,ΔH 为反应热,m 为样品质量,S 为差热曲线所包围的面积,C 为仪器常数,需要通过已知热效应的物质求得。

三、实验器材

差热分析仪(NDTA-111 型)1 台;交流稳压电源 1 台;镊子 2 把;洗耳球 1 只。

四、实验试剂

α-氧化铝;$CuSO_4 \cdot 5H_2O$(分析纯);Sn 粉(200 目左右)(A.R.)。

五、操作步骤

1. 仪器常数 C 的测定

(1) 将电源和数据线连接在仪器主机上,数据线的另一端接在电脑主机上,打开电源开关,仪器预热 20 min。

(2) 断开 NDTA-III 差热分析仪电源,缓缓抬起加热炉体,轻轻转动支撑杆,将样品 Sn 粉(约 6~7 mg)装入一只清洁的平底坩埚内,并在另一只平底坩埚内装入质量相等的参比物(α-氧化铝),适当用力捣实后,将坩埚轻轻放置在差热电偶的托盘上,缓慢放下炉体,尽量避免炉体晃动,然后把稳固螺母旋紧。

(3) 将加热器电缆插入加热器电源接口,并打开 NDTA-III 型差热分析仪电源,参数设置:按下"设置"键,通过"+1"、"-1"、"X10"键设置加热器目标温度(Sn 的最高温度设为 280 ℃,$CuSO_4 \cdot 5H_2O$ 为 350 ℃),再按下"设置"键,进入正常工作状态;按"▼"键或"▲"键设定升温速率为 12 ℃·min^{-1}。

(4) 计算机绘图程序设置。打开 NDTA-III 型差热分析软件,在工具栏参数设定中,点"设置坐标系",选择全屏绘图,输入纵坐标(Sn:0~280 ℃,$CuSO_4 \cdot 5H_2O$:0~350 ℃),输入横坐标最大值,30 min 或再长,点确认。数据采集时间为 10 000 ms。偏差值范围选为 ±30 μV。

(5) 点击工具栏"开始实验"按钮,弹出"请输入样品名称!"对话框,输入样品名称,点击"OK",弹出"请输入参比物名称",系统默认为"三氧化二铝",点击"OK"。

(6) 根据工具栏下方提示,按下差热分析仪面板上的"置零"键 2~3 s,将差热电动势置零后,点击"继续",然后,按下差热分析仪面板上的"加热"键,加热器开始加热,同时"加热"指示灯亮后,点击"继续",弹出"是否需要保存实验数据",点击"YES",输入保存文件名后,系统自动开始采集实验数据。

(7) 打开水冷循环系统,可用控制自来水笼头实现水冷循环系统或用超级恒温水循环,

注意开水循环系统时,先检查循环水管是否弯曲。

(8) 数据采集完成后,点击"停止实验"按钮停止采集任务,并自动保存数据。

2. CuSO₄·5H₂O 脱水过程测定

待仪器温度下降到 45 ℃ 以下时,按要求准备好 $CuSO_4 \cdot 5H_2O$,重新设定测定条件,温度速率改为 17 ℃·min^{-1},其他步骤同上。

六、实验结果分析

(1) 对所得锡和 $CuSO_4 \cdot 5H_2O$ 的差热图谱进行定性分析,解释各变化的意义。

(2) 已知纯锡的熔化热为 $\Delta H_m = 7.047 \, KJ \cdot mol^{-1}$,由锡的差热峰面积求算仪器常数,再由公式求出样品的相变热。

七、思考题

(1) 差热分析基本原理是什么?

(2) 实验中为什么要选择适当的升温速率?分析过快或过慢的后果。

八、差热峰面积的测量

1. 三角形法

若差热峰对称性好,可以作等腰三角形处理,即

$$A = h \times y_{0.4} \quad 或 \quad A = \frac{h}{3}(y_{0.1} \times y_{0.5} \times y_{0.9})$$

式中,A 为峰面积,h 为峰高,$y_{0.1}$、$y_{0.4}$、$y_{0.5}$、$y_{0.9}$ 分别为 1/10、4/10、5/10、9/10 处的峰宽。

2. 面积仪法

当差热峰不对称时,常常用此方法。面积仪是手动方法测量面积的仪器,可准确到 $0.1 \, cm^2$。当被测面积小时,相对误差就大,必须重复测量多次取平均值,以提高准确度。

除上述几种方法以外还有称重法、图解积分法、积分仪法等。

实验五　双液系气–液平衡相图

一、实验目的

(1) 绘制常压下环己烷–乙醇双液系的 $T\text{-}x$ 相图,求其恒沸组成及恒沸点。

(2) 学会用折射率确定双组分体系组成的方法。

(3) 掌握阿贝折射仪的使用方法。

二、实验原理

相图是用来描述相平衡系统温度、压力、组成间关系的图形。完全互溶双液系在恒定压力下的气液平衡 T-x 相图可分为以下三类。

（1）相对于理想系统具有一般正、负偏差的系统：其溶液沸点介于两纯物质沸点之间，如图 9.5 所示。如苯-丙酮体系（正偏差），氯仿-乙醚系统（负偏差）。

（2）最大正偏差系统（图 9.6）：由于 A-B 两组分的相互影响，实际总蒸气压比拉乌尔定律计算的蒸气总压大，且在某一组成范围内比易挥发组分的饱和蒸气压还大，实际蒸气总压出现最大值，在 T-X 图上有最低点出现，如乙醇-环己烷体系。

（3）最大负偏差系统（图 9.7）：由于 A-B 两组分的相互影响，实际总蒸气压比拉乌尔定律计算的蒸气总压小，且在某一组成范围内比难挥发组分的饱和蒸气压还小，实际蒸气总压出现最小值，在 T-X 图上有最高点出现，如氯仿-丙酮体系。

有正、负偏差的两类体系在最高或最低沸点时的气液两相组成相同，加热蒸发的结果只使气相总量增加，气液相组成及溶液沸点保持不变，这时的温度叫作恒沸点，相应的组成叫作恒沸组成。外界压力不同时，同一双液系的相图也不尽相同，所以恒沸点和恒沸点混合物的组成还与外压有关，一般在未注明压力时，通常都指外压为标准大气压的值。

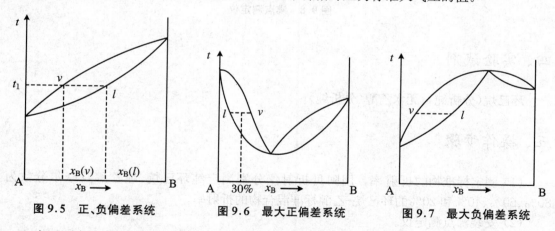

图 9.5 正、负偏差系统　　　图 9.6 最大正偏差系统　　　图 9.7 最大负偏差系统

为了测定双液系的 T-x 图，需在气液平衡后测定其沸点以及液相、气相的平衡组成。实验中气液平衡组分的分离是通过沸点仪实现的，沸点仪的设计虽各异，但其设计思想都集中在如何正确地测定沸点和气液相的组成，以及防止过热和避免分馏等方面。本实验所用的沸点仪如图 9.8 所示。这是一只带有回流冷凝管的长颈圆底烧瓶，冷凝管底部有一球形小室 D，用以收集冷凝下来的气相样品。液相样品通过烧瓶上的支管 L 抽取，图中 E 是一根用 300 W 的电炉丝截制而成的电加热丝，直接浸入溶液中加热，以减少溶液沸腾时的过热暴沸现象。传感器与数字温度计相连用于测定温度。

分析气液两相组成的方法一般有化学法和物理法。本实验用阿贝折射仪测定溶液的折射率以确定其组成。因为在一定温度下，纯物质的折射率是一特征数值，两物质互溶形成溶液后，溶液的折射率就与其组成有一定的顺变关系。预先测定一定温度下一系列已知组成溶液的折射率，作组成-折射率工作曲线，然后根据待测溶液的折射率，由工作曲线来确定待测溶液的组成。

三、实验器材

沸点测定仪1套;稳流电源1台;阿贝折射仪1台;(25 mL、10 mL、5 mL、1 mL)移液管各1支;100 mL锥形瓶2个;滴管2支。

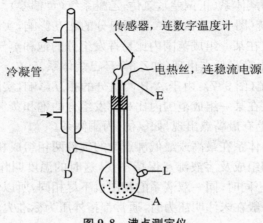

图9.8　沸点测定仪

四、实验试剂

环己烷(分析纯);无水乙醇(分析纯)。

五、操作步骤

(1) 测定标准物的折射率。用阿贝折射仪分别测定纯环己烷、纯乙醇及摩尔分数为80%、60%、40%和20%的环己烷-乙醇标准混合物的折射率。

(2) 安装沸点测定仪。

(3) 测定一系列待测液的沸点与组成。

在沸点仪中加30 mL纯环己烷,开通冷凝管冷却水,加热使溶液沸腾,待溶液沸腾且回流2~3 min,温度稳定后,记下溶液的沸点,稍冷却后用滴管从冷凝管下方小球吸取气相样品测其折射率,再用另一滴管吸取沸点仪中的液相样品测折射率,测定完毕,待测液回收。

同法分别再测定环己烷-乙醇摩尔分数分别为0%、3%、15%、30%、50%、60%、80%、92%、97%的沸点及液相和气相的折射率。

六、数据记录与处理

(1) 把实验数据记录在表9.4和表9.5中。

表 9.4　环己烷-乙醇标准溶液的折射率-组成关系

室温：_____℃　　气压：_____kPa

环己烷摩尔分数(%)	100(纯环己烷)	80	60	40	20	0
折射率						

表 9.5　环己烷-乙醇二组分体系相图测定记录表

溶液编号	溶液组成 环己烷 x_B(%)	沸点(℃)	气相冷凝液组成分析		液相组成分析	
			折射率	环己烷 y_B(%)	折射率	环己烷 x_B(%)

（2）根据如表 9.4 所示数据绘制标准工作曲线。

（3）根据曲线，计算气液相各组分的组成，并绘制环己烷-乙醇的气-液组成 T-x 相图。

（4）从绘制的相图上找出恒沸点和恒沸组成。

七、思考题

（1）在测定沸点时，溶液过热或出现分馏现象，将使绘出的相图图形发生什么变化？

（2）本实验溶液是否需要精确配制？

实验六　二组分合金相图

一、实验目的

（1）了解固液相图的特点，进一步学习和巩固相律等有关知识。

（2）用步冷曲线法测绘 Pb-Sn 二组分金属相图。

（3）掌握金属相图测定仪的使用方法。

二、实验原理

二组分金属相图是表示两种金属混合体系的组成与凝固点关系的图。由于此体系属凝聚体系，其固、液两相的摩尔体积相差不大，所以固-液相图受外界压力的影响颇小，通常表示为固液平衡时液相组成与温度的关系，即 T-x 图。

较为简单的二组分金属相图主要有三种：

（1）液相完全互溶，凝固后，固相也能完全互溶成固熔体的系统，最典型的为 Cu-Ni 系统，如图 9.9 所示。

（2）液相完全互溶，而固相是部分互溶的系统，例如 Pb-Sn 系统，如图 9.10 所示，本实验研究的系统就是这一种。

（3）液相完全互溶而固相完全不互溶的系统，最典型是 Bi-Cd 系统，如图 9.11 所示。

测定金属二组分固液相图一般用步冷曲线法，即把金属按一定比例配成均匀的液相体系（金属或合金加热熔融），让它缓慢冷却，以体系温度对时间作图，则为步冷曲线。根据步冷曲线可以分析相态的变化。若冷却过程中体系无相变发生，则体系温度随时间均匀下降；若冷却过程中体系发生相变，将会产生相变热，使降温速度发生改变，此时步冷曲线会出现转折点和水平线段。转折点表征此温度下发生的相变信息。由体系的组成和相变点的温度作为 T-x 图上的一个点，众多实验点的合理连接就成了相图上的一些相线，并构成若干相区，这就是步冷曲线法绘制固-液相图的概要。

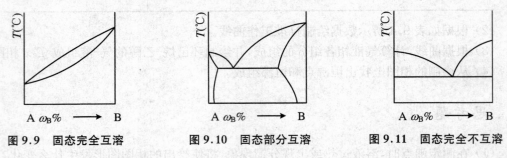

图 9.9　固态完全互溶　　　　图 9.10　固态部分互溶　　　　图 9.11　固态完全不互溶

对于简单的二组分凝聚系统，步冷曲线有三种形式，如图 9.12 所示（a）图中的 a、b、c 三条曲线。曲线 a 是纯物质 A 的步冷曲线，将纯液体冷却至 H 时，固相开始析出，体系发生相变释放出相变热，建立了单组分两相平衡，体系温度将保持恒定，曲线上出现平台，直到样品完全凝固。此后温度继续下降。平台的温度就是物质 A 的凝固点。

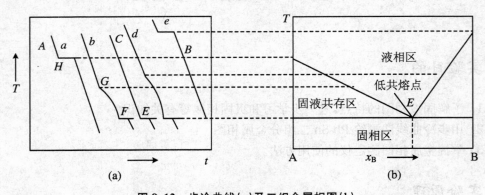

图 9.12　步冷曲线(a)及二组金属相图(b)

曲线 b 是二组分混合物质的步冷曲线。该组分属于物质 A 含量高于低共熔点处 A 含量的混合组分，因为含有 B 物质，则在低于纯 A 凝固点温度的 G 点开始析出固体 A，曲线在此出现转折。随着固体 A 的析出，使得液相中 B 的浓度不断增大，凝固点逐渐降低，直到 F 点时，两种固体共同析出，此时固、液相组成不变（最低共熔组成），建立三相平衡（自由度为 0），温度不随时间变化，体系释放出相变热，使得曲线上出现平台，直到液体全部凝固，温度继续下降。如果液相中 B 的组分含量比熔点处 B 的含量高，则先析出 B，且转折点温度不同，而步冷曲线与此相似，如曲线 d。

曲线 c 是具有最低共熔物的成分,该液体冷却时,情况与纯 A 体系相似。与曲线 a 相比,其组分数由 1 变为 2,但析出的固相数也由 1 变为 2,所以 E 也是定值。当熔融的系统均匀冷却时,如果系统不发生相变,则系统的冷却温度随时间的变化是均匀的,冷却速率较快。当熔液继续冷却到某一点时(如 E 点),此时熔液系统按液相组成的固体析出,由于在相变过程中伴随着放热效应,系统温度保持不变。因此步冷曲线上出现水平线段,当熔液完全凝固后,温度才迅速下降。

由此可知,对组成一定的二组分低共熔混合物系统,可以根据它的步冷曲线得出有固体析出的温度和低共熔点温度。根据一系列组成不同的步冷曲线的各转折点,即可画出二组分系统的 T-x 相图。不同组成熔液的步冷曲线对应的相图如图 9.12(b)所示。

用步冷曲线法绘制相图时,被测系统必须时时处于或接近平衡状态,因此冷却速率要足够慢才能得到较好的结果。

三、实验器材

金属相图(步冷曲线)测定装置(JX-3D)型 1 套;计算机 1 台。

四、实验试剂

Pb(分析纯);Sn(分析纯);石墨粉。

五、操作步骤

1. 配置样品

用感量 0.01 g 的电子天平分别配置含 Sn 质量分数为 0%、20%、40%、70%、80%、100%的 Pb-Sn 混合物各 100 g,分别装入 6 个不锈钢样品管中,并在样品上覆盖一薄层石墨粉以防试样氧化。

2. 设置控制温度

(1) 检查各接口连接是否正确,然后接通电源开关。进行实验前,将仪器开启两分钟。

(2) 设置工作参数(在金属相图测量装置上设置):

① 按"设置"按钮,温度显示器显示"o",设置目标温度,显示在加热功率显示器上,按"+1"增加,按"−1"减少,按"X10"左移一位,即扩大十倍。目标温度需要参考该组分的熔点,考虑加热电炉的温度缓冲,一般设为低于熔点温度 20~30 ℃ 比较适宜。

② 再按"设置"按钮,温度显示器显示"b",设置加热速率,显示在加热功率显示器上,加热速率设为 50 ℃·min⁻¹ 比较适宜。

③ 再按"设置"按钮,温度显示器显示"c",设置保温速率,显示在加热功率显示器上,保温速率设为 30 ℃·min⁻¹ 比较适宜。

④ 再按"设置"按钮,设置完成。

3. 步冷曲线测量程序的设定

① 进入金属相图软件程序,按"打开串口"按钮,选择适当的串口,如果选择正确,将会

在软件左上方的文本框内显示仪器所测当前温度值。设置采样时间(0.5 min)。

② 按下"坐标设置"按钮,设置图形框内所显示的温度的最小值、最大值及时间长度。点"确定",即显示所设定的坐标。

4. 样品的熔融

将温度传感器插入测量组分的样品管中,按下金属相图测量装置上的加热按钮,开始加热,到设置温度停止加热。

5. 绘制步冷曲线

加热完成后,绘制步冷曲线。按下"开始实验"按钮,输入本次实验数据保存的文件名,而后开始记录实验数据,直到绘制的步冷曲线在平台下 30~40 ℃(纯 Pb 降温到 280 ℃,纯 Sn 降温到 190 ℃,其他样品降到 150 ℃左右)。实验数据将以波形的形式显示在程序界面上。

6. 绘制各组分步冷曲线

依次作各组分的步冷曲线。

7. 结束实验

实验结束后,按下"结束实验"按钮,保存好本次的实验数据。

六、数据记录与处理

1. 绘制步冷曲线

按下"步冷曲线"按钮,根据实验要求将实验结果添加至图形上。多次重复这一过程,可将多条曲线添加到图形上。

2. 绘制相图曲线

按下"相图绘制"按钮,分别输入"拐点温度"、"样品成分",输入顺序按照其中一种物质的百分比。为了保证相图的正确性,必须保证实验结果覆盖相图曲线的两段直线。

七、思考题

(1) 试用相律分析各步冷曲线上出现平台的原因。

(2) 何谓步冷曲线法?用步冷曲线法测绘相图时,应注意哪些问题?

实验七 蔗糖水解反应速率常数的测定

一、实验目的

(1) 测定蔗糖水解反应的速率常数和半衰期。

(2) 掌握反应物浓度与旋光度之间的关系。

(3) 了解旋光仪的基本原理,掌握旋光仪的正确操作技术。

二、实验原理

蔗糖在纯水中水解成葡萄糖和果糖,但反应速率很慢,一般需要加 H^+ 进行催化反应,反应方程式为

$$C_{12}H_{22}O_{11} + H_2O \xrightarrow{H^+} C_6H_{12}O_6 + C_6H_{12}O_6$$

因 H^+ 为催化剂,在一定温度下,在反应过程中其浓度可视为不变,当反应过程中水大量存在时,尽管有部分水分子参加了反应,仍可近似认为整个反应过程水浓度是恒定的,因此蔗糖转化反应可看作为准一级反应,其速率方程式可写成

$$-\frac{dc}{dt} = kc \tag{9.14}$$

设 $t = 0$ 时,蔗糖的初始浓度为 c_0,移项积分得

$$\ln c = \ln c_0 - kt \tag{9.15}$$

当 $c = \frac{c_0}{2}$ 时,对应的 t 可用 $t_{1/2}$ 表示,称为反应的半衰期:

$$t_{1/2} = \frac{\ln 2}{k} = \frac{0.693}{k} \tag{9.16}$$

由式(9.15)可知,以 $\ln c$ 对 t 作图,可得一条直线,从直线的斜率可求速率反应常数。

本实验中蔗糖及其转化产物都含有不对称的碳原子,具有旋光性,且它们的旋光能力不同,因此可通过测定体系的旋光度来跟踪反应的进程。当其他条件均固定时,旋光度 α 与溶液浓度 c 呈线性关系,即

$$\alpha = Ac \tag{9.17}$$

式中比例常数 A 与物质之旋光能力、溶剂性质、样品管长度、温度等有关。

体系中的蔗糖和葡萄糖都是右旋物质,其比旋光度分别是 $[\alpha]_D^{20} = 66.6°$,$[\alpha]_D^{20} = 52.5°$,但生成物中的果糖是左旋性物质,其比旋光度 $[\alpha]_D^{20} = 91.9°$。由于旋光度与浓度成正比,并且溶液的旋光度为各组分的旋光度之和,生成物中果糖之左旋性比葡萄糖右旋性大,因此,随着反应的进行,体系的右旋角不断减小,反应至某一瞬间,体系的旋光度可恰好等于零,而后就变成左旋,直至蔗糖完全转化,这时左旋角达到最大值。用 $\alpha_0, \alpha_t, \alpha_\infty$ 分别表示 0, t, 无穷时溶液的旋光度,则

$$\alpha_0 = k_{反} c_0 \tag{9.18}$$

$$\alpha_\infty = k_{生} c_0 \tag{9.19}$$

$$\alpha_t = k_{反} c + k_{生}(c_0 - c) \tag{9.20}$$

式中 $k_{反}$ 和 $k_{生}$ 分别为反应物和生成物之比例常数。由式(9.18)~式(9.20)三式联立可得

$$c_0 = \frac{a_0 - a_\infty}{k_{反} - k_{生}} = \beta(\alpha_0 - \alpha_\infty) \tag{9.21}$$

$$c = \frac{\alpha_t - \alpha_\infty}{k_{反} - k_{生}} = \beta(\alpha_t - \alpha_\infty) \tag{9.22}$$

将式(9.21)与式(9.22)代入式(9.15)即得

$$\ln(\alpha_t - \alpha_\infty) = -kt + \ln(\alpha_0 - \alpha_\infty) \tag{9.23}$$

由于测定 α_∞ 方法的不足,在本实验中采用古根海默法处理数据,则可不必测定 α_∞。方

法如下。

把时间 t 和 $t+\Delta$（Δ 代表一定时间间隔）测定的 α 分别用 α_t 和 $\alpha_{t+\Delta}$ 表示，则根据式 (9.23)可得

$$\alpha_t - \alpha_\infty = (\alpha_0 - \alpha_\infty)e^{-kt} \tag{9.24}$$

$$\alpha_{t+\Delta} - \alpha_\infty = (\alpha_0 - \alpha_\infty)e^{-k(t+\Delta)} \tag{9.25}$$

式(9.24)－式(9.25)得

$$\alpha_t - \alpha_{t+\Delta} = (\alpha_0 - \alpha_\infty)e^{-kt}(1 - e^{-k\Delta}) \tag{9.26}$$

将式(9.26)求对数得

$$\ln(\alpha_t - \alpha_{t+\Delta}) = \ln[(\alpha_0 - \alpha_\infty)(1 - e^{-k\Delta})] - kt \tag{9.27}$$

从式(9.27)可知，只要保持 Δ 不变，右端第一项为常数，以 $\ln(\alpha_t - \alpha_{t+\Delta})$ 对 t 作图所得直线斜率即可求出 k。Δ 可选为半衰期的 2～3 倍，或反应接近完成的时间的一半。本实验可取为 30 min。

三、实验器材

旋光仪 1 台；25 mL 容量瓶 1 个；25 mL 移液管 1 支；电子天平；100 mL 锥形瓶 2 个。

四、实验试剂

2 mol·L^{-1}盐酸；蔗糖(分析纯)。

五、操作步骤

1. 预热
打开仪器电源，预热 5～10 min。

2. 仪器零点校正
将旋光管一端的盖子旋开，用蒸馏水洗净并装满，使管口形成一凸出的液面，然后将玻片轻轻推好，注意不要产生气泡，盖住旋光管，旋紧盖子。把旋光管及两端的玻片擦干，放入旋光仪中，测其旋光度。

3. 配置溶液
用烧杯称 5 g 蔗糖，用 25 mL 容量瓶定容成 25 mL 溶液，然后再倒入 100 mL 锥形瓶中，备用。

4. 测定蔗糖水解过程的旋光度
用移液管移取 25 mL 2 mol·L^{-1}盐酸于锥形瓶中，将两个锥形瓶一同放入水浴锅中恒温 10 min 后取出，立刻将盐酸全部倒入蔗糖溶液中，混匀，并在盐酸倒入蔗糖溶液一半时开始计时。迅速用少量混合液荡洗旋光管 1～2 次后，快速将混合液装满旋光管，擦干净，立即放入旋光仪中，开始读数。在测定第一个旋光度数值后，每隔 1 min 测一次，之后随着反应物浓度降低，旋光度变化变慢，待 20 min 后，可间隔 2 min 测定一次，40 min 后间隔 5 min 测定一次，共测定 60 min。

5．实验结束

实验结束时，将旋光管洗净干燥，以免酸对旋光管造成腐蚀。

六、数据记录与处理

（1）把实验数据填入表9.6。

表9.6　旋光度测定数据表

实验温度：＿＿＿＿℃　　HCl浓度：＿＿＿＿mol·L^{-1}　　零点：＿＿＿

反应时间（min）	α_t	反应时间（min）	α_t

（2）作 α_t-t 图，绘成平滑曲线。

（3）在 α_t-t 曲线上，每5 min 读取一个值，取12个点，计算相应的 $\ln(\alpha_t - \alpha_{t+\Delta})$。

（4）以 $\ln(\alpha_t - \alpha_{t+\Delta})$ 对 t 作图，由图求速率反应常数和半衰期，需注明反应条件。

七、思考题

（1）为什么可用蒸馏水来校正旋光仪的零点？在蔗糖转化反应中，所测旋光度是否需要零点校正？为什么？

（2）蔗糖溶液为什么可以粗略配置？对实验结果有无影响？

实验八　乙酸乙酯皂化反应速率常数及活化能的测定

一、实验目的

（1）掌握电导法测定乙酸乙酯皂化反应速率常数的原理与技术。

（2）掌握活化能的测定方法。

（3）熟悉电导率仪和恒温水浴锅的使用方法。

二、实验原理

乙酸乙酯皂化反应是一个典型的二级反应，其反应方程式为

$$CH_3COOC_2H_5 + NaOH \longrightarrow CH_3COONa + C_2H_5OH$$

设反应物起始浓度均为 c，经时间 t 后产物的浓度为 x，其速率方程可表示为

$$\frac{dx}{dt} = k(c - x)(c - x) \tag{9.28}$$

积分得

$$kt = \frac{x}{c(c - x)} \tag{9.29}$$

c 已知,只要测出反应进程中 t 时的 x 值,就可得到反应速率常数 k 值。本实验通过测定溶液电导的变化跟踪反应的进行,采用电导法测定依据是:

(1) 由于反应物是稀的水溶液,故可假定 CH_3COONa 全部电离,$CH_3COOC_2H_5$ 几乎不溶于水,而 C_2H_5OH 在水中的电离度很小,这两个分子对电导的贡献很小,可忽略。溶液中参与导电的离子只有 OH^-,Na^+ 和 CH_3COO^-,Na^+ 浓度在反应前后保持不变,OH^- 则不断减少,而 CH_3COO^- 不断增多,由于 OH^- 的摩尔电导比 CH_3COO^- 离子的摩尔电导大得多,因此,随着反应的进行,体系电导不断下降。

(2) 在稀溶液中,每种强电解质的电导与其浓度成正比,溶液的总电导等于溶液中各电解质电导之和。

设 G_0,G_t,G_∞ 分别代表时间为 0,t,∞ 时刻溶液的电导。在稀溶液下,溶液电导与浓度满足以下关系:

$$G_0 = a_1 c \tag{9.30}$$

$$G_\infty = a_2 c \tag{9.31}$$

$$G_t = a_1(c - x) + a_2 x \tag{9.32}$$

式中,a_1,a_2 是与温度、溶剂、电解质 $NaOH$ 及 $NaAc$ 的性质有关的比例常数。设 $\frac{1}{a_1 - a_2} = \beta$,由式(9.30)~式(9.32)三式联立可得

$$x = \beta(G_0 - G_t) \tag{9.33}$$

$$c = \beta(G_0 - G_\infty) \tag{9.34}$$

式(9.33)、式(9.34)说明在一定浓度范围内,体系电导值的减少量与 CH_3COONa 的浓度增加量成正比。将两式代入式(9.29)得

$$G_t = \frac{1}{kct}(G_0 - G_t) + G_\infty \tag{9.35}$$

因 $\kappa = G\dfrac{L}{A}$,κ 为电导率,L/A 为电导池常数,则

$$\kappa_t = \frac{1}{kc}\frac{\kappa_0 - \kappa_t}{t} + \kappa_\infty \tag{9.36}$$

因此只要测出 κ_0 及一组 κ_t 值后,以 $\dfrac{\kappa_0 - \kappa_t}{t}$ 对 κ_t 作图,由直线斜率即可求得反应速率常数 k。

根据阿仑尼乌斯公式,通过测定两个温度条件下的反应速率常数即可求得反应活化能,即

$$\ln \frac{\kappa_2}{\kappa_1} = \frac{E_a}{R} \times \frac{T_2 - T_1}{T_1 T_2} \tag{9.37}$$

式中,κ_2,κ_1 分别代表温度 T_2,T_1 时的反应速率常数,T_2,T_1 的单位为开尔文。

三、实验器材

DDSJ-308A 型电导率仪;恒温水浴;移液管(20 mL)2 支;100 mL 细口锥形瓶 4 个。

四、实验试剂

0.100 mol・L^{-1} CH$_3$COOC$_2$H$_5$；0.100 mol・L^{-1} NaOH。

五、操作步骤

(1) 开启恒温水浴电源,将水槽温度调至 30 ℃。打开电导率仪电源,预热。

(2) κ_0 的测量:用移液管分别移取 20 mL 蒸馏水和 20 mL 0.100 mol・L^{-1} NaOH 溶液于两个锥形瓶中,盖上胶塞,在 30 ℃的恒温水浴中恒温 10 min,混匀,用少量混合溶液润洗电极,将电导电极插入锥形瓶中直接测电导率。

(3) κ_t 的测量:分别移取 20 mL 0.100 mol・L^{-1} CH$_3$COOC$_2$H$_5$ 和 20 mL 0.100 mol・L^{-1} NaOH 于两个锥形瓶中,盖上胶塞,放入 30 ℃的恒温水浴中恒温 10 min 后,把氢氧化钠溶液迅速倒入乙酸乙酯溶液中,混匀,倒入一半时即开始计时,取少许混合液润洗电极后,立即插入锥形瓶中测电导率,测定第一个数据后,每隔 0.5 min 读一次数据,共读 4 次,然后每隔 1 min 读一次数据,共 4 次,接着每 2 min 读一次数据,共 2 次,最后每 3 min 读一次数据,共 1 次,即可结束。

(4) 在恒温 40 ℃条件下,再同上法分别测定 κ_0 和 κ_t。

六、数据记录与处理

(1) 把实验数据记录在表格 9.7 中。

表 9.7　原始数据记录表

室温:＿＿＿＿℃　　大气压:＿＿＿＿kPa

温度:	t(min)								
κ_0	κ_t(s・m^{-1})								
温度:	t(min)								
κ_0	κ_t(s・m^{-1})								

(2) 以 $\dfrac{\kappa_0-\kappa_t}{t}$ 对 κ_t 作图,由直线斜率求反应速率常数和半衰期。

(3) 根据阿仑尼乌斯公式计算反应活化能 E_a。

七、思考题

(1) 如果 NaOH 溶液和 CH$_3$COOC$_2$H$_5$ 溶液的起始浓度不相等,试问应怎样计算?

(2) 如果 NaOH 溶液和 CH$_3$COOC$_2$H$_5$ 溶液为浓溶液,能否用此法求 κ 值? 为什么?

实验九　原电池电动势的测定及其应用

一、实验目的

(1) 掌握对消法测量原电池电动势的原理,熟悉电位差计的使用方法。

(2) 学习制备简单的金属电极和盐桥。

(3) 测定以下原电池的电动势:

① $(-)Zn(s)\mid ZnSO_4(0.100\ 0\ mol\cdot L^{-1})\parallel KCl(饱和)\mid Hg_2Cl_2(s)\mid Hg(l)(+)$;

② $(-)Hg(l)\mid Hg_2Cl_2(s)\mid KCl(饱和)\parallel CuSO_4(0.100\ 0\ mol\cdot L^{-1})\mid Cu(s)(+)$;

③ $(-)Zn(s)\mid ZnSO_4(0.100\ 0\ mol\cdot L^{-1})\parallel CuSO_4(0.100\ 0\ mol\cdot L^{-1})\mid Cu(s)(+)$;

④ $(-)Hg(l)\mid Hg_2Cl_2(s)\mid KCl(饱和)\parallel H^+(0.1\ mol\cdot L^{-1}\ HAc+0.1\ mol\cdot L^{-1}\ NaAc)\mid Q\cdot QH_2\mid Pt(+)$。

二、实验原理

原电池由两个"半电池"组成,每一个半电池含有一个电极和其对应的电解质溶液。在电池放电过程中,正极上起还原反应,负极上起氧化反应,而电池反应是这两个电极反应的总和。原电池电动势等于正、负电极的电极电势之差:

$$E=\varphi_{正}-\varphi_{负}=\varphi_{右}-\varphi_{左}=\left[\varphi_{右}^{\ominus}-\frac{RT}{nF}\ln\frac{(\alpha_{还原态})_{右}^{\nu_1}}{(\alpha_{氧化态})_{右}^{\nu_2}}\right]-\left[\varphi_{左}^{\ominus}-\frac{RT}{nF}\ln\frac{(\alpha_{还原态})_{左}^{\nu_1}}{(\alpha_{氧化态})_{左}^{\nu_2}}\right] \tag{9.38}$$

下面以锌-铜原电池为例进行分析,当电池放电时,电池反应为

$$Zn+Cu^{2+}\longrightarrow Zn^{2+}+Cu$$

根据式(9.38),Cu-Zn 原电池的电动势为

$$E=(\varphi_{Cu^{2+}/Cu}^{\ominus}-\varphi_{Zn^{2+}/Zn}^{\ominus})-\frac{RT}{2F}\ln\frac{a_{Zn^{2+}}}{a_{Cu^{2+}}} \tag{9.39}$$

式中,$\varphi_{Zn^{2+}/Zn}^{\ominus}$,$\varphi_{Cu^{2+}/Cu}^{\ominus}$分别为当 $\alpha_{Zn^{2+}}=\alpha_{Cu^{2+}}=1$ 时锌电极、铜电极的标准电极电势。$a_{Zn^{2+}}$,$a_{Cu^{2+}}$ 分别为 $ZnSO_4$,$CuSO_4$ 的平均活度。

对单个离子,其活度无法确定,但强电解质平均活度与平均摩尔浓度有以下关系:

$$a_{Zn^{2+}}=\gamma_{\pm}n_1,\quad a_{Cu^{2+}}=\gamma_{\pm}n_2 \tag{9.40}$$

式中,n_1,n_2 分别为锌离子和铜离子的平均摩尔浓度,$\gamma_{\pm}$ 为电解质的平均活度系数。

因为电极电势绝对值无法测定,实际测量中,需要用参比电极作为标准来进行测定,本实验采用饱和甘汞电极作为标准电极。对于饱和甘汞电极来说,氯离子浓度在一定温度下是定值,故其电极电势只与温度有关:

$$\varphi_{饱和甘汞}=0.241\ 5-0.000\ 65(t-25)(t\ 的单位为\ ℃) \tag{9.41}$$

　　在一定温度和压力下,当电池为可逆电池时,$\Delta_r G_m = -nEF$,因此测定 E 在热力学上有很大的应用价值。例如,根据热力学各函数间的关系,由 E 即可求得 $\Delta_r G_m$、$\Delta_r H_m$、$\Delta_r S_m$、电解质的平均活度系数 $\gamma_\pm$、溶液的 pH 等数据。

　　可逆电池应满足:(1) 电池反应可逆,亦即电池电极反应可逆;(2) 电池中不允许存在任何不可逆的液接界;(3) 电池必须在可逆的情况下工作,即充放电过程允许通过电池的电流为无限小。在精确度要求不高的测量中,常用正负离子迁移数较接近的盐类构成的"盐桥"来消除液接电位;用电位差计测量电动势也可满足通过电池电流为无限小的条件。

　　本实验将醌氢醌电极与饱和甘汞电极组成原电池,测定其电动势,求未知溶液的 pH。醌氢醌($Q \cdot QH_2$)是一种暗褐色晶体,为醌(Q)与氢醌(QH_2)等摩尔混合物,将待测溶液用 $Q \cdot QH_2$ 饱和后,再插入一只光亮 Pt 电极就构成了 $Q \cdot QH_2$ 电极,$Q \cdot QH_2$ 作为还原电极时,其反应为

$$C_6H_4O_2 + 2H^+ + 2e^- \longrightarrow C_6H_4(OH)_2$$

在酸性溶液中,氢醌的解离度很小,因此醌和氢醌的活度可以认为相同,其电极电势为

$$\varphi_{Q \cdot QH_2} = \varphi_{Q \cdot QH_2}^{\ominus} - \frac{RT}{F}\ln\frac{1}{\alpha_{H^+}} = \varphi_{Q \cdot QH_2}^{\ominus} - \frac{2.303RT}{F}\text{pH} \tag{9.42}$$

设醌氢醌电极与饱和甘汞电极组成原电池的电动势为 E,则

$$\text{pH} = (\varphi_{Q \cdot QH_2}^{\ominus} - E - \varphi_{\text{饱和甘汞}}) \div \frac{2.303RT}{F} \tag{9.43}$$

其中,$\varphi_{Q \cdot QH_2}^{\ominus} = 0.6994 - 0.00074(t-25)$,$t$ 的单位为 ℃。

三、实验器材

　　电位差计;天平;铂电极 1 支;甘汞电极 1 支;铜电极 1 支;锌电极 1 支;U 形管 1 支;100 mL 烧杯 6 个;250 mL 烧杯 1 个;电炉;玻棒 1 根;滴管 1 支。

四、实验试剂

　　琼脂;KNO_3(分析纯);0.1000 mol·L^{-1} $ZnSO_4$ 溶液;0.1000 mol·L^{-1} $CuSO_4$ 溶液;未知 pH 溶液(0.1 mol·L^{-1} HAC+0.1 mol·L^{-1} NaAC);3 mol·L^{-1} HNO_3;6 mol·L^{-1} H_2SO_4;KCl 饱和溶液;镀铜溶液(镀铜液组成为:每升中含 125 g $CuSO_4 \cdot 5H_2O$,25 g H_2SO_4,50 mL 乙醇);醌氢醌晶体。

五、操作步骤

1. 盐桥制备
　　将琼脂、蒸馏水以 3(g):100(g)的比例加入 250 mL 烧杯中,于热水浴中使琼脂溶解,然后加入 40 g 硝酸钾,充分搅拌使硝酸钾溶解,趁热用滴管将它灌入已经洗涤的 U 形管中,U 形管的两端或中间不能留有气泡,冷却后待用。

2. 电极的制备
　　(1) 锌电极。

将锌电极在稀硫酸溶液中浸泡片刻（2～5 min），除去表面氧化物，取出洗净，浸入汞或饱和硝酸亚汞溶液中约 3～5 s，取出后用滤纸轻轻擦拭，表面上即生成一层光亮的汞齐，用蒸馏水冲洗晾干后，插入 0.100 0 mol·L^{-1} ZnSO$_4$ 中待用（因为汞蒸气有剧毒，实验过的滤纸不要乱扔，放在指定的地方）。

（2）铜电极。

将铜电极在稀硝酸中浸泡片刻，取出洗净，作为负极，以另一铜片（棒）作正极在镀铜液中电镀，电镀时，控制电流密度为 10 mA·cm^{-2} 左右，电镀 20～30 min 得表面呈红色的 Cu 电极，洗净后放入 0.100 0 mol·L^{-1} CuSO$_4$ 中备用。

3. 电动势的测定

将 20 mL 饱和氯化钾溶液注入 50 mL 的烧杯中，插入甘汞电极，另取一个烧杯，注入 20 mL 0.100 0 mol·L^{-1} ZnSO$_4$，插入锌电极，架上盐桥组成原电池，然后分别接在电位差计的测量柱上，在内标挡上调零，然后调到测量挡进行测量。测 2～3 次，取平均值，记下室温。

4. 其他电动势的测定

再依次测定实验目的中其他 3 个原电池的电动势。

实验完毕后必须把盐桥放在水中加热溶解，并取出洗净。

六、数据记录与处理

（1）将实验数据记录于表 9.8 中。

表 9.8 原始数据记录表

温度：_____℃　　压力：_____kPa

待测电池	测量值（E）	平均值

（2）计算实验温度下，铜、锌电极的电极电势及铜离子和锌离子的平均活度系数。

（3）计算未知溶液的 pH。

七、思考题

（1）补偿法测原电池电动势的基本原理是什么？

（2）为什么用伏特表不能准确测定原电池的电动势？

实验十 离子选择性电极的应用

一、实验目的

(1) 掌握氯离子选择性电极的使用方法。
(2) 理解用氯离子选择性电极测定氯离子浓度的基本原理。
(3) 了解精密酸度计测量直流毫伏值的使用方法。

二、实验原理

离子选择性电极是一种以电位响应为基础的电化学敏感元件。利用离子选择性电极,通过简单的电势测量能直接测定溶液中某一离子的活度。离子选择性电极种类众多,性能各异,本实验所用的氯离子选择性电极是把 AgCl 和 Ag_2S 的沉淀混合物压成膜片,并用全固态工艺制成的。其结构如图 9.13 所示。

将电极插入待测液中,在膜-液界面上产生一特定的电位响应值,电位与离子活度间的关系可用能斯特(Nernst)方程来描述。若以甘汞电极作为参比电极,则有下式成立:

$$E = E^{\ominus} - \frac{RT}{F}\ln a_{Cl^-} = E^{\ominus} - \frac{RT}{F}\ln \gamma C_{Cl^-} = E^{\ominus} - \frac{RT}{F}\ln \gamma_{\pm} C_{Cl^-}$$

(9.44)

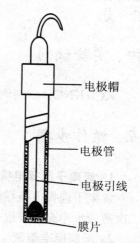

图 9.13 氯离子电极结构

其中,$a_{Cl^-} = \gamma C_{Cl^-}$,$\gamma$ 为离子活度系数,$\gamma_{\pm}$ 为平均离子活度系数。

根据德拜-休克尔极限公式:

$$\log \gamma_{\pm} = - 常数 \sqrt{I}$$

(9.45)

其中,I 为离子强度。在测定时,只要保持离子强度不变,则 $\gamma_{\pm}$ 可当作定值,所以式(9.44)可写为

$$E = E'_0 - \frac{RT}{F}\ln C_{Cl^-}$$

(9.46)

由式(9.46)可知,E 与 $\ln C_{Cl^-}$ 之间呈线性关系。测出不同浓度氯离子时的电位值 E,并作 E-$\ln C_{Cl^-}$ 图,得一直线,通过该图,可了解电极的性能,并可确定其测量范围。

虽然离子选择性电极对待测离子具有特定的响应特性,但常会受到溶液中其他离子的影响。电极选择性的好坏,常用选择系数表示,选择性系数与测定方法、测定条件、电极的制作工艺及其计算公式有关。若 j 和 i 分别代表干扰离子及待测离子,Z_i 及 Z_j 分别代表 i 和 j 离子的电荷数;k_{ij} 为该电极对 j 离子的选择系数,则:

$$E = E_0 \pm \frac{RT}{nF}\ln(a_i + k_{ij}a_j^{\frac{z_i}{z_j}})$$

(9.47)

电极帽

电极管

电极引线

膜片

其中的"－"及"＋"分别适用于阴、阳离子选择性电极。

由式(9.47)可见，k_{ij}越小，表示j离子对被测离子的干扰越小，即电极的选择性越好。通常把k_{ij}值小于10^{-3}者认为无明显干扰。当$Z_i = Z_j$时，测定k_{ij}最简单的方法是分别溶液法，即分别测定在具有相同活度的离子i和j这两个溶液中该离子选择性电极的电位E_1和E_2，则：

$$E_1 = E_0 \pm \frac{RT}{nF}\ln(a_i + 0) \tag{9.48}$$

$$E_2 = E_0 \pm \frac{RT}{nF}\ln(0 + k_{ij}a_j) \tag{9.49}$$

$$\Delta E = E_1 - E_2 = \pm \frac{RT}{nF}\ln k_{ij} \tag{9.50}$$

对于阴离子选择性电极：

$$\ln k_{ij} = \frac{(E_1 - E_2)nF}{RT} \tag{9.51}$$

三、实验器材

精密 pH 计 1 台；磁力搅拌器 1 台；217 型饱和甘汞电极（双液甘汞电极）1 支；氯离子选择性电极 1 支；1 000 mL 容量瓶 1 个；100 mL 容量瓶 10 个；50 mL 移液管 1 支；10 mL 移液管 6 支。

四、实验试剂

KCl；KNO$_3$（试剂均为分析纯）；0.1% Ca(Ac)$_2$溶液；风干土壤样品。

五、操作步骤

1. 氯离子选择电极预处理——活化

氯离子选择电极在使用前，应先在 10^{-3} mol·L^{-1} 的 KCl 溶液中浸泡活化 1 h，然后在二次蒸馏水中充分浸泡一天，必要时可重新抛光膜片表面。

2. 配制标准溶液

称取一定量干燥的 KCl 配成 0.1 mol·L^{-1} 的标准液，再用 0.1 mol·L^{-1} 的 KNO$_3$ 溶液逐级稀释，配得 5×10^{-2} mol·L^{-1}，1×10^{-2} mol·L^{-1}，5×10^{-3} mol·L^{-1}，1×10^{-3} mol·L^{-1}，5×10^{-4} mol·L^{-1}，1×10^{-4} mol·L^{-1} 的 KCl 标准液。（因其中含有 0.1 mol·L^{-1} 的 KNO$_3$，可以近似认为保持恒定的离子强度。）

3. 连接仪器

按如图 9.14 所示连接好仪器。

4. 仪器校正

接通电源，按下"mV"按键，调节"零点调节器"，使读数在 ±0 之间（温度调节器、斜率调节器在测"mV"值时不起作用）。

5. 标准曲线测量

用蒸馏水清洗电极,用滤纸吸干,从稀到浓依次测出各种浓度标准溶液的电动势。

6. 选择系数的测定

配制 $0.01\ mol \cdot L^{-1}$ 的 KCl 和 $0.01\ mol \cdot L^{-1}$ 的 KNO_3 溶液各 100 mL,分别测定其电动势。

7. 自来水中氯离子含量的测定

称 0.101 1 g KNO_3 于 100 mL 容量瓶中(目的:保持相同的离子强度),用自来水稀释至刻度,测定其电动势值。

8. 土壤中 NaCl 含量的测定

(1) 用台秤称风干土壤样品约 10 g,加入 0.1% $Ca(AC)_2$ 溶液约 100 mL,搅动几分钟,静置澄清。

(2) 用干燥洁净的吸管吸澄清液 30~40 mL,放入干燥洁净的 50 mL 烧杯中,测定其电动势值。

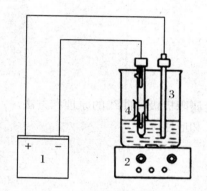

图 9.14 电极测试装置

1—酸度计;2—电磁搅拌器;3—氯离子选择性电极;4—参比电极

六、数据记录与处理

(1) 将实验数据分别记入表 9.9 和表 9.10 中。

表 9.9 标准曲线的测定数据

C_{Cl^-} $(mol \cdot L^{-1})$	1×10^{-1}	5×10^{-2}	1×10^{-2}	5×10^{-3}	1×10^{-3}	5×10^{-4}	1×10^{-4}
$lg\ C_{Cl^-}$							
E(mv)							

表 9.10 选择性系数、自来水及土壤中氯离子的测定数据

项 目	$0.01\ mol \cdot L^{-1}$ 的 KCl	$0.01\ mol \cdot L^{-1}$ 的 KNO_3	自来水	土 壤
E(mv)				

(2) 根据表 9.9 中的数据,以 $lg\ C_{Cl^-}$ 对各标准溶液的 E 作图绘制标准工作曲线。

(3) 根据表 9.10 中的数据,利用公式(9.51),计算 k_{Cl^-,NO_3^-}。

（4）根据表 9.10 中的数据，从标准曲线上查出自来水中氯离子的浓度。

（5）计算风干土壤中 NaCl 的含量：$NaCl\% = \dfrac{C_x VM}{1000} \dfrac{1}{W} \times 100\%$。式中，$C_x$ 为从标准曲线上查得的样品中 Cl^- 浓度；$V(mL)$ 为 0.1% $Ca(AC)_2$ 溶液的体积；M 为 NaCl 的摩尔质量；$W(g)$ 为土壤质量。

七、思考题

（1）离子选择性电极测试工作中，如何调节溶液离子强度？为什么要调节？

（2）选择系数 k_{ij} 表示的意义是什么？如何测量？

实验十一　阳极极化曲线的测定

一、实验目的

（1）掌握恒电位法测定金属阳极极化曲线的原理和方法。

（2）了解极化曲线的意义和应用。

二、实验原理

在研究可逆电池的电动势和反应时，电极上无电流通过，与之对应的电极电位为平衡电位，当有电流通过电极时，则电池的平衡态将受到破坏，此时电极反应处于不可逆的状态，随着电极上电流密度的增加，电极的不可逆程度也愈来愈大。这种当有电流通过电极时，由于电极反应的不可逆而使电极电势偏离平衡电位的现象称为电极的极化。极化曲线是描述电流密度与电极电势之间关系的曲线，如图 9.15 所示。

本实验采用三电极体系测定极化曲线，装置如图 9.16 所示。三电极体系是指由参比电极、研究电极、辅助电极三个电极组成的研究系统。三电极体系组成两个回路，其中研究电极和参比电极组成的回路用来测试电极的电位，而研究电极和辅助电极组成另一个回路用来测试电流，这就是所谓的"三电极两回路"系统。

极化曲线的测定方法一般有恒电流法和恒电位法，本实验采用恒电位法。恒电位法是指将研究电极上的电位控制在某一数值上，然后测量对应于该电位下的电流。由于电极表面状态在未建立稳定状态之前，电流会随时间而改变，故一般测出的曲线为"暂态"极化曲线。在实际测量中，常采用的控制电位测量方法有下列两种。

（1）静态法：将电极电位较长时间地维持在某一恒定值，同时测量电流随时间的变化，直到电流值基本上达到某一稳定值。如此每隔 $20 \sim 50$ mV 逐点地测量各个电极电位下的稳定电流值，即可获得完整的极化曲线。静态法测量结果较接近稳态值，但测量的时间较长。

(2) 动态法:控制使电极电位以较慢的速度连续地改变,并测量对应电位下的瞬时电流值,并以瞬时电流与对应的电极电位作图,获得整个的极化曲线。电位变化的速度应较慢,才能使所测得的极化曲线与采用静态法的接近。动态法测量结果距稳态值相对误差较大,但测量的时间较短,故在实际工作中,常采用动态法来进行测量。

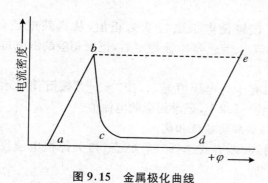

图 9.15　金属极化曲线

ab —活性溶解区;*b* —临界钝化点;*bc* —钝化过渡区;
cd —钝化稳定区;*de* —超(过)钝化区

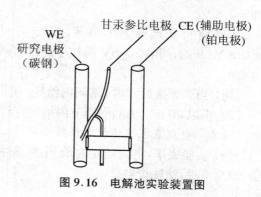

图 9.16　电解池实验装置图

三、实验器材

HDY-I 恒电位仪 1 台;碳钢电极(研究电极)1 支;饱和甘汞电极(参比电极)1 支;铂电极(辅助电极)1 支;100 mL 三口电解池 1 只;50 mL 量筒 2 只;100 mL 烧杯;碳钢电极;砂纸;脱脂棉。

四、实验试剂

饱和碳酸氢铵溶液;浓氨水;0.1 mol·L^{-1} 的稀硫酸。

五、操作步骤

(1) 用金相砂纸将碳钢电极磨光亮,用脱脂棉擦干净,再用蒸馏水清洗,必要时可用0.1 mol·L^{-1} 的稀硫酸清洗 1 min。电极除一个工作面外,其余各面均用环氧树脂封住。

(2) 打开恒电位仪开关,预热 15 min。

(3) 在 100 mL 烧杯中分别加入 30 mL 饱和碳酸氢铵溶液和 30 mL 浓氨水,混合后加入100 mL 三口电解池中(图 9.16)。用铁架台固定电解池,将研究电极(碳钢电极,碳钢电极平面靠近鲁金毛细管口 2 mm 左右,以减小溶液的电阻,但不能靠得太近,靠得太近测得的微区电位不能代表整个表面的混合电位)、铂电极、甘汞电极插入三口电解池中。

(4) 将恒电位仪的接线夹分别与碳钢电极(研究电极 WE)、铂电极(辅助电极 CE)、甘汞电极(参比电极)连接,检查,注意不要接错。

（5）接通电源，设定恒电位仪电流挡为"1 mA"，工作方式为"参比"，负载选择为"电解池"，通/断方式选择"通"，先测量"参比"对"研究"电极的自然电位（电压表数字应在 0.80 V 以上方为合格，否则需要重新处理研究电极）。

（6）按通/断方式选择"断"，将工作方式设为"恒电位"，负载选择为模拟，接通负载，再将通/断方式选择"通"，调整给定电位旋钮使电压显示为自然电压，此时为"－"值，即 －0.8 V。

（7）将负载选择为电解池，按"＋/－"按键使电极电位变为正值，从自然电位（约＋0.8 V）开始，间隔 20 mV 调往小的方向调节内给定，等电流稳定后，记录相应的恒电位和电流值。

（8）当调到接近零时，微调内给定，使得有少许电压值显示，按"＋/－"按键使显示为"－"值，再以 20 mV 为间隔调节内给定直到约 －1.2 V，记录相应的电流值。

注意 电压表上显示的电位数字符号，与实际实验值相反。

（9）实验完毕，将内给定左旋到底，先将通/断方式选择"断"状态，再关掉恒电位仪电源，取出电极，清洗仪器。

六、数据记录与处理

（1）将实验数据记录于表 9.11 中。

表 9.11　原始数据记录表

日期：_____　　　室温：_____℃　　　大气压：_____kPa

电极电位 φ（V）	
电流密度 i（mA）	

（2）以电流密度为纵坐标，电极电位（相对于参比电极）为横坐标，绘出阳极极化曲线。

（3）讨论所得实验结果及曲线的意义，指出 $\varphi_{钝化}$ 及 $i_{钝化}$ 的值。

七、思考题

（1）测定阳极极化曲线为什么要用恒电位法？

（2）阳极保护的基本原理是什么？

实验十二　最大泡压法测定溶液的表面张力

一、实验目的

（1）掌握最大泡压法测定溶液表面张力的原理和技术。

（2）测定不同浓度正丁醇水溶液的表面张力，计算其饱和吸附量。

二、实验原理

表面张力是物质表面所具有的一种特性,其大小与液体的组成、溶质的浓度、温度及与其共存的另一相物质的性质有关。温度愈高,表面张力愈小。到达临界温度时,液体与气体不分,表面张力趋近于零。从热力学观点来看,液体表面缩小是一个自发过程。在定温下纯液体的表面张力为定值,只能依靠缩小表面积来降低其表面张力。而对于溶液,由于溶质能使溶剂的表面张力发生变化,因此既可以调节溶质的浓度也可通过减小其面积来改变其表面张力。

在等温条件下,加入溶质能降低溶剂的表面张力,根据能量最低原理,则表面层溶质浓度比溶液内部大,称为正吸附。反之,加入溶质能增加溶剂的表面张力,则表面层溶质浓度比溶液内部小,称为负吸附。这种表面浓度与内部浓度不同的现象叫做溶液的表面吸附。

在一定的温度和压力下,溶质的吸附量与溶液的表面张力及溶液的浓度之间的关系遵守吉布斯(Gibbs)吸附方程:

$$\Gamma = -\frac{C}{RT}\left(\frac{\partial \sigma}{\partial C}\right)_T \tag{9.52}$$

式(9.52)中,Γ 为溶质在表层的吸附量,σ 为表面张力,C 为吸附达到平衡时溶质在溶液中的浓度。

要计算表面吸附量需要测定 $\sigma\text{-}C$ 曲线,本实验研究正吸附情况,$\sigma\text{-}C$ 曲线如图 9.17 所示。开始时 σ 随浓度增加而迅速下降,随后变化比较缓慢。在 $\sigma\text{-}C$ 曲线上任选一点 a 作切线,得到在该浓度点的斜率,代入吉布斯吸附等温式,就可计算出该浓度时的表面吸附量。同理,可以得到其他浓度下对应的表面吸附量,以浓度对 Γ 作图可得吸附等温线:$\Gamma = f(C)$。从曲线上可求饱和吸附量。

本实验用最大泡压法测定溶液的表面张力,装置如图 9.18 所示。

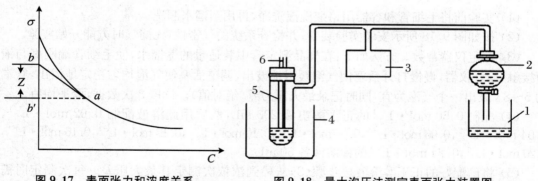

图 9.17　表面张力和浓度关系　　　　　图 9.18　最大泡压法测定表面张力装置图

1—烧杯;2—滴液漏斗;3—数字微压差仪;
4—恒温装置;5—表面张力仪;6—毛细管

当毛细管一端与被测液体接触时,打开滴液漏斗的活塞缓缓抽气,表面张力仪测定管中的压力减小,外界大气压迫使毛细管液面下降,压至毛细管口处并形成气泡,气泡曲率半径 r 先是由大变小,然后再由小变大。如果气泡在形成过程中一直保持是球形的,则气泡内外

压力差 Δp（即附加压力）与气泡曲率半径 r，液体表面张力 σ 之间的关系可用拉普拉斯方程表示：

$$\Delta p = \frac{2\sigma}{r} \tag{9.53}$$

当毛细管半径 R 与气泡曲率半径 r 相等时，气泡曲率半径最小，此时气泡所承受的压力最大，即

$$\Delta p_{最大} = \frac{2\sigma}{R} \tag{9.54}$$

随后大气压力将此气泡压出管口，曲率半径再次增大，则气泡表面膜能承受的压力差必然减少，而测定管中的压力差却在进一步加大，导致气泡立即破裂。

由于毛细管半径很小，直接测定误差较大，一般用已知表面张力的物质（如水）作为标准物去标定。对于同一套表面张力仪，毛细管半径 R 是定值，设 $\frac{R}{2} = k$ 为仪器常数，则

$$\sigma = k\Delta p_{最大} \tag{9.55}$$

三、实验器材

表面张力测定装置 1 套；500 mL 烧杯 1 个；滴管 1 支；200 mL 容量瓶 1 个；50 mL 容量瓶 9 个；5 mL、10 mL、20 mL 刻度移液管各 1 支。

四、实验试剂

正丁醇（分析纯）；蒸馏水。

五、操作步骤

(1) 实验前将毛细管和容器用铬酸洗液洗净，再用蒸馏水润洗。

(2) 按如图 9.18 所示安装实验装置，并检查系统的气密性，无漏气时方能开始实验。

(3) 标定仪器常数。方法如下：在样品测定管中装适量的蒸馏水，使毛细管端刚好与液面接触，连好仪器，慢慢打开活塞使气泡缓慢地鼓出，调整活塞使气泡均匀稳定地溢出，管端约 5~8 s 鼓出一个气泡为宜，同时记录最大压力差（绝对值）。读取 3 次数据，取平均值。

(4) 配制 0.50 mol·L^{-1} 的正丁醇溶液 200 mL，然后用此溶液配制 0.02 mol·L^{-1}，0.04 mol·L^{-1}，0.06 mol·L^{-1}，0.08 mol·L^{-1}，0.10 mol·L^{-1}，0.12 mol·L^{-1}，0.16 mol·L^{-1}，0.20 mol·L^{-1}，0.24 mol·L^{-1} 的稀溶液各 50 mL。

(5) 将已配好的正丁醇溶液按步骤（3）从稀到浓依次测定其最大压差。每次测定时需用少量待测溶液淌洗三次，尤其是毛细管部分。

(6) 实验完毕，整理桌面，洗净仪器。

六、数据记录与处理

(1) 将实验数据记录在表 9.12 中。

表 9.12 原始数据记录表格

压力：_____kPa　　温度：_____℃

溶液浓度(mol·L^{-1})	最大压力差 Δp_{max}				R 或 σ
	1	2	3	平均值	

(2) 根据实验数据和蒸馏水的表面张力计算仪器常数 k 和各浓度正丁醇溶液的表面张力。

(3) 作 σ-C 曲线图，求各浓度的表面吸附量。

(4) 作 Γ-C 图，求饱和吸附量。

七、思考题

(1) 最大气泡法测定表面张力时为什么要读最大压力差？

(2) 本实验选用不清洁的毛细管会不会影响测定结果？

第十章　基础生物化学实验

实验一　糖类的颜色反应

一、实验目的

(1) 掌握莫氏反应鉴定糖的原理和方法。
(2) 掌握塞氏反应鉴定酮糖的原理和方法。

二、糖类的颜色反应

(一) 莫氏反应(Molisch 反应)

1. 实验原理

糖在浓无机酸(浓硫酸、浓盐酸)作用下,脱水生成糠醛或糠醛衍生物,后者能与 α-萘酚生成紫红色缩合物。自由存在和结合存在的糖均呈阳性反应,如图 10.1 所示。此外,各种糠醛衍生物、葡萄糖醛酸呈颜色近似的阳性反应。因此,阴性反应证明没有糖类物质的存在,而阳性反应,则说明有糖存在的可能性。

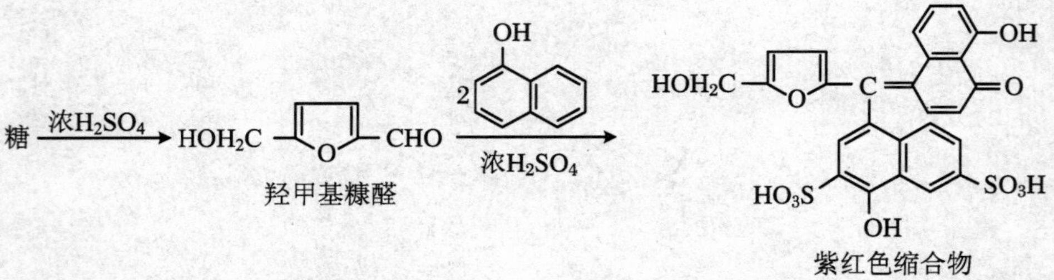

图 10.1　Molisch 反应

2. 实验器材

试管(1.5 cm×20 cm)4 支;试管架 1 个;滴管;吸量管 1.0 mL 4 支,2.0 mL 1 支。

3. 实验试剂

莫氏(Molisch)试剂(称取 α-萘酚 5 g,用 95% 乙醇稀释至 100 mL,临用前配制,棕色瓶保存);1% 葡萄糖溶液;1% 果糖溶液;1% 蔗糖溶液;1% 淀粉溶液;浓硫酸 500 mL。

4．操作步骤

取 4 支试管，分别加入 1%葡萄糖溶液、1%果糖溶液、1%蔗糖溶液、1%淀粉溶液各 1 mL，再向 4 支试管中各加入 2 滴莫氏试剂，摇匀。倾斜试管，沿管壁慢慢加入浓硫酸 1.5 mL，慢慢立起试管（切勿摇动！）。浓硫酸与糖液在试管中分成两层。注意观察液面交界处有无紫红色环出现。观察、记录各管颜色。

（二）塞氏反应（Seliwanoff 反应）

1．实验原理

酮糖在酸的作用下较醛糖更易生成羟甲基糠醛。后者与间苯二酚作用生成红色复合物，反应仅需 20～30 s。此反应是酮糖的特异反应。醛糖在同样条件下呈色反应缓慢，在浓度较高时或长时间煮沸，才产生微弱的阳性反应。

果糖与 Seliwanoff 试剂反应非常迅速，呈鲜红色，而葡萄糖所需时间较长，且只能产生黄色至淡黄色。

2．实验器材

试管（1.5 cm×20 cm）3 支；试管架 1 个；滴管；吸量管 1.0 mL 3 支，5.0 mL 1 支；水浴锅。

3．实验试剂

塞氏（Seliwanoff）试剂（0.5 g 间苯二酚溶于 1 L 盐酸（H_2O：HCl＝2∶1）（V/V）中，临用前配制）；1%葡萄糖溶液；1%果糖溶液；1%蔗糖溶液。

4．操作步骤

取 3 支试管，分别加入 1%葡萄糖溶液、1%果糖溶液、1%蔗糖溶液各 0.5 mL。再向各管中分别加入塞氏试剂 2.5 mL，摇匀。将 3 支试管同时放入沸水浴中，注意观察、记录各管颜色的变化以及变化时间。

三、数据记录与处理

将实验结果分别记录于表 10.1 和表 10.2 中。

表 10.1　莫氏反应（Molisch 反应）实验结果

试　剂	现　象	现象分析
1%葡萄糖溶液		
1%果糖溶液		
1%蔗糖溶液		
1%淀粉溶液		

表 10.2　塞氏反应（Seliwanoff 反应）实验结果

试　剂	现　象	现象分析
1%葡萄糖溶液		
1%果糖溶液		
1%蔗糖溶液		

四、思考题

(1) 莫氏反应(Molisch 反应)和塞氏反应(Seliwanoff 反应)的原理是什么?
(2) 酮糖的鉴定应采用什么反应? 为什么?

实验二　糖类的还原性检测

一、实验目的

学习常用的鉴定糖类还原性的原理及方法。

二、实验原理

糖类由于含有多羟基醛或酮基,故在碱性溶液中能将铜等金属离子还原,而糖类本身被氧化成糖酸及其他产物,利用这一性质可用于检测糖的还原性。

本实验进行糖类的还原性检测所用的试剂为斐林试剂(Fehling 试剂)和本尼迪特试剂(Benedict 试剂)。它们均为 Cu^{2+} 的碱性溶液,能使还原糖氧化而本身被还原成红色或黄色的 Cu_2O。由于沉淀的速度不同,从而形成的颗粒大小也不同,颗粒大的为红色,颗粒小的为黄色。Benedict 试剂是 Fehling 试剂的改良。Benedict 试剂利用柠檬酸作为 Cu^{2+} 的络合剂,其碱性较 Fehling 试剂弱,灵敏度高,干扰因素少。

三、实验器材

试管(1.5 cm×20 cm)6 支;试管架 1 个;滴管;吸量管 1.0 mL 5 支,2.0 mL 1 支;水浴锅;试管夹。

四、实验试剂

(1) 斐林(Fehling)试剂。
试剂甲(硫酸铜溶液):称取 34.5 g 硫酸铜($CuSO_4 \cdot 5H_2O$)溶于 500 mL 蒸馏水中。
试剂乙(碱性酒石酸钾钠溶液):称取氢氧化钠 125 g,酒石酸钾钠 137 g 溶于 500 mL 蒸馏水中。贮存于具橡皮塞玻璃瓶中。临用前,将试剂甲和试剂乙等量混合。
(2) 本尼迪特(Benedict)试剂。
称取柠檬酸钠 85 g,碳酸钠(Na_2CO_3)50 g 加入 400 mL 蒸馏水中,加热使其溶解,冷却,稀释至 850 mL。另称取 8.5 g 硫酸铜溶解于 50 mL 热蒸馏水中,冷却。将硫酸铜溶液缓慢地加入柠檬酸钠-碳酸钠溶液中,边加边搅拌,混匀,如有沉淀,过滤后贮存于试剂瓶中可长期使用。

　　(3) 1%葡萄糖溶液。

　　(4) 1%蔗糖溶液。

　　(5) 1%淀粉溶液。

五、操作步骤

　　取 3 支试管,分别加入斐林试剂甲和乙各 1 mL,混匀;再向各试管分别加入 1%葡萄糖溶液、1%蔗糖溶液和 1%淀粉溶液各 1 mL。置沸水浴中加热数分钟,取出,冷却,观察各管的变化。

　　另取 3 支试管,向各试管分别加入 1%葡萄糖溶液、1%蔗糖溶液和 1%淀粉溶液各 1 mL。然后每管加本尼迪特试剂 2 mL,置沸水浴中加热数分钟,取出,冷却,观察各管的变化。

　　比较两种试剂法的结果。

六、数据记录与处理

　　将实验结果记录于表 10.3 中。

表 10.3　糖的还原性检测实验结果

现象　　溶液 试剂	1%葡萄糖溶液	1%蔗糖溶液	1%淀粉溶液
斐林试剂			
本尼迪特试剂			

七、思考题

　　简述斐林试剂、本尼迪特试剂法检验糖的还原性的原理。

实验三　3,5-二硝基水杨酸比色定糖法

一、实验目的

　　(1) 掌握 3,5-二硝基水杨酸比色定糖法的原理及方法。

　　(2) 掌握还原糖和总糖定量测定的基本操作。

二、实验原理

　　3,5-二硝基水杨酸与还原糖溶液共热后被还原成棕红色的氨基化合物,在一定范围内,还原糖的量和反应液的颜色强度呈现比例关系,利用比色法可测知样品的含糖量。该方法是半微量测糖法,操作简便,快速,杂质干扰较小。

三、实验器材

　　具塞刻度试管(2.5 cm×25 cm)及试管架;恒温水浴;吸量管;754 型分光光度计;电子天平;容量瓶;漏斗及烧杯。

四、实验材料与试剂

1. 实验材料
大豆粉。

2. 实验试剂
　　(1) 1 mg・mL^{-1}葡萄糖标准液:准确称取 100 mg 分析纯葡萄糖(预先在 105 ℃烘至恒重),置于小烧杯中,用少量蒸馏水溶解后,于 100 mL 容量瓶中以蒸馏水定容,摇匀,冰箱中保存备用。

　　(2) 3,5-二硝基水杨酸试剂(又称 DNS 试剂)。

　　甲液:溶解 6.9 g 结晶酚于 15.2 mL 10%氢氧化钠溶液中,蒸馏水稀释至 69 mL,在此溶液中加入 6.9 g 亚硫酸氢钠。

　　乙液:称取 255 g 酒石酸钾钠,加到 300 mL 10%氢氧化钠溶液中,再加入 880 mL 1% 3,5-二硝基水杨酸溶液。

　　将甲液与乙液相混合即得黄色试剂,贮存于棕色试剂瓶中备用。

　　(3) 碘-碘化钾溶液:称取 5 g 碘,10 g 碘化钾,溶于 100 mL 蒸馏水中。

　　(4) 6 mol・L^{-1} HCl。

　　(5) 酚酞指示剂:称取 0.1 g 酚酞,溶于 250 mL 70%乙醇中。

　　(6) 10%氢氧化钠。

五、操作步骤

1. 葡萄糖标准曲线的制作
　　取 7 支 25 mL 具塞刻度试管(2.5 cm×25 cm),按如表 10.4 所示向各管加入试剂。摇匀,沸水浴加热 5 min,取出后立即用流动的冷水冷却各管至室温,再向每管加入 21.5 mL 蒸馏水,混匀,定容至 25 mL 刻度,塞住管口。

表 10.4　葡萄糖标准曲线的制作

项　目	0	1	2	3	4	5	6
$1\ mg \cdot mL^{-1}$葡萄糖标准液(mL)	0	0.2	0.4	0.6	0.8	1.0	1.2
蒸馏水(mL)	2.0	1.8	1.6	1.4	1.2	1.0	0.8
相当于葡萄糖量(mg)	0	0.2	0.4	0.6	0.8	1.0	1.2
3,5 -二硝基水杨酸(mL)	1.5	1.5	1.5	1.5	1.5	1.5	1.5
光吸收值							

在 520 nm 波长下,用 0 号管作为对照管,调零,分别读取各管的光吸收值。以光吸收值为纵坐标,葡萄糖浓度为横坐标,绘制标准曲线。

2. 样品中还原糖和总糖含量的测定

(1) 样品中还原糖的提取:准确称取 2 g 大豆粉,放在 100 mL 烧杯中,先以少量蒸馏水调成糊状,然后加 50 mL 蒸馏水,于 50 ℃ 恒温水浴中保温 20 min。3000 r·min^{-1} 离心,用 20 mL 蒸馏水洗残渣,再离心,将两次离心的上清液收集在 100 mL 容量瓶中,用蒸馏水定容至刻度,混匀,作为还原糖待测液。

(2) 样品中总糖的水解和提取:准确称取 1 g 大豆粉,放在锥形瓶中,加入 10 mL 6 mol·L^{-1} HCl 和 15 mL 蒸馏水,沸水浴中加热水解 30 min。取 1~2 滴滴于白瓷板上,加 1 滴碘-碘化钾溶液,检查水解是否完全。如已水解完全,则不显蓝色。待锥形瓶中的水解液冷却后,加入 1 滴酚酞指示剂,以 10% 氢氧化钠中和至微红色,过滤,并定容至 100 mL 容量瓶中,混匀。精确吸取 10 mL 定容过的水解液,移入另一 100 mL 容量瓶中,定容,混匀,作为总糖待测液。

(3) 样品中含糖量的测定:取 6 支具塞刻度试管,编号,按如表 10.5 所示加入试剂。其余操作与标准曲线制作相同,测定各管在 520 nm 波长下的光吸收值。

表 10.5　样品中含糖量的测定

试管编号	还原糖 1	还原糖 2	还原糖 3	总糖 1	总糖 2	总糖 3
还原糖待测液(mL)	1	1	1	0	0	0
总糖待测液(mL)	0	0	0	1	1	1
蒸馏水(mL)	1	1	1	1	1	1
3,5-二硝基水杨酸试剂(mL)	1.5	1.5	1.5	1.5	1.5	1.5
吸光度值						

六、实验结果分析

以平行测定的还原糖和总糖各 3 管吸光度值的平均值,分别在标准曲线上查出相应的还原糖量,按式(10.1)计算大豆粉中还原糖和总糖的百分含量。

$$还原糖(\%) = \frac{A \times B}{W} \times 100 \quad\quad 总糖(\%) = \frac{C \times B}{W} \times 100 \quad\quad (10.1)$$

式中,A 为从标准曲线上查得的还原糖量(mg);B 为样品的稀释倍数;W 为样品质量(mg)。

七、思考题

(1) 分光光度计的原理及使用时的注意事项是什么?

(2) 比色测定时为什么要设计空白管?

实验四　油脂碘值的测定

一、实验目的

掌握测定碘值的原理及操作方法。

二、实验原理

脂肪的碘值是指每 100 g 脂肪,在一定条件下所吸收的碘的克数。碘值是鉴定脂肪的一个重要参考值。脂肪中的不饱和脂肪酸具有不饱和键,可以吸收卤素,不饱和键数目越多,吸收的卤素也越多。碘值愈高,不饱和脂肪酸的含量愈高。碘值还可被用来表示产品的纯度,同时推算出油、脂的定量组成。

由于碘与不饱和脂肪酸中双键的加成反应慢,实验中常用溴化碘(Hanus 试剂)代替碘。本实验用过量的 Hanus 试剂和待测脂肪作用,硫代硫酸钠滴定过量的溴化碘,以求出与脂肪加成的碘量,从而计算出碘值。反应过程如下。

加成反应:

$$IBr + -CH = CH - \longrightarrow -CHI - CHBr -$$

过量溴化碘中碘的释放:

$$IBr + KI \longrightarrow KBr + I_2$$

用 $Na_2S_2O_3$ 滴定释放出的碘:

$$I_2 + 2Na_2S_2O_3 \longrightarrow 2NaI + Na_2S_4O_6$$

三、实验器材

碘值滴定瓶(250～300 mL);量筒(10 mL,50 mL);滴定管(50 mL);吸量管(5 mL,10 mL);电子天平。

四、实验试剂

(1) 汉诺斯(Hanus)溶液:取 12.2 g 碘,徐徐加入 1 000 mL 冰醋酸(99.5%),边加边摇,

水浴中加热，使碘溶解。冷却后，加溴约 3 mL，保存于棕色试剂瓶中。

注意　所用冰醋酸不应含有还原物质。取 2 mL 冰醋酸，加少许重铬酸钾及硫酸。若呈绿色，则证明有还原物质存在。

（2）0.05 mol·L⁻¹硫代硫酸钠溶液：将结晶硫代硫酸钠 25 g，放在经煮沸后冷却的蒸馏水中（无 CO_2 存在）。添加碳酸钠 0.2 g，稀释到 1 000 mL 后，保存于棕色试剂瓶中，一天后标定。用标准 0.016 7 mol·L⁻¹碘酸钾溶液按下法标定：准确地量取 0.016 7 mol·L⁻¹碘酸钾溶液 20 mL、碘化钾 1 g 和 3 mol·L⁻¹硫酸 5 mL，混合均匀。用配制的硫代硫酸钠溶液滴定至浅黄色；加 10% 淀粉溶液作指示剂，使溶液呈蓝色，继续滴定至蓝色消失。按方程式（10.2）和方程式（10.3）计算硫代硫酸钠溶液的准确浓度。

$$KIO_3 + 5KI + 3H_2SO_4 \longrightarrow 3K_2SO_4 + 3H_2O + 3I_2 \tag{10.2}$$

$$I_2 + 2Na_2S_2O_3 \longrightarrow 2NaI + Na_2S_4O_6 \tag{10.3}$$

（3）纯四氯化碳。

（4）10% 碘化钾溶液。

（5）食用油。

五、操作步骤

（1）准确称量 0.3～0.4 g 食用油 2 份，放入两个干燥的碘值测定瓶内，切勿使油附在瓶颈或壁上。各加 10 mL 四氯化碳，轻轻摇动，使油全部溶解。用滴定管仔细地向每个碘瓶内准确加入汉诺斯（Hanus）溶液 25 mL，勿使溶液接触瓶颈。

（2）塞好玻璃塞，在玻璃塞与瓶口之间加数滴 10% 碘化钾溶液封闭缝隙，以防止碘升华逸出造成测定误差。然后，在暗处 20～30 ℃ 下放置 30 min，并不断摇动碘瓶。卤素的加成反应是可逆反应，只有在卤素绝对过量时，该反应才能进行完全。所以油吸收的碘量不应超过汉诺斯（Hanus）溶液所含碘量的一半。

（3）放置 30 min 后，小心打开玻璃塞，使塞旁碘化钾溶液流入瓶内，切勿丢失。用 10% 碘化钾 10 mL 和蒸馏水 50 mL 把玻璃塞上和瓶颈上的液体冲入瓶内，混匀。用 0.05 mol·L⁻¹硫代硫酸钠溶液迅速滴定至瓶内溶液呈浅黄色。加入 1% 淀粉约 1 mL，继续滴定。将近终点时，用力振荡，使碘由四氯化碳全部进入水溶液内。再滴至蓝色消失为止，即达到滴定终点。用力振荡是滴定成败的关键之一，否则容易滴过头或不足。如果振荡不够，四氯化碳层呈现紫色或红色，此时需继续用力振荡使碘全部进入水层。

（4）另作两份空白对照，除不加油样品外，其余操作同样品实验。滴定后，将废液倒入废液瓶，以便回收四氯化碳。

注意　实验中使用的仪器，包括碘值测定瓶、量筒、滴定管和称样品用的玻璃小管，都必须是洁净、干燥的。

六、实验结果分析

碘值表示 100 g 脂肪所能吸收的碘的克数，因此样品的碘值按式（10.4）计算：

$$碘值 = \frac{(A - B)T \times 10}{C} \tag{10.4}$$

式中，A 为滴定空白用去的硫代硫酸钠溶液平均体积数（mL）；B 为滴定样品用去的硫代硫酸钠溶液平均体积数（mL）；C 为样品质量；T 为与 1 mL 0.05 mol·L^{-1}硫代硫酸钠溶液相当的碘的克数。

七、思考题

何谓碘值？测定碘值有何意义？

实验五　氨基酸的分离鉴定——纸层析法

一、实验目的

通过氨基酸的分离鉴定，学习纸层析法的基本原理及操作方法。

二、实验原理

纸层析是分配层析的一种，即以分配系数的不同，使不同物质在不同相中不同程度地分配，从而达到分离的目的。

一种物质在不同的溶剂中具有不同的溶解度。所谓分配系数就是一种溶质在两种存在于同一系统而相互不溶的溶剂中溶解达到动态平衡时，溶质在两相中的浓度比值。

纸层析是滤纸为支持物的分配层析。层析溶剂是选用有机溶剂和水组成的。由于滤纸纤维与水有较强的亲和力，能吸附水，而其与有机溶剂的亲和力很弱。以水作固定相，而有机溶剂作流动相，层析时，将滤纸的一端浸入展开剂中，有机溶剂就会连续不断地通过点有样品的原点处，使其中的溶质依据其本身的分配系数不断地在两相间进行分配。随着有机相不断向前移动，溶质不断地在两相间进行分配。各种物质因其分配系数的不同，造成移动的速度不同，溶质迁移的速度用迁移率表示，符号为 R_f，如图 10.2 所示。

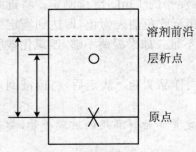

图 10.2　比移值 R_f 示意图

$$R_f = \frac{原点到层析点中心的距离}{原点到溶剂前沿的距离}$$

决定 R_f 值的因素主要是分配系数，而分配系数主要与物质的极性大小和性质、溶剂系统、层析滤纸的质量以及层析温度和时间等因素有关。

三、实验器材

层析缸;新华1号滤纸;毛细管;喉头喷雾器;吹风机。

四、实验试剂

（1）标准氨基酸溶液:0.5%赖氨酸（Lys）、0.5%脯氨酸（Pro）、0.5%苯丙氨酸（Phe）、0.5%缬氨酸（Val）和0.5%亮氨酸（Leu）各10 mL。

（2）混合氨基酸溶液:（1）中各种氨基酸溶液等体积的混合液。

（3）展开剂及显色剂:按正丁醇∶95%乙醇∶冰乙酸∶水＝4∶1∶1∶2配成展开剂后，再以其配成0.1%的水合茚三酮试剂。

五、操作步骤

1. 点样

取新华1号滤纸一张,距上下端各2 cm处用铅笔画2条直线,并用铅笔画5条间隔为1.5 cm的竖线平行于长边,如图10.3所示。在分出的6个小方格内,依次点5种标准氨基酸,最后1个方格中点混合氨基酸;干后再点一次。每次在纸上扩散的直径最大不超过3 mm,各点扩散直径尽可能相同。

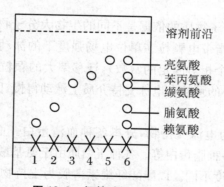

图10.3　氨基酸纸层析示意图

2. 层析

取层析缸,缸底部放培养皿1个,向培养皿中加入展开剂,盖严。将点好样的滤纸沿5条竖线折叠成六棱柱体。将滤纸点样端朝下,点样面向外放入培养皿中,盖严层析缸,开始展开。待展开剂前沿到达距上端2 cm左右时,层析停止,取出滤纸,用铅笔画出溶剂前沿位置线,自然干燥或用吹风机热风吹干。

3. 显色

用喉头喷雾器均匀喷上0.1%茚三酮正丁醇溶液,然后置于烘箱中烘烤5 min（100 ℃）或用热风吹干即可显出各层析斑点,其中脯氨酸显黄色,其余为蓝紫色斑点。

4. 计算各种氨基酸的 R_f 值

用铅笔描出各斑点,计算各点 R_f 的值,依据 R_f 值及颜色与标准氨基酸比较,鉴定出混合样中的氨基酸名称。

六、思考题

(1) 何谓纸层析法?
(2) 何谓 R_f 值? 影响 R_f 值的主要因素是什么?

实验六　血清蛋白醋酸纤维素薄膜电泳

一、实验目的

(1) 掌握电泳分离技术的一般原理。
(2) 掌握醋酸纤维薄膜电泳的操作方法。

二、实验原理

通过电泳分离生物大分子物质的依据是不同的生物大分子物质在一定的 pH 溶液中电泳时其迁移率不同(迁移率指带电颗粒在单位电场强度下的泳动速率。在一定 pH 缓冲液中,带电颗粒的迁移率是一个相对固定的常数),迁移率大的颗粒在电泳支持介质上泳动得快,因而跑在前面,迁移率小的颗粒在电泳支持介质上泳动得慢,因而跑在后面,从而达到电泳分离生物大分子的目的。

本实验以醋酸纤维素为电泳支持物,分离各种血清蛋白。血清中含有白蛋白、α-球蛋白、β-球蛋白、γ-球蛋白和各种脂蛋白等。各种蛋白质由于氨基酸组成、分子量、等电点及形状不同,在电场中的迁移速度不同。以醋酸纤维素薄膜为支持物,正常人血清在 pH 8.6 的缓冲体系中电泳,染色后可显示 5 条区带。其中白蛋白的泳动速度最快,其余依次为 α_1-球蛋白、α_2-球蛋白、β-球蛋白及 γ-球蛋白。这些区带经洗脱后可直接进行光吸收扫描自动绘出区带吸收峰及相对百分比。

三、实验器材

醋酸纤维薄膜;培养皿(染色及漂洗用);点样器;常压电泳仪;玻璃板;粗滤纸;铅笔和直尺;竹镊子。

四、实验材料与试剂

1．实验材料

新鲜血清(未溶血)。

2．实验试剂

(1) 巴比妥缓冲液(pH 8.6,离子强度 0.07)：巴比妥 1.66 g,巴比妥钠 12.76 g,加水至 1 000 mL。置 4 ℃冰箱保存,备用。

(2) 染色液：氨基黑 10B 0.5 g,甲醇 50 mL,冰醋酸 10 mL,蒸馏水 40 mL,混匀。

(3) 漂洗液：含 95%乙醇 45 mL,冰醋酸 5 mL,蒸馏水 50 mL,混匀。

(4) 透明液：冰醋酸 25 mL,无水乙醇 75 mL,混匀。

五、操作步骤

1．浸泡

用镊子取醋酸纤维薄膜 1 张(识别光泽面和无光泽面,并在角上用笔做上记号),小心平放在盛有缓冲液的平皿中,浸泡 30 min 左右。

2．点样

将浸透的薄膜从缓冲液取出,夹在两层粗滤纸内吸干多余的液体,然后平铺在玻璃板上(无光泽面朝上),使其底边与模板底边对齐。点样时,先在点样器上均匀地沾上血清,再将点样器轻轻地印在点样区内,使血清完全渗透至薄膜内,形成一定宽度、粗细均匀的直线。点样区在距阴极端 1.5 cm 处。

3．电泳

根据电泳槽膜支架的宽度,裁剪尺寸合适的滤纸条。如图 10.4 所示是醋酸纤维薄膜电泳装置示意图。在两个电极槽中,各倒入等体积的电泳缓冲液,在电泳槽的两个膜支架上,各放两层滤纸条,使滤纸一端的长边与支架前沿对齐,另一端浸入电泳缓冲液中。当滤纸全部润湿后,用玻璃棒轻轻挤压在膜支架上的滤纸以驱赶气泡,使滤纸的一端能紧贴在膜支架上,即为滤纸桥。将点样端的薄膜平贴在阴极电泳槽支架的滤纸桥上(点样面朝下),另一端平贴在阳极端支架上。盖上电泳槽盖,使薄膜平衡 10 min。通电,调节电流强度 $0.4 \sim 0.6$ mA·cm^{-1}膜宽度,电泳时间约 $1 \sim 1.5$ h。

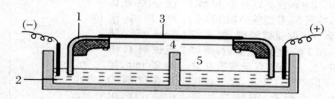

图 10.4　醋酸纤维薄膜电泳装置示意图

1—滤纸桥；2—电泳槽；3—醋酸纤维素薄膜；4—电泳槽膜支架；5—电极室中央隔板

4．染色

电泳完毕后将薄膜取下,放在染色液中浸泡 10 min;常用的显色剂及其显色方法如

表 10.6 所示。

表 10.6 常用的显色剂及其显色方法

样　品	显色剂	使用方法	底色洗脱	比色测定洗脱液
氨基酸	茚三酮溶液:0.5%茚三酮乙醇(或丙醇)溶液	喷雾后,65℃,烘30 min		0.1%硫酸铜＋75%乙醇(2:38),现用现配;或0.5%碳酸钠(W/V)溶液
蛋白质	溴酚蓝溶液:100 mg溴酚蓝＋50 g硫酸锌,溶于50 mL冰乙酸,用水稀释至1 000 mL	置于染色槽泡16 h	2%乙酸(W/V)溶液	0.01 mol · L^{-1}氢氧化钠溶液
蛋白质	溴酚蓝-氯化汞溶液:氯化汞饱和的1%溴酚蓝乙醇溶液	置于染色槽泡10 min	0.5%乙酸(W/V)溶液	含1%碳酸钠的25%甲醇溶液
蛋白质	氨基黑10B溶液:氨基黑10B饱和的甲醇＋乙酸(90:10)溶液	置于染色槽泡10 min	甲醇＋乙酸(90:10)溶液洗5～7次	50%甲醇溶液
脂类和脂蛋白	苏丹黑溶液:苏丹黑饱和的60%乙醇溶液(煮沸),冷却,过滤	置于染色槽泡3 min	50%乙醇洗3次,每次15 min,颜色不稳定	
脂类和脂蛋白	油红O溶液:油红O饱和的60%乙醇溶液	置于染色槽泡过夜	用水漂洗	
脂类和脂蛋白	油红N溶液:油红N饱和的60%乙醇溶液	置于染色槽泡4 h	用水漂洗	
糖类和糖蛋白	试剂A:400 mg高碘酸,95 mL 96%乙醇,5 mL 0.2 mol · L^{-1}乙酸钠;试剂B:5 g碘化钾,5 g硫代硫酸钠、100 mL水、150 mL乙醇、2.5 mL 2 mol · L^{-1}盐酸;试剂C:2 g碱性品红溶于40 mL沸水,冷至50℃滤液中加10 mL盐酸和4 g偏亚硫酸钾,置冰箱过夜,加1 g活性炭过滤后,滴加2 mol · L^{-1}盐酸,直至溶液在玻片上干后不变红为止,存于棕色瓶,冰箱中保存,颜色变红即失效;试剂D:100 mL水,1 mL浓硫酸,0.4 g偏亚硫酸钾	滤纸先在乙醇中泡5 min,吹干在试剂A中泡5 min,以70%乙醇洗一次,在试剂B中泡5～8 min,转至试剂C中泡25 min,接着在试剂D中洗3次,用乙醇脱水,吹干		

5. 漂洗

将薄膜从染色液中取出后移置漂洗液中漂洗数次,直至背景蓝色脱净。取出薄膜放在滤纸上,用吹风机将薄膜吹干。对水溶性染料最普遍应用的脱色剂是5%醋酸水溶液。为了长期保存或进行光吸收扫描测定,可浸入冰醋酸:无水乙醇=30:70(V/V)的透明液中。

6. 透明

将脱色吹干后的薄膜浸入透明液中,浸泡2~3 min后,取出紧贴于洁净玻璃板上,两者间不能有气泡,干后即为透明的薄膜图谱。

7. 注意事项

(1)市售醋酸纤维素薄膜均为干膜片,醋酸纤维薄膜要浸泡充分,薄膜的浸润与选膜是电泳成败的关键之一。若飘浮于液面的薄膜在15~30 s内迅速润湿,整条薄膜色泽深浅一致,则此膜均匀,可用于电泳。

(2)醋酸纤维素薄膜电泳常选用pH 8.6巴比妥-巴比妥钠缓冲液。缓冲液选择何种浓度与样品和薄膜的厚薄有关。缓冲液浓度过低,则区带泳动速度快,区带扩散变宽;缓冲液浓度过高,则区带泳动速度慢,区带分布过于集中,不易分辨。

(3)点样时,应将薄膜表面多余的缓冲液用滤纸吸去,以免引起样品扩散。但不宜太干,否则样品不易进入膜内,造成点样起始点参差不齐,影响分离效果。

(4)点样时,动作要轻、稳,用力不能太大,以免损坏膜片或印出凹陷影响电泳区带分离效果;点样应在膜的粗糙面,样品线应细而均匀,这样分带效果才好。

(5)搭桥时滤纸的气泡要赶净,否则影响效果。

(6)防止电极与滤纸接近,使电极附近发生pH变化而影响带电颗粒的泳动。

(7)电泳时要注意膜放置的反正,正确的放置方法是粗糙面向下,这样才能通电;电泳时应选择合适的电流强度,一般电流强度为0.4~0.6 mA·cm^{-1}膜宽度。电流强度高,则热效应高;电流过低,则样品泳动速度慢且易扩散。

(8)电泳槽盖要密闭,以防止膜表面的液体蒸发;操作过程为防止指纹污染,应戴手套。

六、实验参考结果

电泳图谱如图10.5所示。

图 10.5　血清蛋白醋酸纤维素薄膜电泳图谱示意图

七、思考题

(1)电泳图谱清晰的关键是什么? 如何正确操作?

(2)用醋酸纤维薄膜作电泳支持物有何优点?

(3)为什么需将血清样品点在薄膜条的负极端?

实验七　紫外光吸收法测定蛋白质含量

一、实验目的

(1) 掌握紫外分光光度法测定蛋白质含量的原理。

(2) 学习紫外分光光度计的测定原理及使用方法。

二、实验原理

蛋白质分子中,酪氨酸、苯丙氨酸和色氨酸残基的苯环含有共轭双键,使蛋白质具有吸收紫外光的性质。吸收峰在 280 nm 处,其吸光度(即光密度值)与蛋白质含量成正比。此外,蛋白质溶液在 238 nm 的光吸收值与肽键含量成正比。利用一定波长下,蛋白质溶液的光吸收值与蛋白质浓度的正比关系,可以进行蛋白质含量的测定。

紫外吸收法简便、灵敏、快速,不消耗样品,测定后仍能回收使用。低浓度的盐和大多数缓冲液不干扰测定。特别适用于柱层析洗脱液的快速连续检测,因为此时只需测定蛋白质浓度的变化,而不需知道其绝对值。此法的特点是测定蛋白质含量的准确度较差,干扰物质多,在用标准曲线法测定蛋白质含量时,对那些与标准蛋白质中酪氨酸和色氨酸含量差异大的蛋白质,有一定的误差。故该法适用于测定与标准蛋白质氨基酸组成相似的蛋白质。若样品中含有嘌呤、嘧啶及核酸等吸收紫外光的物质,会出现较大的干扰。核酸的干扰可以通过查校正表,再进行计算的方法,加以适当的校正。但是因为不同的蛋白质和核酸的紫外吸收是不相同的,虽然经过校正,测定的结果还是存在一定的误差。

此外,进行紫外吸收法测定时,由于蛋白质吸收高峰常因 pH 的改变而有变化,因此要注意溶液的 pH,测定样品时的 pH 要与测定标准曲线的 pH 相一致。

三、实验器材

紫外分光光度计;试管与试管架;刻度吸量管;研钵;离心机及离心管。

四、实验材料与试剂

1. 实验材料

小麦叶片。

2. 实验试剂

(1) $0.1 \text{ mol} \cdot \text{L}^{-1}$ pH 7.0 磷酸缓冲液。

(2) 标准牛血清蛋白溶液:准确称取经凯氏定氮法校正的结晶牛血清蛋白,配制成浓度为 1 mg·mL^{-1} 的溶液。

五、操作步骤

1. 标准曲线绘制

按如表 10.7 所示分别向每支试管内加入各种试剂,混匀。以光程为 1 cm 的石英比色杯,在 280 nm 波长处测定各管溶液的光密度值 $A_{280\,nm}$。以蛋白质浓度为横坐标,以光吸收值为纵坐标,绘出标准曲线。

表 10.7　蛋白质标准曲线制作

管　号	标准蛋白质溶液(mL)	蛋白质浓度(mg·mL^{-1})	蒸馏水或缓冲液(mL)	$A_{280\,nm}$
1	0	0	4	
2	0.5	0.125	3.5	
3	1	0.25	3	
4	1.5	0.375	2.5	
5	2	0.5	2	
6	2.5	0.625	1.5	
7	3	0.75	1	
8	4	1	0	

2. 样品提取

称取鲜样 0.5 g,用 5 mL 蒸馏水或缓冲液研磨成匀浆后,10 000 r·min^{-1} 离心 10 min,上清液为待测液。

3. 样品测定

取待测蛋白质溶液 1 mL,加入蒸馏水或缓冲液 3 mL,混匀,以 pH 7.0 磷酸缓冲液或蒸馏水为空白调零。按上述方法测定 280 nm 和 260 nm 的光密度值,并从标准工作曲线上查出待测液的蛋白质浓度。

六、数据记录与处理

在待测工作中,可以利用 280 nm 及 260 nm 的光吸收值,按式(10.5)求出蛋白质的浓度:

$$蛋白质浓度(mg·mL^{-1}) = 1.45A_{280\,nm} - 0.74A_{260\,nm} \tag{10.5}$$

式(10.5)中,$A_{280\,nm}$ 为蛋白质溶液在 280 nm 下测得的光吸收值;$A_{260\,nm}$ 为蛋白质溶液在 260 nm 下测得的光吸收值。

七、注意事项

对于有核酸存在时所造成的误差,可将待测的蛋白质溶液稀释至光密度在 0.2～2.0 之间,选用光程为 1 cm 的石英比色杯,在 280 nm 及 260 nm 处分别测出光密度,并算出 $A_{280\,nm}/A_{260\,nm}$ 的比值,从表 10.8 中查出校正因子 F 值,同时可查出该样品内混杂的核酸的百分含量,将 F 值代入式(10.6),即算出该溶液的蛋白质浓度。

$$\text{蛋白质浓度}(mg \cdot mL^{-1}) = F \times A_{280\,nm} \times D \tag{10.6}$$

式(10.6)中,$A_{280\,nm}$ 为被测溶液在 $OD_{280\,nm}$ 紫外波长下的光吸收值;D 为溶液稀释的倍数;F 为校正因子。

表 10.8 校正因子 F

$OD_{280\,nm}/OD_{260\,nm}$	校正因子(F)	核 酸(%)	$OD_{280\,nm}/OD_{260\,nm}$	校正因子(F)	核 酸(%)
1.75	1.116	0	0.846	0.656	5.5
1.63	1.081	0.25	0.822	0.632	6
1.52	1.054	0.5	0.804	0.607	6.5
1.4	1.023	0.75	0.784	0.585	7
1.36	0.994	1	0.767	0.565	7.5
1.3	0.97	1.25	0.753	0.545	8
1.25	0.944	1.5	0.73	0.508	9
1.16	0.899	2	0.705	0.478	10
1.09	0.852	2.5	0.671	0.422	12
1.03	0.814	3	0.664	0.377	14
0.979	0.776	3.5	0.615	0.322	17
0.939	0.743	4	0.595	0.278	20
0.874	0.682	5			

八、思考题

(1) 紫外吸收法与 Folin-酚比色法测定蛋白质含量相比,有何缺点及优点?

(2) 若样品中含有核酸类杂质,应如何校正?

实验八　SDS-聚丙烯酰胺凝胶电泳法测定蛋白质相对分子量

一、实验目的

(1) 掌握 SDS-聚丙烯酰胺凝胶电泳法测定蛋白质分子量的原理。

(2) 掌握 SDS-聚丙烯酰胺凝胶电泳的操作方法。

二、实验原理

聚丙烯酰胺凝胶电泳（PAGE）是以聚丙烯酰胺凝胶作为支持物的一种电泳方法，如图10.6所示。1959 年 Davis 和 Ornstein 报道了聚丙烯酰胺凝胶盘状电泳法，并用该法成功地对人血清蛋白进行了分离。从此，这种电泳方法成了分离蛋白质和核酸等大分子物质的重要工具之一，目前已在科研、教学及生产等方面广泛应用。目前实验室多采用不连续系统聚丙烯酰胺凝胶电泳，它是以单体丙烯酰胺和双体甲撑双丙烯酰胺（交联剂）为材料，在催化剂作用下，聚合为含酰胺基侧链的脂肪族长链，在相邻长链间通过甲撑桥连接而形成的三维网状结构物质，其示意图如图 10.6 所示。

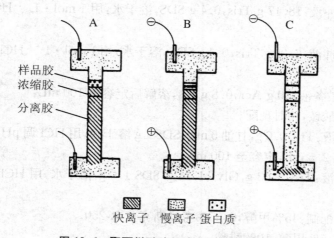

图 10.6　聚丙烯酰胺凝胶电泳过程示意图

A—电泳前 3 层凝胶排列顺序，3 层胶中均有快离子、慢离子；

B—电泳开始后，蛋白质样品夹在快、慢离子之间被浓缩成极窄的区带；

C—蛋白质样品分离成数个区带

用聚丙烯酰胺凝胶电泳法分离鉴定蛋白质（protein），主要依赖于电荷效应和分子筛效应。再与标准样品对照即可确定各区带的成分。要利用凝胶电泳测定某样品的蛋白质分子量就必须去掉其电荷效应，使样品的蛋白质分子的迁移率完全取决于分子量。如在电泳体系中加入一定浓度的十二烷基硫酸钠（sodium dodecyl sulfate，SDS），使蛋白质带负电荷，这种负电荷远远超过了蛋白质分子原有的电荷差别，从而降低或消除了各种蛋白质天然电荷差别。

巯基乙醇是蛋白质分子中二硫键的还原剂，使多肽组分分成单个亚单位。SDS 可打断蛋白质的氢键。因此它与蛋白质结合后，还引起蛋白质构象的改变，所以各种 SDS-蛋白质复合物在电泳中的迁移率不再受原有电荷和形状的影响，而只是按照分子的大小由凝胶的分子筛效应进行分离，其有效迁移率与分子量的对数呈线性关系。这样就可以根据标准蛋白质分子量的对数和迁移率所作的标准曲线得出未知样品蛋白质的分子量。

三、实验器材

垂直板电泳槽及附件;直流稳压稳流电泳仪;微量进样器;其他常用用具。

四、实验材料与试剂

1. 实验材料
小麦芽。

2. 实验试剂

(1) 下层胶缓冲液:18.17 g Tris,0.4 g SDS,溶于水,用 1 mol·L^{-1} HCl 调 pH 为 8.8,定容至 100 mL。

(2) 上层胶缓冲液:6.06 g Tris,0.4 g SDS,溶于水,用 1 mol·L^{-1} HCl 调 pH 为 6.8,定容至 100 mL。

(3) Acr/Bis 贮备液:30 g Acr,0.8 g Bis,溶解后定容至 100 mL。

(4) 10%过硫酸铵,用时现配。

(5) 样品缓冲液:Tris 0.6 g,甘油 5 mL,SDS 1 g 溶于水,用 HCl 调 pH 至 8.0,再加溴酚蓝 0.1 g,巯基乙醇 2.5 mL,定容至 100 mL。

(6) 电极缓冲液:Tris 3.03 g,Gly 14.14 g,SDS 1.0 g,溶于水,用 HCl 调 pH 至 8.3,定容至 1 000 mL。

(7) 染色液的配制:45%甲醇,0.25%考马斯亮蓝 R-250。

(8) 脱色液:2.5%甲醇,10%醋酸。

(9) 1.5%琼脂:1.5 g 琼脂溶于 100 mL 电极缓冲液中,加热溶解。

(10) 标准分子量蛋白质。

五、操作步骤

1. 电泳槽的安装
干燥的两块玻璃板装入配套塑料夹套内,垂直固定在电泳槽上,周边用 1.5% 的琼脂密封。

2. 样品处理
将各种标准蛋白质和待测样品分别溶于蛋白质处理液(浓度 2 mg·mL^{-1}),在沸水中加热 3~4 min,待冷却后作点样用。

3. 制胶
选择合适的胶浓度配制 7.5% 的分离胶,混合后将其沿长玻璃板加入两块玻璃板之间(小心不要产生气泡),加到距短玻璃板上边缘 3 cm 处,立即覆盖 2~3 mm 水层,静止聚合 40 min 左右。胶聚合好的标志是胶与水之间形成清晰的界面。吸取分离胶的水分,将配制好的浓缩胶注入分离胶之上,立即插上有机玻璃的点样槽模板,待浓缩胶聚合后备用。

4. 点样

用微量注射器分别吸取标准蛋白质样品液 5 μL,按分子量(从小到大)的顺序注入样品槽内的浓缩胶面上,同时吸取待测样品液 25 μL,注入其他样品槽内,在样品上小心地注入电极缓冲液。

5. 电泳

加样完毕,两槽注入电极缓冲液,接通电源(上负下正),调节电流为 15 mA,当指示剂进入分离胶后,电流需加大到 30 mA,电压恒定在 80～100 V 之间,在 3～4 h 后,指示剂达到距前沿 1～2 cm 时,可终止电泳。

6. 固定

胶取出后,在水中浸泡 10 min,浸出部分 SDS,然后将胶浸泡在 25% 异丙醇和 10% 乙酸的混合液中 1 h,蛋白质就得到固定了。

7. 染色

取出凝胶板,加入染色液染色 2 h。

8. 脱色

将胶放在脱色液中脱色 0.5 h,每隔 0.5 h 换一次脱色液,至少换 3 次,待蓝色基本脱掉,再放在脱色液里浸泡至蛋白质谱带清晰为止。

9. 蛋白质标准样品迁移率和待测样品分子量的计算

六、实验结果分析

根据蛋白质分子量对数和电泳迁移率的关系,测量溴酚蓝和各种蛋白质迁移距离。把溴酚蓝迁移的距离定为 D_1,蛋白质迁移距离定为 D_2,根据 $R_f = D_2 / D_1$ 计算各种蛋白质的迁移率 R_f。

以标准蛋白质的迁移率为横坐标,以其对应的分子量对数为纵坐标,绘制标准曲线,可得到一条直线,然后根据未知样品的迁移率,在半对数坐标图上查出其对应的分子量。要得到一个可靠的结果,实验需多次重复。

七、注意事项

SDS-聚丙烯酰胺凝胶电泳法一般需要 5 大步骤:制胶、样品处理、电泳、染色和实验结果的处理等,这里说明一下各大步骤的注意事项。

1. 垂直板电泳制胶法

将配制好的凝胶溶液注入两块垂直放置的玻璃板之间而聚胶,它包括铸分离胶(下层胶)和铸压缩胶(上层胶)两步。

制胶过程中需要注意以下几点。

(1) 灌胶前应注意灌胶装置应严格地清洗,以避免凝胶板与玻璃板之间产生气泡或滑胶。电泳后取凝胶板时因玻璃不干净,凝胶不易从玻璃板上取下而易断裂。

(2) 在灌制分离胶后,应立即在分离胶液面上加入 1～3 mm 去离子水,目的是隔离空气中的氧并使胶面平整。做水封的操作要特别小心,切忌加水时水滴坠入胶面,造成水和凝胶的混合,使顶部的凝胶浓度变稀,聚合后顶部凝胶孔径改变或凝胶表面不平坦。

(3) 配制凝胶溶液时,在加入过硫酸铵和 TEMED 之前,溶液真空抽气 15 min,目的是除去溶液中溶解的氧。在核黄素催化时需要少量氧气,抽气时间 5 min 即可。

(4) 在灌胶时必须清除两块玻璃板之间出现的气泡,否则造成电泳时电流不均匀。插入样品槽模板时模板下沿如果有气泡,会造成凝胶后样品槽不平,电泳后条带不平整。

(5) 在操作中要一直戴手套,用无尘纸巾擦拭玻板,称量 Acr 和 Bis,使用 TEMED、APS 时,应在通风橱中进行,并戴口罩和手套。

2. 样品的处理

一般生物样品的粗提物常需要经过处理,否则不溶物质会产生拖尾或纹理现象,甚至堵塞凝胶,干扰电泳分离。可对样品进行离心、过滤、增加溶解性等方法,去除沉淀,取可溶部分进行电泳。

(1) 样品浓度的选择,取决于样品中含有的组分、分析目的和检测方法。

选择合适的样品浓度,也是电泳成败的关键。样品浓度过高,电泳条带互相干扰,甚至在浓缩胶面上或浓缩胶与分离胶界面上产生沉淀,随着电泳过程,沉淀逐渐溶解进入凝胶中,造成拖尾现象;样品浓度太低,不易观察到分离组分,需要事先浓缩。一般样品浓度的选择要注意以下几点。

① 未知样品。做 $0.1 \sim 20$ mg·mL^{-1} 浓度的稀释系列,摸索最佳加样浓度。

② 一般分析。用考马斯亮蓝染色,用 $1 \sim 2$ mg·mL^{-1} 的样品浓度即可得到清晰的蛋白条带。对于高纯度样品量可低至 0.5 mg·mL^{-1}。

③ 痕量分析。银染法染色,样品最低浓度可低至 5 μg·mL^{-1}。

④ 活性分析。根据同工酶酶活性染色的灵敏度,可选用 $1 \sim 10$ mg 样品浓度。

(2) 加样要求。

加样孔道内不能有气泡,否则造成该泳道短路。不要空孔电泳,如果没有足够量的样品,可以用样品溶解液补齐,以防电泳时蛋白条带向邻带扩展。

加样体积要小于加样孔的总体积,以防溢出污染相邻样品。连续电泳加样量不能多,要加成一条窄带,否则会影响电泳分辨率。

3. 电泳

电泳过程中,可采用恒压或恒流两种方式。如采用恒流时,通常用低电流使样品进胶,待样品进入分离胶后加大电流进行电泳分离,电泳时间可根据电泳指示剂的迁移来判定,一般指示染料前沿到达距凝胶底部 0.5 cm 时即可停止电泳。电泳过程中应选择合适的电流和电压,过高或过低,均会影响电泳结果。电泳中电流过大,电压过高时,必然产热多,即使使用冷却装置,凝胶的不同部位温度也会有差异,导致凝胶中相同的蛋白质分子有不同的迁移率,使电泳条带产生弯曲变形。所以在电泳时要根据实际情况选择合适的电流或电压,可采取降低电流,延长电泳时间,或使用有效的冷却装置,或在低温条件下进行电泳等方法,以求好的分离效果。

4. 染色、脱色

实验室中最常用的是考马斯亮蓝染色法,固定染色同时进行,操作简便,凝胶经染色、脱色后,可进一步进行结果分析。如果样品浓度低,可以采用灵敏度高的银染法;如果是对同工酶进行测定,使用活性染色方法。

5. 实验结果处理

实验室中对电泳凝胶主要是凝胶保存和电泳结果分析,电泳凝胶结果的保存可采用照相的方法,或采用制干胶的方法即将凝胶在含有乙醇、乙酸和甘油的保存液中浸泡后,用保存液浸湿的两张玻璃纸制成"凝胶三明治",晾干可长期保存;用凝胶薄层层析扫描仪可测定目标蛋白质占样品混合物中的百分含量,可以做定量分析;用凝胶成像系统,进行样品的迁移率及相对分子质量的计算。

八、思考题

（1）为什么要在样品中加少许溴酚蓝和一定浓度的蔗糖溶液？蔗糖及溴酚蓝的作用分别是什么？

（2）SDS-聚丙烯酰胺凝胶电泳法实验中有哪些注意事项？

实验九　底物浓度对酶促反应速度的影响（米氏常数的测定）

一、实验目的

（1）了解底物浓度对酶促反应速度的影响。

（2）学习测定米氏常数（K_m）的原理和方法。

二、实验原理

Michaelis 和 Menten 提出的酶促反应速度和底物浓度的关系式,即米氏方程式:

$$\nu = \frac{V[S]}{K_m + [S]}$$

式中,ν 为反应初速度;V 为最大反应速度;$[S]$ 为底物浓度;K_m 为米氏常数,其单位为摩尔浓度。

K_m 值是酶的一个特征性常数,测定 K_m 值是酶学研究中的一个重要方法。

Lineweaver-Burk 作图法是用实验方法测定 K_m 值的最常用的比较方便的方法。

Lineweaver 和 Burk 将米氏方程改写成倒数形式:

$$\frac{1}{\nu} = \frac{K_m}{V} \cdot \frac{1}{[S]} + \frac{1}{V}$$

实验时选择不同的 $[S]$,测定相对应的 ν。求出两者的倒数,以 $\dfrac{1}{\nu}$ 对 $\dfrac{1}{[S]}$ 作图,则得到一个斜率为 K_m/V 的直线。将直线外推与横轴相交,其横轴截距为 $-\dfrac{1}{[S]} = \dfrac{1}{K_m}$,由此求出 K_m 值。这个方法比较简便。

本实验以胰蛋白酶消化酪蛋白为例,采用 Lineweaver-Burk 双倒数作图法测定 K_m 值。

胰蛋白酶是胰液中催化蛋白质中碱性氨基酸(L-精氨酸和 L-赖氨酸)的羧基所形成的肽键水解。水解时生成自由氨基,因此可以用甲醛滴定法判断自由氨基增加的数量来追踪反应,求得初速度。

三、实验器材

50 mL 和 150 mL 三角瓶;5 mL 和 10 mL 吸量管;滴定管、滴定台及蝴蝶夹;100 mL 量筒;恒温水浴。

四、实验材料与试剂

1. 实验材料

30 g · L^{-1} 酪蛋白溶液(pH 8.5)。30 g 酪蛋白溶解在大约 900 mL 水中,加 20 mL 1 mol · L^{-1} NaOH,摇匀,微热至溶解,最后调 pH 为 8.5,并定容至 1 L。

2. 实验试剂

胰蛋白酶溶液(30 g · L^{-1});中性甲醛溶液(400 g · L^{-1});酚酞;0.1 mol · L^{-1} 标准 NaOH 溶液。

五、操作步骤

(1) 取 6 个小三角瓶,分别加入 5 mL 甲醛溶液和 1 滴酚酞,并滴加 0.1 mol · L^{-1} 标准氢氧化钠溶液,直至混合物呈微红色。所有锥形瓶中的颜色应当一致。

(2) 取 100 mL 酪蛋白溶液,加入另一三角瓶中,37 ℃ 水浴中保温 10 min。将胰蛋白酶液也在 37 ℃ 水浴中保温 10 min。然后量取 10 mL 酶液加到酪蛋白溶液中(同时计时!)。充分混合后,立即取出 10 mL 反应混合物(作为零时的样品)吹至一含甲醛的三角瓶中。向所取的反应混合物中加入酚酞 10 滴,用 0.1 mol · L^{-1} NaOH 滴定直至呈微弱但持续的粉红色,在接近到达终点之前,再加入指示剂(每毫升氢氧化钠溶液加入 1 滴酚酞)。然后,继续滴至终点,记下所用 0.1 mol · L^{-1} 氢氧化钠溶液的毫升数。

在 2、4、6、8 和 10 min 时,分别取出 10 mL 反应液,准确地照上法操作加入到 1、2、3、4、5 号三角瓶中。在每个样品中滴定终点颜色应当是一致的。用增加的滴定度(即耗去 NaOH 毫升数)对时间作图,测定初速度 V_{30}。

配制不同浓度的酪蛋白溶液(10、15、20 g · L^{-1})分别测定不同底物浓度时的 V_{10}, V_{15}, V_{20}。

用实验测得的结果,以 $\frac{1}{v}$ 对 $\frac{1}{[S]}$ 作图,求出 V 和 K_m 的数值。

六、注意事项

(1) 实验表明,反应速度只在最初一段时间内保持恒定,随着反应时间的延长,酶促反应速度逐渐下降。因此,研究酶的活力以酶促反应的初速度为准。

（2）本实验是一个定量测定实验,为获得准确的实验结果,应尽量减少实验操作中带来的误差。因此配制各种底物溶液时应用同一母液进行稀释,保证底物浓度的准确性。各种试剂的加量也应准确,并严格控制准确的酶促反应时间。

（3）作图时可考虑用常用作图软件来绘制。

七、思考题

（1）如何正确测定酶促反应速度?

（2）试述底物浓度对酶促反应速度的影响。

（3）米氏方程中的 K_m 值有何实际应用?

实验十　维生素 B₁ 的定性试验

一、实验目的

了解维生素 B_1 的性质,掌握定性鉴定维生素 B_1 的方法及其原理。

二、实验原理

维生素 B_1（抗神经炎维生素）属于水溶性维生素,因含有硫及氨基,又名硫胺素。它在植物性食物中分布极广,谷类种子表层中含量更为丰富。麦麸、米糠和酵母均为维生素 B_1 的良好来源。维生素 B_1 的定性鉴定法主要有以下两种。

1. 重氮苯磺酸反应

在有碳酸氢钠存在的碱性条件下,硫胺素能与重氮苯磺酸作用产生红色,加入少量甲醛可使红色稳定。本反应不很灵敏,特异性低,但因操作简单迅速,往往用来检查尿中的维生素 B_1。

2. 荧光反应

硫胺素经碱性铁氰化钾溶液氧化作用后,即生成黄色而带有蓝色荧光的硫色素。其反应如图 10.7 所示。溶于异丁醇中的硫色素显示的深蓝色荧光,在紫外光下更为显著。此反应非常灵敏,可以测出0.01 μg 维生素 B_1。由于特异性很高,还可用来定量测定硫胺素。

三、实验器材

试管及试管架;漏斗及漏斗架;量筒;吸量管（10 mL、2 mL、1 mL）;容量瓶;电子天平。

四、实验材料与试剂

1. 实验材料

米糠；0.2%硫胺素溶液。

2. 实验试剂

(1) 浓盐酸。

(2) 0.1 mol·L^{-1} H$_2$SO$_4$ 溶液。

(3) 1%铁氰化钾溶液。

(4) 30% NaOH 溶液。

(5) 异丁醇。

(6) 碳酸氢钠碱性溶液：20 g NaOH 溶于 600 mL 蒸馏水中，加 28.8 g NaHCO$_3$，混匀后加水稀释到 1 000 mL。

(7) 重氮试剂。

溶液 A：将对-氨基苯磺酸 1 g 溶解于 15 mL 浓盐酸中，然后加水稀释至 100 mL。

溶液 B：将亚硝酸钠 0.5 g 溶解于水中，稀释至 100 mL。每次用前新配。

需用时，将 3 mL 溶液 B 加到 100 mL 溶液 A 中，混匀即得。

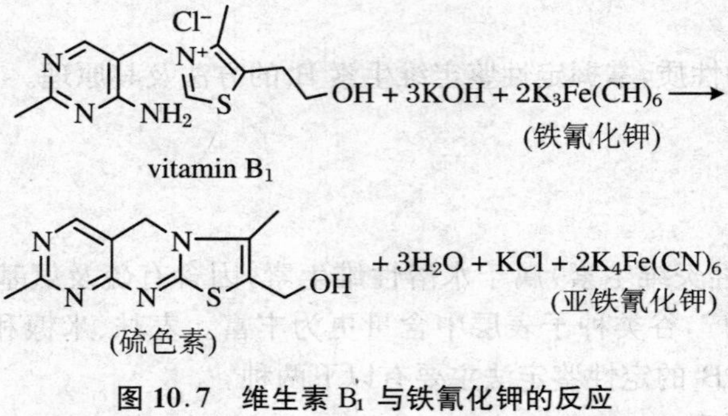

图 10.7　维生素 B$_1$ 与铁氰化钾的反应

五、操作步骤

1. 重氮苯磺酸反应

取米糠约 1 g，置于试管中。加入 0.1 mol·L^{-1} H$_2$SO$_4$ 溶液 5 mL，用力振荡以提取硫胺素。放置 15 min 后，用滤纸过滤。取滤液 1 mL，加入碳酸氢钠溶液 1.5 mL 及重氮试剂 1 mL。混匀后，在 10 min 内观察深红色的出现。

2. 荧光反应

取 0.2%硫胺素溶液 1～2 mL，加入铁氰化钾溶液 2 mL 及 30%氢氧化钠溶液 1 mL。充分混匀后，再加入 2 mL 异丁醇，充分振荡。待两液相分开后，观察上层异丁醇溶液中的蓝色荧光。

六、数据记录与处理

将实验结果填入表 10.9 中。

表 10.9 维生素 B_1 的定性试验

定性反应	实验现象	结果解释
重氨苯磺酸反应		
荧光反应		

七、注意事项

(1) 加入浓盐酸时一定要在通风橱中进行。

(2) 铁氰化钾在水溶液中是不会分解的,只有在紫外光或日光照射下,或在酸性介质中(例如 20% 的硫酸)受热,才会分解出剧毒的氢氰酸!

八、思考题

(1) 维生素 B_1 与辅酶有何关系? 它与哪类代谢有关?

(2) 重氨苯磺酸反应用于鉴定维生素 B_1 有何利弊? 荧光反应用于检查维生素 B_1 的存在又有何利弊?

实验十一 维生素 C 含量的测定(2,6-二氯酚靛酚滴定法)

一、实验目的

(1) 维生素 C 定量测定法的原理和方法。

(2) 掌握滴定法的基本操作技术。

二、实验原理

维生素 C 具有还原性,染料 2,6-二氯酚靛酚具有氧化性,其钠盐的水溶液呈蓝色,在酸性环境中为红色,当其被还原时,则脱色。因此当用蓝色的碱性 2,6-二氯酚靛酚溶液滴定含有抗坏血酸的溶液时,其中的抗坏血酸可以将 2,6-二氯酚靛酚还原成无色的还原型物质。但当溶液中的抗坏血酸完全被氧化之后,则再滴 2,6-二氯酚靛酚就会使溶液成红色,此时即为滴定终点。本实验即利用维生素 C 的这一性质,使其与 2,6-二氯酚靛酚作用,其反应如

图 10.8 所示。

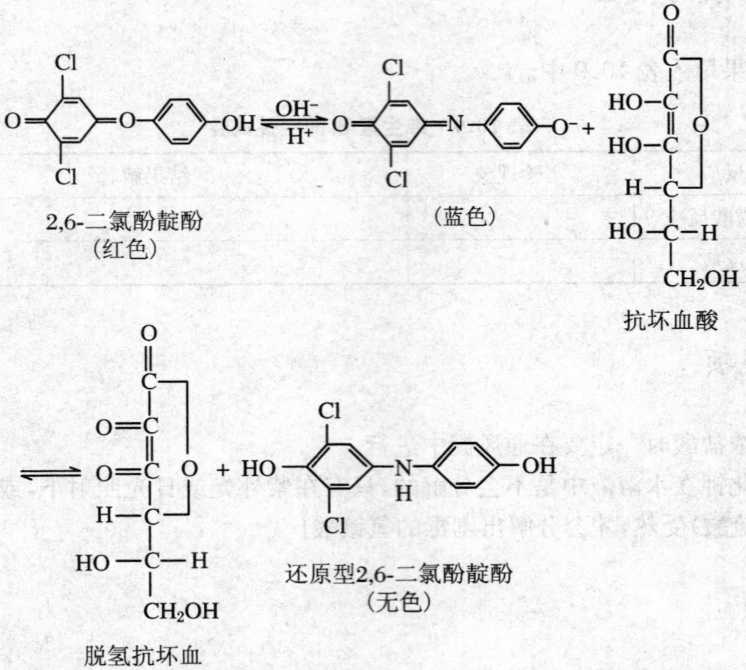

图 10.8　维生素 C 与 2,6-二氯酚靛酚作用示意图

利用 2,6-二氯酚靛酚在酸性环境中滴定含有维生素 C 的样品溶液,当样品液用 2,6-二氯酚靛酚标准液滴定时,溶液出现红色则表明样品液中的维生素 C 全部被氧化,达到了滴定终点。此时,记录滴定所消耗的 2,6-二氯酚靛酚标准液量,按式(10.7)计算样品液中还原性维生素 C 的含量。

$$维生素 C\,(mg/100\,g\,样品) = \frac{(V_A - V_B) \times S}{W} \times 100 \tag{10.7}$$

式(10.7)中,V_A 为滴定样品提取液所用 2,6-二氯酚靛酚的平均毫升数;V_B 为滴空白对照所用 2,6-二氯酚靛酚的平均毫升数;S 为 1 mL 2,6-二氯酚靛酚溶液相当于维生素 C 的毫升数;W 为 5 mL 样品提取液中含样品的克数。

三、实验器材

研钵;吸量管;容量瓶;滤纸;漏斗;微量滴定管。

四、实验材料与试剂

1. 实验材料
新鲜白菜叶。

2. 实验试剂
(1) 2,6-二氯酚靛酚($NaOC_6H_4NC_6H_2OCl_2$,相对分子质量为 290.09):称取 0.13 g

2,6-二氯酚靛酚溶于 200 mL 含有 0.105 g NaHCO₃ 的热水中,冷却定容至 500 mL。过滤,装入棕色瓶内,置冰箱内保存。使用前用新配置的标准抗坏血酸溶液标定。取 5 mL 标准抗坏血酸溶液加入 5 mL 偏磷酸-醋酸溶液。然后用 2,6-二氯酚靛酚溶液滴定,以生成为微红色持续 15 s 不退为终点。计算 2,6-二氯酚靛酚溶液的浓度,以每毫升 2,6-二氯酚靛酚溶液相当于抗坏血酸的毫升数来表示。

(2) 标准抗坏血酸溶液:准确称取纯抗坏血酸结晶 50 mg 溶于偏磷酸-醋酸溶液定容至 250 mL。装入棕色瓶,贮于冰箱内。

(3) 偏磷酸-醋酸溶液:称取偏磷酸 15 g,溶于 40 mL 冰醋酸和 450 mL 蒸馏水所配成的混合液中。过滤。贮于冰箱内。

(4) 10% 盐酸酸化的蒸馏水(酸化蒸馏水的制备:每 10 mL 蒸馏水加入 10% 盐酸 1 滴)。

五、操作步骤

1. 含维生素 C 的样品液的提取

称取新鲜白菜叶 10 g,放在研钵中加入酸性蒸馏水 5 mL,研碎,放置 15 min,用纱布过滤,将滤液滤入 50 mL 容量瓶中。反复抽提 3 次,将滤液并入同一容量瓶中。最后,用酸性蒸馏水定容备用。

2. 标定

取 10 mL 标准抗坏血酸溶液至蒸发皿中,以 2,6-二氯酚靛酚溶液滴定至粉红色,并在 15 s 内不褪色为终点。计算 2,6-二氯酚靛酚溶液的浓度,以每毫升 2,6-二氯酚靛酚溶液相当于抗坏血酸的毫克数来表示(重复 3 次,取平均值)。

3. 滴定

量取样品提取液 5 mL 于锥形瓶中。用微量滴定管,以 2,6-二氯酚靛酚溶液滴定样品提取液,呈微弱的红色,持续 15 s 不退为终点,记录所用 2,6-二氯酚靛酚的毫升数。整个滴定过程不要超过 2 min。

另取用 10% 盐酸酸化的蒸馏水做空白对照滴定。计算结果。

六、思考题

试述本实验介绍的 2,6-二氯酚靛酚滴定法的优缺点。

实验十二　菜花中核酸的分离和鉴定

一、实验目的

(1) 掌握从菜花中分离核酸的方法。

（2）初步掌握 RNA 和 DNA 的定性鉴定方法。

二、实验原理

用冰冷的稀三氯乙酸溶液在低温下抽提菜花匀浆，以除去酸溶性小分子物质，再用有机溶剂乙醇抽提，去掉脂溶性的磷脂等物质。最后用浓盐溶液（10%氯化钠溶液）和 $0.5\ mol \cdot L^{-1}$ 高氯酸（70 ℃）分别提取 DNA 和 RNA，再进行定性鉴定。

由于核糖和脱氧核糖有特殊的颜色反应，颜色深浅在一定范围内和样品中所含核糖和脱氧核糖的量成正比，因此用来定性、定量测定核酸。

1. 核糖的测定

测定核糖的常用方法是苔黑酚（3,5-二羟甲苯）法。当含有核糖的 RNA 与浓盐酸及 3,5-二羟甲苯在沸水浴中加热 10 min 后，有绿色物产生，这是因为 RNA 脱嘌呤后的核糖与酸作用生成糠醛，后者再与 3,5-二羟甲苯作用产生绿色物质。

$$RNA + 浓盐酸 + \ \underset{OH}{\overset{CH_3}{\bigcirc}} OH\ \xrightarrow[FeCl_3]{100\ ℃}\ 绿色复合物$$

2. 脱氧核糖的测定

测定脱氧核糖的常用方法是二苯胺法。含有脱氧核糖的 DNA 在酸性条件下和二苯胺在沸水浴中共热 10 min 后，产生蓝色。这是因为 DNA 嘌呤核苷酸上的脱氧核糖遇酸后生成 ω-羟基-6-酮基戊醛，它再和二苯胺作用产生蓝色物质。

$$DNA + 二苯胺试剂 \xrightarrow{100\ ℃} 蓝色物$$

上述两种定糖的方法准确性较差，但快速、简便，能鉴别 DNA 与 RNA，是鉴定核酸、核苷酸的常用方法。

三、实验器材

恒温水浴；低温冷冻离心机；抽滤装置；吸量管；烧杯及量筒；捣碎机。

四、实验材料与试剂

1. 实验材料
新鲜菜花。

2. 实验试剂
（1）95%乙醇。
（2）丙酮。
（3）5%高氯酸溶液。
（4）$0.5\ mol \cdot L^{-1}$ 高氯酸溶液。
（5）10%氯化钠溶液。

（6）标准 RNA 溶液（5 mg·L^{-1}）。

（7）标准 DNA 溶液（5 mg·L^{-1}）。

（8）粗氯化钠。

（9）二苯胺试剂：将 0.1 g 二苯胺溶于 10 mL 冰醋酸中，再加入 0.275 mL 浓硫酸（置冰箱中可保存 6 个月，使用前，在室温下摇匀）。

（10）三氯化铁浓盐酸溶液：将 20 μL 10% 三氯化铁（用 FeCl$_3$·6H$_2$O 配制）加入到 4 mL 浓盐酸中。

（11）苔黑酚乙醇溶液：取 0.06 g 苔黑酚溶于 1 mL 95% 乙醇中（冰箱中可保存 1 个月）。

五、操作步骤

1．核酸的分离

（1）取菜花的花冠 10 g，剪碎后置于烧杯中，加入 10 mL 95% 乙醇，捣碎匀浆，然后用布氏漏斗抽滤，弃去滤液。

（2）滤渣中加入 10 mL 丙酮，搅拌均匀，抽滤，弃滤液。

（3）再向滤渣中加入 10 mL 丙酮，搅拌 5 min 后抽干（用力压滤渣，尽量除去丙酮）。

（4）在冰盐浴中，将滤渣悬浮在预冷的 10 mL 5% 高氯酸溶液中，搅拌，抽滤，弃去滤液。

（5）将滤渣悬浮于 10 mL 95% 乙醇中，抽滤，弃去滤液。

（6）滤渣中加入 10 mL 丙酮，搅拌 5 min，抽滤至干，用力压滤渣尽量除去丙酮。

（7）将干燥的滤渣重新悬浮在 20 mL 10% 氯化钠溶液中。在沸水浴中加热 15 min。冷却后，抽滤至干，留滤液。并将此操作重复进行一次。将两次滤液合并（提取物 1）。

（8）将滤渣重新悬浮在 10 mL 0.5 mol·L^{-1} 高氯酸溶液中，加热到 70 ℃，恒温水浴保温 20 min，抽滤，留滤液（提取物 2）。

2．RNA 和 DNA 的定性鉴定

按照表 10.10 和表 10.11 的顺序，分别向试管中加入相应的试剂，待反应完全后，根据现象分析提取物 1 和提取物 2 主要含有什么物质。

表 10.10　二苯胺反应

管　号	1	2	3	4	5
蒸馏水（mL）	1	—	—	—	—
DNA 溶液（mL）	—	1	—	—	—
RNA 溶液（mL）	—	—	1	—	—
提取物 1（mL）	—	—	—	1	—
提取物 2（mL）	—	—	—	—	1
二苯胺试剂（mL）	2	2	2	2	2
放沸水浴中 10 min 后的现象					

表 10.11　苔黑酚反应

管　号	1	2	3	4	5
蒸馏水(mL)	1	—	—	—	—
DNA 溶液(mL)	—	1	—	—	—
RNA 溶液(mL)	—	—	1	—	—
提取物 1(mL)	—	—	—	1	—
提取物 2(mL)	—	—	—	—	1
三氯化铁浓盐酸溶液(mL)	2	2	2	2	2
苔黑酚乙醇溶液(mL)	0.2	0.2	0.2	0.2	0.2
放沸水浴中 10～20 min 后的现象					

六、思考题

(1) 本实验提取核酸的原理是什么？杂质是如何除掉的？

(2) 实验中呈色反应时 RNA 为什么能产生绿色复合物？DNA 为什么能产生蓝色物质？

实验十三　琼脂糖凝胶电泳检测 DNA

一、实验目的

(1) 掌握琼脂糖凝胶电泳分离技术的原理。

(2) 掌握琼脂糖凝胶电泳的操作方法。

二、实验原理

实验提取的 pUC19 质粒有三种构型：① 超螺旋共价闭合环状质粒(covalently closed circular DNA, cccDNA)；② 线性质粒，即共价闭合环状质粒 DNA 2 条链断裂(linear circular DNA, L-DNA)；③ 开环质粒 DNA，即共价闭合环状质粒 DNA 1 条链断裂(open circular DNA, ocDNA)。这三种构型的质粒 DNA，由于构形不同，在加溴化乙锭的琼脂糖凝胶电泳上呈现不同的迁移率，因而在紫外灯下观察，电泳后呈三条带，闭合环状质粒 DNA (cccDNA)泳动最快，线性质粒 DNA(L-DNA)第二，最慢为开环质粒 DNA(ocDNA)。提取的质粒 DNA 经琼脂糖电泳后示意图如图 10.9 所示。

三、实验器材

水平式电泳装置;电泳仪;灌胶模具及梳齿;台式高速离心机;恒温水浴锅;微量移液器;微波炉或电炉;紫外透射仪。

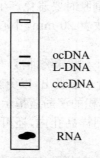

图 10.9 提取的质粒 DNA 电泳示意图

ocDNA—开环质粒 DNA;L-DNA—线性质粒 DNA;cccDNA—闭合环状质粒 DNA

四、实验材料与试剂

1. 实验材料

琼脂糖(Agarose)(国产电泳用琼脂糖);实验提取的 pUC19 质粒;DNA Marker。

2. 实验试剂

(1) 1×电泳缓冲液 TBE(配制方法如表 10.12 所示)。

(2) 6×凝胶加样缓冲液(配制方法如表 10.12 所示)。

(3) 溴化乙锭:水中加入溴化乙锭搅拌数小时至溶解。将配好的 10 mg·mL^{-1} 溴化乙锭溶液装在棕色瓶中,用铝箔或黑纸包裹容器,储于室温即可;使用时稀释至 0.5 μg·mL^{-1}。

(4) 0.7% 琼脂糖凝胶。配制方法:称取琼脂糖 0.35 g,加入 50 mL TBE 电泳缓冲液。

表 10.12 常用缓冲液的配制

缓冲溶液	工作溶液	储存溶液(每升)
TBE	0.5×	5×
	0.045 mol·L^{-1} Tris-硼酸	54 g Tris 碱
	0.001 mol·L^{-1} EDTA	27.5 g 硼酸
		20 mL 0.5 mol·L^{-1} EDTA(pH 8.0)
6×样品缓冲液	0.25% 溴酚蓝	储存温度 4 ℃
	40%(W/V)蔗糖水液	

五、操作步骤

(1) 选择合适的水平式电泳槽,调节电泳槽平面至水平。检查稳压电源与正负极的线路。

（2）选择孔径大小合适的点样梳子，垂直架在电泳胶模的一端，使点样梳子底部离电泳胶模底部的距离为 1.0 mm。

（3）制备 0.7% 琼脂糖凝胶，100 ℃ 水浴加热至琼脂糖融化均匀。

（4）用吸管取少量琼脂糖凝胶溶液将电泳胶模四周密封好，防止浇灌琼脂糖凝胶板时发生渗透。待琼脂糖凝胶冷却至 60 ℃ 左右时，加入一滴溴化乙锭，摇匀，轻轻倒入电泳胶模中，琼脂糖凝胶的厚度在 3～5 mm。倒胶时要避免产生气泡，若有气泡可用吸管小心吸去。

（5）琼脂糖凝胶凝固后，在室温放置 20 min，小心拔掉点样梳子和电泳胶模两端的挡板，保持点样孔的完好。

（6）将电泳胶模放入电泳槽中，加入电泳缓冲液，使电泳缓冲液面高出琼脂糖凝胶表面 1～2 mm。如点样孔内有气泡，用吸管小心吸出，以免影响加样。

（7）将 10 μL DNA 样品与 1/5 体积的溴酚蓝指示剂点样缓冲液混合。上样缓冲液不仅可以提高样品的密度，使样品均匀沉到样品孔内，还可以使样品带颜色，便于上样和估计电泳时间并判断电泳的位置。

（8）用微量移液器将样品小心加入加样孔内，记录样品点样秩序。

（9）盖上电泳槽，开启电源开关，最高电压不超过 5 V·cm^{-1}（100～150 V 恒压电泳），使 DNA 从负极向正极移动。

（10）电泳时间随实验的具体要求而异。电泳一般需 1 h。电泳完毕后关闭电源，戴一次性塑料手套取出凝胶，尽可能将所有的电泳缓冲液淋干，在 254 nm 波长的透射紫外灯下观察。

六、实验参考结果

电泳图如图 10.10 所示。

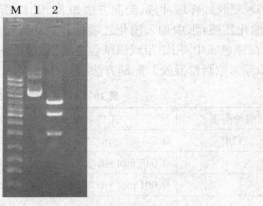

图 10.10　提取的质粒 DNA 及其 EcoR I 酶切产物电泳图

M — 1Kb DNA Ladder；Lane 1 — 质粒 DNA；Lane 2 — 经 EcoR I 酶切的酶切产物

七、思考题

（1）琼脂糖凝胶电泳中 DNA 分子迁移率受哪些因素的影响？

（2）琼脂糖凝胶电泳中有哪些注意事项？

第十一章 仪器分析实验

实验一 电位滴定法测定苯甲酸的含量

一、实验目的

（1）掌握电位滴定的原理和方法。
（2）学习使用电位滴定仪，了解复合玻璃电极。

二、实验原理

苯甲酸为无色、无味片状晶体，微溶于水，易溶于乙醇、乙醚等有机溶剂。苯甲酸及其钠盐可用作乳胶、牙膏、果酱或其他食品的抑菌剂，也可作染色和印色的媒染剂。苯甲酸是弱酸，电离常数 $K_a = 6.2 \times 10^{-5}$，可用 NaOH 标准溶液直接滴定，其反应式为

$$\text{COOH} \quad\quad\quad\quad\quad \text{COONa}$$

$$+ \text{NaOH} \longrightarrow \quad\quad\quad + \text{H}_2\text{O}$$

电位滴定就是在滴定溶液中插入指示电极和参比电极，由滴定过程中电极电位的突跃来指示终点的到达。在酸碱滴定时用 pH 玻璃电极作指示电极，并与一个参比电极组成电池：

玻璃电极｜测定试液‖饱和甘汞电极

在滴定过程中记录 φ 值与滴定液的体积（mL），得到滴定曲线，曲线的斜率变化最大处即滴定终点。为了提高精度，可以将 $\Delta\varphi/\Delta V$（一级微分）对加入滴定剂体积（V）作图，滴定终点就更易确定。有时还作 $\Delta^2\varphi/(\Delta V)^2$（二级微分）对加入滴定剂体积（$V$）作图，$\Delta^2\varphi/(\Delta V)^2 = 0$ 为终点，用它所对应的滴定剂体积来计算滴定物的含量。

DG115-SC 是一种带玻璃电极膜的复合玻璃 pH 电极，适合于直接测量 pH 和水介质中的酸或碱滴定。电极膜能够产生稳定的测量信号，不受溶液搅拌产生的电位变化的影响。电极膜的较大表面积使其不易被堵塞，也容易去除沉淀物。

DL28 全自动电位滴定仪依靠软件支持，可以全程控制滴定过程的操作，采集并分析所得数据，使得滴定操作更快速、简便、准确、精密，自动化程度更高，使人们摆脱了繁琐的手工操作和计算。

三、实验器材

DL28 电位滴定仪；分析天平(AL)；复合玻璃电极(DG115-SC)。

四、实验试剂

(1) 0.1 mol・L^{-1} NaOH 标准溶液；

(2) 中性稀乙醇溶液：取 95% 的乙醇 53 mL，加水至 100 mL，加酚酞指示剂 3 滴，用 NaOH 标准溶液(0.1 mol・L^{-1})滴定至淡红色即得；

(3) 苯甲酸(A.R.)和邻苯二甲酸氢钾(A.R.)。

五、操作步骤

1. 滴定前准备

(1) 按要求安装好滴定仪，接通电源。

(2) 连接电极、搅拌器：将玻璃电极导线接到滴定仪背部上"mV/pH"端，搅拌器导线接到"Overhead Stirrer"端。

(3) 装滴定剂：向滴定剂瓶加入 0.1 mol・L^{-1} NaOH 溶液，使之充满。为防止 NaOH 与 CO$_2$ 发生反应，可将一个干燥管安装在滴定剂瓶的滴定管支架上。

(4) 用滴定剂冲洗滴定管：

① 按"Burette"(滴定管)键，显现"Burette"(滴定管)辅助功能菜单。用箭头选择 "Rinse"(冲洗)并按"Start"以开始冲洗过程。在冲洗过程中屏幕显示"Rinse"。

② 重复两次冲洗过程以确保滴定管已经完全充满并且管内已彻底冲洗。

③ 按"Reset"(复位)键，回到起始屏幕。

2. 滴定剂浓度(0.1 mol・L^{-1} NaOH 标准溶液)标定

(1) 称量邻苯二甲酸氢钾基准试剂并使之溶解。

准确称量 0.2 g 邻苯二甲酸氢钾(滴定仪要求 0.07～0.4 g)，放入一个滴定烧杯中，再加入约 50 mL 的去离子水。将滴定烧杯装到滴定架下面，按逆时针方向旋紧。然后将 pH 电极、搅拌器从滴定架的两个大孔插入滴定烧杯中。

按"Stirrer"(搅拌器)键启动搅拌，使邻苯二甲酸氢钾充分溶解。

(2) 选择测定类型和滴定方法。

① 按"Run"键启动滴定仪，按"F2"键，在"Determination"(测定)选择测定类型："Titer"(滴定度)。

② 下移光标到"Method ID"(方法号)，按数字键盘输入方法号"933"。

③ 按"Run"键或"F3(执行 Start)"键启动。

(3) 开始滴定。

① 用数字键输入基准物质质量，按"Run"键或"F3(OK)"键开始滴定。

在滴定过程中，按"F1(Abort)"为中断试验，按"F2(GrapH)"查看在线滴定曲线的显

示,按"F3(Value)"可切换到数据显示。下列信息显示在显示屏上:

- 已滴定的体积,以【mL】为单位
- 测定电位,以【mV】为单位
- 测定溶液 pH

② 滴定完成后,系统将自动计算出结果,按"F3(OK)"确定返回平行测定的界面。平行测定三次。平行测定结束后,按"F2(Stat.)",查看统计结果,然后按"F3(Save)",仪器自动保存测试结果,即滴定剂浓度 Titer 保存。NaOH 标准溶液实际浓度按下式计算:

$$c = 0.1 \times t$$

③ 顺时针拧下滴定杯并清洗电极和搅拌器,将电极插入电极帽(电解液保护液)中。

3. 苯甲酸含量测定

(1) 称量苯甲酸样品质量并使之溶解。

准确称量 0.26~0.28 g 苯甲酸样品,放入一个滴定烧杯中,再加入约 25 mL 中性稀乙醇。将滴定烧杯装到滴定架下面,按逆时针方向旋紧。然后将 pH 电极、搅拌器从滴定架的两个大孔中插入滴定烧杯中。

按"Stirrer"(搅拌器)键启动搅拌,使苯甲酸充分溶解。

(2) 选择测定类型和滴定方法。

① 按"Run"键启动滴定仪,按"F2"键,在"Determination"(测定)选择测定类型:"Sample"(样品)。

② 下移光标到"Method ID"(方法号),按数字键盘输入方法号"933"。

③ 按"Run"键或"F3(执行 Start)"键启动。

(3) 开始滴定。

① 用数字键输入苯甲酸样品质量,按"Run"键或"F3(OK)"键开始滴定。

在滴定过程中,按"F1(Abort)"为中断试验,按"F2(GrapH)"查看在线滴定曲线的显示,按"F3(Value)"可切换到数据显示。下列信息显示在显示屏上:

- 已滴定的体积,以【mL】为单位
- 测定电位,以【mV】为单位
- 测定溶液 pH

② 滴定完成后,系统将自动计算出结果,按"F3(OK)"确定返回样品平行测定的界面。平行测定三次。平行测定结束后,按"F2(Stat.)",查看统计结果,然后按"F3(Save)"。

③ 实验结束后,顺时针拧下滴定杯并清洗电极和搅拌器,将电极插入电极帽(电解液保护液)中。

六、数据记录与处理

1. 滴定剂浓度标定

滴定剂浓度标定结果记录于表 11.1 中。

表 11.1 滴定剂浓度标定

项　目	第 1 次	第 2 次	第 3 次	平均值	平均偏差
邻苯二甲酸氢钾质量(g)					

续表

项　目	第1次	第2次	第3次	平均值	平均偏差
NaOH 标准溶液的滴定度(t)					
NaOH 标准溶液实际浓度					

2. 苯甲酸含量测定

苯甲酸含量测定结果记录于表 11.2 中。

表 11.2　苯甲酸含量测定

项　目	第1次	第2次	第3次	平均值	平均偏差
苯甲酸样品质量(g)					
苯甲酸样品含量(%)					

七、思考题

(1) 电位滴定法与直接电位法有什么区别?

(2) 电位滴定法如何确定滴定终点?

实验二　电位滴定法测定酱油中氯化钠含量

一、实验目的

(1) 掌握电位滴定的原理和方法。

(2) 学习使用电位滴定仪,了解复合银电极。

二、实验原理

可溶性氯化物中氯含量的测定常采用莫尔法或佛尔哈德法。由于酱油本身的棕色会影响终点颜色的判断,所以酱油中氯化钠含量测定采用电位滴定法。

本实验以 $AgNO_3$ 滴定酱油中 Cl^-,选用适用于银量滴定的组合银电极(DM141-SC)。在滴定过程中记录 φ 值与 $AgNO_3$ 溶液的体积(mL),得到滴定曲线,曲线的斜率变化最大处即滴定终点。

三、实验器材

DL28 电位滴定仪;分析天平(AL);复合银电极(DM141-SC)。

四、实验试剂

（1）NaCl 基准试剂：在 500～600 ℃ 高温炉中灼烧半小时后，放置于干燥器中冷却。也可将 NaCl 置于带盖瓷坩埚中，加热，并不断搅拌，待爆炸声停止后，继续加热 15 min，将坩埚放入干燥器中冷却后备用。

（2）0.1 mol · L^{-1} AgNO$_3$ 标准溶液：称 4.2 g 左右 AgNO$_3$，加不含 Cl$^-$ 的蒸馏水中微热溶解，稀至 250 mL，放入棕色瓶于暗处保存。

五、操作步骤

1. 滴定前准备

（1）按要求安装好滴定仪，接通电源。

（2）连接电极、搅拌器：将电极导线接到滴定仪背部上"mV/pH"端，搅拌器导线接到"Overhead Stirrer"端。

（3）装滴定剂：向滴定剂瓶中加入 0.1 mol · L^{-1} AgNO$_3$ 溶液，使之充满。

（4）用滴定剂冲洗滴定管。

① 按"Burette"（滴定管）键，显现"Burette"（滴定管）辅助功能菜单。用箭头选择"Rinse"（冲洗）并按"Start"以开始冲洗过程。在冲洗过程中屏幕显示"Rinse"。

② 重复两次冲洗过程以确保滴定管已经完全充满并且管内已彻底冲洗。

③ 按"Reset"（复位）键，回到起始屏幕。

2. 滴定剂浓度标定

（1）称量 NaCl 基准试剂并使之溶解。

准确称量 0.05 g NaCl 基准试剂（滴定仪要求 0.01～0.1 g），放入一个滴定烧杯中，再加入约 50 mL 的去离子水。将滴定烧杯装到滴定架下面，按逆时针方向旋紧。然后将 pH 电极、搅拌器从滴定架的两个大孔中插入滴定烧杯中。

按"Stirrer"（搅拌器）键启动搅拌，使 NaCl 充分溶解。

（2）选择测定类型和滴定方法。

① 按"Run"键启动滴定仪，按"F2"键，在"Determination"（测定）选择测定类型："Titer"（滴定度）。

② 下移光标到"Method ID"（方法号），按数字键盘输入方法号"935"。

③ 按"Run"键或"F3（执行 Start）"键启动。

（3）开始滴定。

① 用数字键输入基准物质质量，按"Run"键或"F3（OK）"键开始滴定。

在滴定过程中，按"F1（Abort）"为中试验，按"F2（GrapH）"查看在线滴定曲线的显示，按"F3（Value）"可切换到数据显示。下列信息显示在显示屏上：

· 已滴定的体积，以【mL】为单位

· 测定电位，以【mV】为单位

· 测定溶液 pH

② 滴定完成后,系统将自动计算出结果,按"F3(OK)"确定返回平行测定的界面。平行测定三次。平行测定结束后,按"F2(Stat.)",查看统计结果,然后按"F3(Save)",仪器自动保存测试结果,即滴定剂浓度"Titer"保存。AgNO₃ 标准溶液实际浓度按下式计算:

$$c = 0.1 \times t$$

③ 顺时针拧下滴定杯并清洗电极和搅拌器,将电极插入电极帽(电解液保护液)中。

3. 酱油中氯化钠含量测定

(1) 称量样品的质量。

用加重法精确称量酱油样品 2 g,加入滴定烧杯中,再加入约 50 mL 的去离子水。将滴定烧杯装到滴定架下面,按逆时针方向旋紧。然后将电极、搅拌器从滴定架的两个大孔中插入滴定烧杯中。

(2) 选择测定类型和滴定方法。

① 按"Run"键启动滴定仪,按"F2"键,在"Determination"(测定)选择测定类型:"Sample"(样品)。

② 下移光标到"Method ID"(方法号),按数字键盘输入方法号"935"。

③ 按"Run"键或"F3(执行 Start)"键启动。

(3) 开始滴定。

① 用数字键输入酱油样品质量,按"Run"键或"F3(OK)"键开始滴定。

在滴定过程中,按"Fl(Abort)"为中试验,按"F2(GrapH)"查看在线滴定曲线的显示,按"F3(Value)"可切换到数据显示。下列信息显示在显示屏上:

· 已滴定的体积,以【mL】为单位

· 测定电位,以【mV】为单位

· 测定溶液 pH

② 滴定完成后,系统将自动计算出结果,按"F3(OK)"确定返回样品平行测定的界面。平行测定三次。平行测定结束后,按"F2(Stat.)",查看统计结果,然后按"F3(Save)"。

③ 实验结束后,顺时针拧下滴定杯并清洗电极和搅拌器,将电极插入电极帽(电解液保护液)中。

六、数据记录与处理

1. 滴定剂浓度标定

滴定剂浓度标定结果记录于表 11.3 中。

表 11.3　滴定剂浓度标定

项　目	第1次	第2次	第3次	平均值	平均偏差
NaCl 基准试剂质量(g)					
AgNO₃ 标准溶液滴定度(t)					
AgNO₃ 标准溶液实际浓度					

2. 酱油中氯化钠含量测定

酱油中氯化钠含量测定结果记录于表 11.4 中。

表 11.4 酱油中氯化钠含量测定

项 目	第1次	第2次	第3次	平均值	平均偏差
酱油样品质量(g)					
酱油中氯化钠含量(%)					

七、思考题

(1) 电位滴定法如何确定滴定终点?

(2) 用硝酸银滴定卤素离子,可选用什么作指示电极?

实验三　电位滴定法测定非水条件下 α-氨基酸含量

一、实验目的

(1) 学习非水滴定法的基本原理及特点。

(2) 进一步熟悉 DL28 电位滴定仪使用方法。

二、实验原理

一些非水溶剂与水一样既有酸性又有碱性,具有质子自递作用,如甲醇、乙醇、甲酸、乙酸等。

$$HAc + HAc \Longrightarrow H_2Ac^+ + Ac^-$$

$$\{自递常数\ K = [H_2Ac^+] \cdot [Ac^-], 25\,^{\circ}\!C, pK = 14.45\}$$

酸碱在溶液中的离解是通过溶剂接受质子得以实现的。有些物质在水中碱性很弱,但在酸性较强的冰醋酸中会成为较强的碱,因为冰醋酸比水更易给出质子。

α-氨基酸分子的—NH_2在水溶液中碱性很弱($K_b^{\ominus} = 2.2 \times 10^{-12}$),无法被准确滴定,但在非水介质中,如在冰醋酸中氨基酸可变成较强的碱,可以被强酸 $HClO_4$ 准确滴定。反应式为

$$CH_3—CH—COOH \atop \quad\quad | \atop \quad\quad NH_2 \quad\quad + HClO_4 \longrightarrow \quad CH_3—CH—COOH \atop \quad\quad\quad | \atop \quad\quad\quad NH_3^+\ ClO_4$$

常选用 $HClO_4$ 作滴定剂,以结晶紫为指示剂,产物为 α-氨基酸的高氯酸盐,呈酸性。

标定 $HClO_4$ 常用邻苯二甲酸氢钾为基准物质,它在水溶液中作为酸标定碱,在冰醋酸中作为碱标定酸。

本实验以 $HClO_4$-冰醋酸溶液为滴定剂,选用 DG113-SC 复合玻璃 pH 电极。DG113-SC 是一种带活动套筒芯的复合玻璃 pH 电极,特别适合于直接测量 pH 和非水介质中的酸/

碱滴定。

三、实验器材

DL28 电位滴定仪;分析天平(AL);组合玻璃电极(DG113-SC)。

四、实验试剂

(1) α-氨基酸试样:丙氨酸(A. R.)。

(2) 邻苯二甲酸氢钾(A. R.)。

(3) 冰醋酸(A. R.)。

(4) 乙酸酐(A. R.)。

(5) $0.1 \text{ mol} \cdot \text{L}^{-1}$ HClO$_4$-冰醋酸标准溶液:在低于 25 ℃的 500 mL 冰醋酸中慢慢加入 4 mL 70%~72%的高氯酸,混匀后再加入 8 mL 乙酸酐,仔细搅拌均匀并冷却至室温,放置过夜使试液中所含水分与乙酸酐反应完全。

五、操作步骤

1. 滴定前准备

(1) 按要求安装好滴定仪,接通电源。

(2) 连接电极、搅拌器:将玻璃电极导线接到滴定仪背部上"mV/pH"端,搅拌器导线接到"Overhead Stirrer"端。

(3) 装滴定剂:向滴定剂瓶中加入 $0.1 \text{ mol} \cdot \text{L}^{-1}$ HClO$_4$-冰醋酸滴定剂,使之充满。

(4) 用滴定剂冲洗滴定管。

① 按"Burette"(滴定管)键,显现"Burette"(滴定管)辅助功能菜单。用箭头选择"Rinse"(冲洗)并按"Start"以开始冲洗过程。在冲洗过程中屏幕显示"Rinse"。

② 重复两次冲洗过程以确保滴定管已经完全充满并且管内已彻底冲洗。

③ 按"Reset"(复位)键,回到起始屏幕。

2. HClO$_4$-冰醋酸滴定剂的标定

(1) 称量基准物质邻苯二甲酸氢钾并使之溶解。

准确称量 0.2 g 邻苯二甲酸氢钾(滴定仪要求 0.07~0.4 g),放入一个滴定烧杯中,再加入约 30 mL 冰醋酸。将滴定烧杯装到滴定架下面,按逆时针方向旋紧。然后将 pH 电极、搅拌器从滴定架的两个大孔插入滴定烧杯中。

按"Stirrer"(搅拌器)键启动搅拌,使邻苯二甲酸氢钾充分溶解在冰醋酸中。

(2) 选择测定类型和滴定方法。

① 按"Run"键启动滴定仪,按"F2"键,在"Determination"(测定)选择测定类型:"Titer"(滴定度)。

② 下移光标到"Method ID"(方法号),按数字键盘输入方法号"984"。

③ 按"Run"键或"F3(执行 Start)"键启动。

（3）开始滴定。

① 用数字键输入基准物质质量，按"Run"键或"F3(OK)"键开始滴定。

在滴定过程中，按"F1(Abort)"为中断试验，按"F2(Graph)"查看在线滴定曲线的显示，按"F3(Value)"可切换到数据显示。下列信息显示在显示屏上：

- 已滴定的体积，以【mL】为单位
- 测定电位，以【mV】为单位
- 测定溶液 pH

② 滴定完成后，系统将自动计算出结果，按"F3(OK)"确定返回平行测定的界面。平行测定三次。平行测定结束后，按"F2(Stat.)"，查看统计结果，然后按"F3(Save)"仪器自动保存测试结果，即滴定剂浓度"Titer"保存。$HClO_4$-冰醋酸标准溶液实际浓度按下式计算：

$$c = 0.1 \times t$$

③ 顺时针拧下滴定杯并清洗电极和搅拌器，将电极插入电极帽（电解液保护液）中。

3. α-氨基酸含量的测定

（1）称量 α-氨基酸样品。

准确称量 0.15 g 丙氨酸试样，放入一个滴定烧杯中，再加入约 40 mL 冰醋酸和 2 mL 乙酸酐。将滴定烧杯装到滴定架下面，按逆时针方向旋紧。然后将 pH 电极、搅拌器从滴定架的两个大孔中插入滴定烧杯中。

按"Stirrer"（搅拌器）键启动搅拌，使丙氨酸充分溶解在冰醋酸中。

（2）选择测定类型和滴定方法。

① 按"Run"键启动滴定仪，按"F2"键，在"Determination"（测定）选择测定类型："Sample"（样品）。

② 下移光标到"Method ID"（方法号），按数字键盘输入方法号"984"。

③ 按"Run"键或"F3(执行 Start)"键启动。

（3）开始滴定。

① 用数字键输入丙氨酸试样质量，按"Run"键或"F3(OK)"键开始滴定。

在滴定过程中，按"F1(Abort)"为中断试验，按"F2(Graph)"查看在线滴定曲线的显示，按"F3(Value)"可切换到数据显示。下列信息显示在显示屏上：

- 已滴定的体积，以【mL】为单位
- 测定电位，以【mV】为单位
- 测定溶液 pH

② 滴定完成后，系统将自动计算出结果，按"F3(OK)"确定返回样品平行测定的界面。平行测定三次。平行测定结束后，按"F2(Stat.)"，查看统计结果，然后按"F3(Save)"。

③ 实验结束后，顺时针拧下滴定杯并清洗电极和搅拌器，将电极插入电极帽（电解液保护液）中。

六、数据记录与处理

1. $HClO_4$-冰醋酸滴定剂的标定

$HClO_4$-冰醋酸滴定剂的标定结果记录于表 11.5 中。

表 11.5　HClO₄-冰醋酸滴定剂的标定

项　目	第 1 次	第 2 次	第 3 次	平均值	平均偏差
邻苯二甲酸氢钾质量(g)					
HClO₄-冰醋酸的滴定度(t)					
HClO₄-冰醋酸实际浓度					

2.　α-氨基酸含量的测定

α-氨基酸含量的测定结果记录于表 11.6 中。

表 11.6　α-氨基酸含量的测定

项　目	第 1 次	第 2 次	第 3 次	平均值	平均偏差
α-氨基酸样品质量(g)					
样品中 α-氨基酸含量(%)					

七、思考题

(1) 在 HClO₄-冰醋酸滴定剂中为什么要加入乙酸酐?

(2) 邻苯二甲酸氢钾常用于标定 NaOH 水溶液,为何在本实验中作为标定 HClO₄-冰醋酸的基准物质?

实验四　原子吸收分光光度法测定自来水中镁的含量

一、实验目的

(1) 了解原子吸收分光光度计的基本结构、性能及使用方法。

(2) 掌握原子吸收分光光度法进行某元素测定的方法。

二、实验原理

　　原子吸收分光光度法也称原子吸收光谱法,其基本原理是从光源辐射出的待测元素的特征光谱通过样品的原子蒸气时,被蒸气中待测元素的基态原子所吸收,使通过的光谱强度减弱,根据光谱强度减弱的程度可以测定样品中待测元素的含量。

　　在使用锐线光源和稀溶液的情况下,基态原子蒸气对共振线的吸收符合 Beer 定律:

$$A = \lg \frac{I_0}{I} = KLN_0$$

式中,A 为吸光度;I_0 为入射光强度;I 为经过原子蒸气吸收后透射光强度;K 为吸收系数;L 为辐射光所穿过的原子蒸气光程长度;N_0 为基态原子密度。

在原子蒸气中,欲测元素基态原子的数量与对该同种元素发射特征波长的能量成正比,在试样被原子化、火焰的绝对温度低于 3 000 K 时,可以认为原子蒸气中基态原子的数目实际上接近或等于原子总数,在固定的实验条件下,原子总数与试样浓度 c 的比例是一定的。因此,上式可写为

$$A = K'c$$

该式就是原子吸收分光光度法进行定量分析的基础。

实验中使用火焰原子化方式将试样原子化,采用标准曲线法进行定量测定。

三、实验器材

原子吸收分光光度计;空气压缩机;乙炔钢瓶;电子天平;容量瓶(100 mL、1 000 mL);吸量管(1 mL、2 mL、5 mL、10 mL);烧杯(25 mL、50 mL、100 mL、500 mL);洗瓶;量筒(100 mL)。

四、实验试剂

(1) $2 \text{ mol} \cdot \text{L}^{-1}$ 盐酸。

(2) MgO(A.R.)。

(3) $0.1 \text{ mg} \cdot \text{mL}^{-1}$ 镁标准贮备溶液:准确称取 0.165 8 g MgO(A.R.),加入 30 mL 去离子水,滴加 $2 \text{ mol} \cdot \text{L}^{-1}$ 盐酸至 MgO 完全溶解,移入 1 000 mL 容量瓶中,用去离子水稀释至刻度。

五、操作步骤

1. 镁系列标准溶液的配制

准确吸取 1.00 mL $0.1 \text{ mg} \cdot \text{mL}^{-1}$ 镁标准溶液于 100 mL 容量瓶中,用去离子水稀释至刻度,得到 $1 \text{ } \mu\text{g} \cdot \text{mL}^{-1}$ 镁标准溶液。分别准确取此溶液 1.00 mL、2.00 mL、3.00 mL、4.00 mL、5.00 mL、6.00 mL 置于 6 个干净的 100 mL 容量瓶中,用去离子水稀释至刻度,则溶液的浓度分别为 $0.10 \text{ } \mu\text{g} \cdot \text{mL}^{-1}$,$0.20 \text{ } \mu\text{g} \cdot \text{mL}^{-1}$,$0.30 \text{ } \mu\text{g} \cdot \text{mL}^{-1}$,$0.40 \text{ } \mu\text{g} \cdot \text{mL}^{-1}$,$0.50 \text{ } \mu\text{g} \cdot \text{mL}^{-1}$,$0.60 \text{ } \mu\text{g} \cdot \text{mL}^{-1}$。

2. 原子吸收分光光度计工作条件选择

各元素测定的最佳工作条件如表 11.7 所示。

表 11.7 TAS-986 型原子吸收分光光度计的最佳工作条件

元　素	Mg	Ca	Mn	Zn	Fe	Pb	Cu
分析线(nm)	285.9	422.7	279.5	213.9	248.3	283.3	324.8
灯电流(mA)	2	3	2	3	4	2	4
负高压(V)	250	400	400	350	300	350	350
燃烧器高度(mm)	4	5	4	4	4	4	4

元　　素	Mg	Ca	Mn	Zn	Fe	Pb	Cu
燃烧器位置(mm)	-2	-2	-2	-2	-2	-2	-2
狭缝宽度(nm)	0.4	0.4	0.2	0.4	0.4	0.4	0.4
乙炔流量(L·min^{-1})	1.5	2.1	1.5	1.5	1.5	1.2	1.2
空气流量(L·min^{-1})	6	8	6	6	6	4	4

3．水样中镁含量的测定

(1) 测定所配制的镁系列标准溶液的吸光度值。

按选定的工作条件，用 TAS-986 型原子吸收分光光度计由稀到浓依次测定所配制的镁系列标准溶液的吸光度，记录或储存相应的吸光度值。

(2) 测定水样的吸光度。

按同样条件，用 TAS-986 型原子吸收分光光度计测定水样的吸光度，记录或储存相应的吸光度值。

六、数据记录与处理

(1) 将镁系列标准溶液的吸光度值填入表 11.8 中。

表 11.8　镁系列标准溶液的吸光度值

镁系列标准溶液编号	1	2	3	4	5	6
浓度(μg·mL^{-1})	0.10	0.20	0.30	0.40	0.50	0.60
吸光度值						

以镁系列标准溶液的浓度为横坐标，吸光度值为纵坐标，绘制镁的标准曲线。或由计算机软件直接绘制。

(2) 根据所测得的水样的吸光度值，由绘图查得水样中镁的浓度。或由计算机自动计算出水样中镁的含量(μg·mL^{-1})：

水样的吸光度_____；水样中镁的含量_____(μg·mL^{-1})。

七、思考题

(1) 原子吸收分光光度法为什么要采用锐线光源？

(2) 如何设计一个应用原子吸收分光光度法测定自来水中钙含量的实验？

实验五 荧光光度分析法测定维生素 B₂ 的含量

一、实验目的

（1）学习荧光光度法测定维生素 B₂ 的含量的基本原理和方法。
（2）熟悉荧光光度计的结构及使用方法。

二、实验原理

在经过紫外光或波长较短的可见光照射后，一些物质会发射出比入射光波长更长的荧光。在稀溶液中，荧光强度 I_F 与物质的浓度 c 有以下关系：

$$I_F = 2.303\varphi I_0 \varepsilon b c$$

当实验条件一定时，荧光强度与荧光物质的浓度呈线性关系：

$$I_F = Kc$$

这种以测量荧光的强度和波长为基础的分析方法叫作荧光光度分析法。荧光强度与激发光强度成正比，提高激发光强度，可成倍提高荧光强度。同时，提高仪器灵敏度，可提高荧光光度法的灵敏度。而吸收光度法，无论是提高激发光强度还是提高仪器灵敏度，入射光和出射光同时增大，其灵敏度不变。因此，荧光光度法比吸收光度法灵敏度高。

维生素 B₂（又叫核黄素，VB₂）在 430～440 nm 蓝光照射下，发出绿色荧光，其峰值波长为 535 nm。VB₂ 的荧光强度在 pH 6～7 时最强，在 pH＝11 时基本消失。

维生素 B₂ 是橘黄色无臭的针状结晶，其结构式如下：

维生素 B₂ 易溶于水而不溶于乙醚等有机溶剂，在中性或酸性溶液中稳定，光照易分解，对热稳定。

维生素 B₂ 溶液在 430～440 nm 蓝光的照射下，发出绿色荧光，荧光峰在 535 nm。维生素 B₂ 的荧光强度在 pH＝6～7 时最强，在 pH＝11 的碱性溶液中荧光消失，所以可以用荧光

光度法测定维生素 B_2 的含量。

维生素 B_2 在碱性溶液中经光线照射会发生分解而转化为光黄素,光黄素的荧光比核黄素的荧光强的多,故测定维生素 B_2 的荧光时溶液要控制在酸性范围内,且在避光条件下进行。

三、实验器材

荧光光度计;容量瓶(50 mL、1 000 mL);吸量管(5 mL);棕色试剂瓶;洗瓶。

四、实验试剂

VB_2 对照品;市售 VB_2 片;1% HAc 溶液。

五、操作步骤

1. 标准系列溶液的配制

(1) 10.0 mg·L^{-1} VB_2 标准溶液的配制。

准确称取 10.0 mg VB_2,将其溶解于少量的 1% HAc 溶液中,转移至 1 000 mL 容量瓶中,用 1% HAc 溶液稀释至刻度,摇匀。该溶液应装于棕色试剂瓶中,置阴凉处保存。

(2) 标准系列溶液的配制。

准确移取 1.00 mL、2.00 mL、3.00 mL、4.00 mL 和 5.00 mL 的标准 VB_2 溶液,分别加入 5 个干净的 50 mL 容量瓶中,用蒸馏水稀释至刻度,摇匀。

2. 待测样品液的配制

取市售维生素 B_2 一片,用 1% HAc 溶液溶解,定容成 1 000 mL,贮存于棕色试剂瓶中,置阴凉处保存。

3. 标准溶液的测定

开启仪器,预热。用蒸馏水作空白,合上样品室盖,接通电源,调读数至"0"。用标准溶液中最浓的溶液,调节"满度"旋钮使其荧光读数为满刻度,用此作为荧光测量的基准;然后,从稀至浓的顺序分别测量系列标准溶液的荧光强度。

4. 未知试样的测定

取待测样品液 2.50 mL 置于 50 mL 容量瓶中,用蒸馏水稀释至刻度,摇匀。用与测定标准溶液相同的条件,测量待测样品液的荧光强度,平行测量其荧光强度 3 次。

六、数据记录与处理

(1) 标准曲线绘制(表 11.9)。

表 11.9　标准曲线绘制数据表

管　号	VB$_2$标准溶液（mL）	蒸馏水（mL）	VB$_2$浓度（mg·mL^{-1}）	I（荧光强度）
1	0	50	0	
2	1	49	0.000 2	
3	2.0	48	0.000 4	
4	3.0	47	0.000 6	
5	4.0	46	0.000 8	
6	5.0	45	0.001	

（2）根据待测样品液的荧光强度，从标准曲线上求得样品液的浓度，记录于表11.10中。

表 11.10　样品液浓度测定表

样品编号	1	2	3	平均值
I（荧光强度）				
样品液的浓度				

（3）计算药片中维生素 B$_2$ 的含量_____mg/片。

七、思考题

（1）荧光法对物质进行定性、定量的测定与紫外分光光度法的异同有哪些？
（2）荧光法测定过程中应注意哪些问题？
（3）试解释荧光光度法比吸收光度法灵敏度高的原因？

八、注意事项

（1）在测量荧光强度时，最好用同一个荧光皿，以避免由于荧光皿之间的差异而引起的测量误差。
（2）取荧光皿时，手指拿住棱角处，切不可碰光面，以免污染荧光皿，影响测量。

实验六　气相色谱法测定环己烷-苯混合物各组分的含量

一、实验目的

（1）掌握归一化法定量公式及应用方法。
（2）学会使用气相色谱仪氢火焰离子化检测器（FID）。

二、实验原理

归一化法是把试样中所有组分的含量之和按 100% 计算,以它们相应的色谱峰面积(或峰高)为定量参数,通过下列公式计算各组分的含量:

$$m_i\% = \frac{A_i f'_i}{\sum\limits_{i=1}^{n} A_i f'_i} \times 100\%$$

或

$$m_i\% = \frac{h_i f'_i}{\sum\limits_{i=1}^{n} h_i f'_i} \times 100\%$$

当各组分的含量相近时,计算公式可简化为

$$m_i\% = \frac{A_i}{\sum\limits_{i=1}^{n} A_i} \times 100\%$$

由上式可知,这种方法的条件是:经过色谱分离后,样品中所有组分都要能产生可测量的色谱峰。该法的主要优点是:简便、准确;操作条件变化时对分析结果影响较小。这种分析常用于常量分析,尤其适合于进样量很少而其体积不易准确测量的液体样品。

氢火焰离子化检测器是利用有机物在氢焰的作用下,化学电离而形成离子流,借测定离子流强度进行检测。它具有灵敏度高、响应快、线性范围宽等优点,是目前最常用的检测器之一。由于它的高灵敏度,所以应用比热导检测器要广。缺点是一般只能测定含碳有机物,检测时样品被破坏,同时实验要用三种气体,较麻烦。

三、实验器材

SP-2100 型气相色谱仪;BF-2002 色谱工作站;色谱柱:GDX-102 2 m～3 mm;FID 检测器;载气(H_2 载气流速:40 mL·min^{-1});1 μL 进样器;100 μL 微量注射器;磨口滴瓶;干燥具塞小瓶;10 mL 容量瓶。

四、实验试剂

环己烷(A.R.);苯(A.R.)。

五、操作步骤

1. 配制溶液

(1) 配制样品溶液①(已知含量的环己烷、苯的混合液):分别准确吸取 0.5 mL 环己烷、0.5 mL 苯于试管中,混匀。

(2) 配制样品溶液②(未知样品)。

2. 开启仪器,设置仪器控制参数

(1) 开启氢气发生器。

(2) 打开气相色谱仪主机,按下列条件设置仪器控制参数。

① 柱箱温度:70 ℃;② 进样器温度(或气化室温度):140 ℃;③ 检测器 FID 温度:120 ℃;
④ 量程:10;⑤ 极性:正。

(3) 检查气路的密封性。

(4) 设置色谱工作站参数。

通道:A;采集时间:6 min;起始峰宽水平:5;满屏时间:10;量程:1 000;定量方法:归一。
其他为默认值。

(5) 仪器控制参数设置完成后,当液晶屏幕的右上角显示为"就绪"状态时,按照实验条件,调节好燃气及空气的流量。按点火键5~10 s,检查是否已点着。若检测器点着了,屏幕上的"输出"显示值应大于 0 mV。待基线稳定后,即可进样。进样的同时,用鼠标点击工作站上的"谱图采集"按钮,开始记录图谱。若想在设定的"采集时间"前终止实验,可用鼠标点击工作站上的"手动停止"按钮(红色),然后,储存并处理图谱数据。

3. 测定环己烷、苯的相对校正因子

样品溶液①,进样 1 μL,进样 3 次,记录色谱图。根据不同进样次数得的峰面积平均值,计算相对校正因子。计算公式如下:

$$f'_{环己烷} = \frac{A_{苯} \, m_{环己烷}}{A_{环己烷} \, m_{苯}} f'_{苯}$$

4. 测定未知样品

样品溶液②,进样 1 μL,进样 3 次,记录色谱图。根据不同进样次数得的峰面积平均值,根据被测物和内标物在色谱图上相应的峰面积(或峰高)和相对校正因子,按下式计算各组分的百分含量:

$$m_i\% = \frac{A_i f'_i}{\sum_{i=1}^{n} A_i f'_i} \times 100\%$$

关机时,先关热导检测器,再将各温度设置到室温,最后打开柱温箱降温。待仪器温度降到室温时,方可关闭载气。

六、数据记录与处理

1. 环己烷、苯的相对校正因子测定

环己烷、苯的相对校正因子测定数据记录于表 11.11 中。

表 11.11　环己烷、苯的相对校正因子测定数据表

测定项目	第1次	第2次	第3次	A 平均值
$A_{苯}$（cm²）				
$A_{环己烷}$（cm²）				
$m_{环己烷}$（g）				

续表

测定项目	第1次	第2次	第3次	A 平均值
$m_{苯}$（g）				
相对校正因子				

2. 测定未知样品各组分的百分含量

未知样品各组分的百分含量数据记录于表 11.2 中。

表 11.12　未知样品各组分的百分含量数据表

次 序 测定项目	第1次	第2次	第3次	A 平均值
$A_{苯}$（cm²）				
$A_{环己烷}$（cm²）				
组分的质量分数（%）				

七、思考题

（1）在什么情况下可以用归一化法定量？
（2）为什么归一化法定量时准确度与进样量无关？

实验七　气相色谱法测定无水乙醇中微量水分的含量

一、实验目的

（1）掌握内标定量方法。
（2）掌握相对校正因子的求取方法。
（3）学会使用气相色谱仪热导检测器（TCD）。

二、实验原理

当只需测定试样中某几个组分或试样中所有组分不可能全部出峰时可采用内标法。具体做法是：准确称取样品，加入一定量某种纯物质作为内标物，然后进行色谱分析。根据被测物和内标物在色谱图上相应的峰面积（或峰高）和相对校正因子，求出某组分的含量。因为

$$\frac{m_i}{m_s} = \frac{A_i f'_i}{A_s f'_s}$$

式中，m_i，m_s分别为被测组分和基准物的质量；f_i'，f_s'分别为被测组分和内标物的相对校正因子，且

$$f_i' = \frac{f_i}{f_s} = \frac{A_s m_i}{A_i m_s}$$

$$m_i = \frac{A_i f_i' m_s}{A_s f_s'}$$

$$m_i\% = \frac{m_s}{m} \times 100\% = \frac{A_i f_i' m_s}{A_s f_s' m} \times 100\%$$

m 为样品质量。

在实际工作中，常以内标物本身为基准物，其中 $f_s' = 1$。故被测组分的含量计算公式为

$$m_i\% = \frac{A_i}{A_s} \times \frac{m_s}{m} \times f_i' \times 100\%$$

由上式可见，内标法是通过测量内标物及待测组分的峰面积的相对值来计算的，因而可以在一定程度上消除操作条件等变化所引起的误差。内标法的优点是它的准确性不受进样准确性的影响。

内标法的要求是：内标物必须是待测试样中不存在的；内标法的峰应与试样各组分的峰分开，并尽量接近待分析的组分。

本实验以乙醇作样品，用内标法测定其中水的含量，色谱柱的固定相为 GDX-102，此时出峰顺序以分子量大小顺序出柱，分子量小者先出。

三、实验器材

SP-2100 型气相色谱仪；BF-2002 色谱工作站；TCD 检测器；色谱柱：GDX-102 2 m～3 mm；载气（H_2载气流速：40 mL·min^{-1}）；100～1 000 μL 移液器；10 μL 进样器；磨口滴瓶；干燥具塞小瓶；10 mL 容量瓶。

四、实验试剂

蒸馏水；无水甲醇（A.R.）；95%乙醇（A.R.）。

五、操作步骤

1. 配制溶液

（1）配制样品溶液①：分别准确吸取 0.5 mL 甲醇，0.4 mL 蒸馏水于试管中，混匀。

（2）配制样品溶液②：准确吸取 0.5 mL 甲醇于已定容的 10 mL 95%乙醇容量瓶中，混匀。

2. 开启仪器，设置仪器控制参数

（1）开启氢气发生器。

（2）打开气相色谱仪主机，按下列条件设置仪器控制参数。

① 柱箱温度:110 ℃;② 进样器温度(或气化室温度):160 ℃;③ 检测器 TCD 温度:160 ℃;④ 热丝温度:180 ℃(桥流约为 200 mA);⑤ 放大:10;⑥ 极性:正。

(3) 检查气路的密封性。

(4) 设置色谱工作站参数。

通道:A;采集时间:10 min;起始峰宽水平:5;满屏时间:10;量程:1 000;定量方法:归一。其他为默认值。

(5) 当液晶屏幕的右上角显示为"就绪"状态时,待仪器基线稳定,即可进样。进样的同时,用鼠标点击工作站上的"谱图采集"按钮,开始记录图谱。若想在设定的"采集时间"前终止实验,可用鼠标点击工作站上的"手动停止"按钮(红色),然后,储存并处理图谱数据。

3. 测定水的相对校正因子

样品溶液①,进样 1 μL,进样 3 次。根据不同进样次数得的峰面积平均值,计算相对校正因子。计算公式如下:

$$f'_i = \frac{A_s m_i}{A_i m_s} f'_s$$

4. 测定乙醇中水的含量

样品溶液②,进样 1 μL,进样 3 次。根据不同进样次数得的峰面积平均值,根据被测物和内标物在色谱图上相应的峰面积(或峰高)和相对校正因子,求出 95% 乙醇中水的含量。计算公式如下:

$$m_i\% = \frac{A_i}{A_s} \times \frac{m_s}{m} \times f'_i \times 100\%$$

关机时,先关热导检测器,再将各温度设置到室温,最后打开柱温箱降温。待仪器温度降到室温时,方可关闭载气。

六、数据记录与处理

1. 水的相对校正因子测定

水的相对接正因子测定结果记录于表 11.13 中。

表 11.13　水的相对校正因子测定

测定项目	第 1 次	第 2 次	第 3 次	A 平均值
$A_{水}$(cm²)				
$A_{甲醇}$(cm²)				
$m_{甲醇}$(g)				
$m_{水}$(g)				
相对校正因子				

2. 测定乙醇中水的含量

乙醇中水的含量的测定结果记录于表 11.14 中。

表 11.14 测定乙醇中水的含量

测定项目	第 1 次	第 2 次	第 3 次	A 平均值
$A_水$（cm^2）				
$A_{甲醇}$（cm^2）				
$m_{甲醇}$（g）（内标物）				
$m_样$（g）				
乙醇中水的含量				

七、思考题

（1）作为内标物的条件是什么？加入内标物甲醇的量是如何考虑的？加多了或加少了有什么影响？

（2）若不知道水、甲醇、乙醇的出柱顺序时，可以如何测知？

（3）若用此法测定冰醋酸中的水分，已知 HAc 中含水约为 0.2%（g·mL^{-1}），试设计一个配制溶液的方法（取多少样品？加多少内标物？）。

实验八 高效液相色谱法分析苯甲醇、苯甲醛、苯乙酮

一、实验目的

（1）掌握归一化法定量方法。

（2）理解反相色谱法的原理。

（3）了解高效液相色谱仪的基本结构及主要性能。

二、实验原理

反相色谱法是一种流动相极性大于固定相极性的分配色谱法。一般用非极性固定相（如 Cl(8)C8）；流动相为水或缓冲液，常加入甲醇、乙腈、异丙醇、丙酮、四氢呋喃等与水互溶的有机溶剂以调节保留时间。在反相色谱中，极性大的组分先流出，极性小的组分后流出。根据组分峰面积大小和测得的相对校正因子，就可用归一化定量方法求出各组分的含量。归一化定量公式为

$$m_i\% = \frac{A_i f'_i}{\sum\limits_{i=1}^{n} A_i f'_i} \times 100\%$$

式中，A_i 为组分峰面积，f'_i 为组分的相对校正因子。

三、实验器材

1100 型液相色谱仪；BF-2002 色谱工作站；UVD 检测器（254 nm）；色谱柱：Zorbax ODS（7 μm，ϕ4 mm×150 mm）；定量环；10 μL 移液器；微量注射器。

四、实验试剂

双蒸水；甲醇（色谱纯）；流动相：50%甲醇水溶液，流速：1.2 mL·min^{-1}；苯甲醇、苯甲醛、苯乙酮均为 A.R.级。

五、操作步骤

（1）标准溶液配制：准确称取苯甲醇 0.08 g，苯甲醛 0.02 g，苯乙酮 0.01 g，用甲醇溶解，并转移至 50 mL 容量瓶中，用甲醇稀释至刻度。

（2）按泵、进样器、色谱柱、检测器、记录仪的顺序将仪器连接好，并将流动相准备好。

（3）设置色谱工作站和色谱仪参数。

柱箱温度：53 ℃；通道：A；采集时间：15 min；起始峰宽水平：5；满屏时间：15；满屏量程：25。

满屏量程："工具"→"选项"→"显示"→"在图谱采集过程中自动调节满屏量程以容纳最高点"。若出现平头峰，则应减少进样量或增加 AUFS 值。

其他为默认值。

（4）泵流量放在 0，限压选择在 4 000 PSI，插上泵的电源。开泵，将流量逐渐调至 0.1 mL·min^{-1}。此时流动相开始冲洗、平衡色谱柱。

（5）开通检测器电源，等待仪器自检完成。设定测定波长为 254 nm，AUFS 调整为 1.00。待基线稳定后进样。

（6）进样。

① 载样：逆时针方向旋转把手至尽头，用平头微量注射器抽取 25 μL 样品。由进样器将样品注入色谱柱（进样体积一定大于样品环体积）。

② 进样：顺时针方向旋转把手至尽头，环中样品即被流动相冲入色谱柱，同时在记录纸上做记号。当样品在 ODS 色谱柱上不被保留，其 $t_R = t_0$。

③ 注入标准溶液 3.0 μL，记录各组分的保留时间，重复 3 次。再分别注入纯品对照出峰时间。

④ 注入样品溶液 3.0 μL，记录各组分的保留时间，重复 3 次。

⑤ 按要求关闭仪器。

六、数据记录与处理

（1）确定样品中各组分的出峰顺序，出峰面积记录于表 11.15 中。

表 11.15　样品中各组分的出峰面积

测定项目	第 1 次	第 2 次	第 3 次	峰面积平均值
$A_{苯甲醇}$（cm^2）				
$A_{苯甲醛}$（cm^2）				
$A_{苯乙酮}$（cm^2）				

（2）求各组分的相对校正因子，将相关数据记录于表 11.16 中。

表 11.16　各组分的相对校正因子

组　分 　　测定项目	峰面积平均值	质量（g）	相对校正因子
苯甲醇			
苯甲醛			
苯乙酮			

（3）求样品中各组分的质量分数，将相关数据记录于表 11.17 中。

表 11.17　样品中各组分的质量分数

测定项目 　　进样次序		第 1 次	第 2 次	第 3 次	峰面积平均值
$A_{苯甲醇}$（cm^2）					
$A_{苯甲醛}$（cm^2）					
$A_{苯乙酮}$（cm^2）					
组分的质量分数	$m_{苯甲醇}\%$				
	$m_{苯甲醛}\%$				
	$m_{苯乙酮}\%$				

七、思考题

（1）什么是反相色谱？其最常用的固定相和流动相是什么？

（2）流动相在使用前为什么要进行脱气？

（3）采用定量环进样，用微量注射器进样时，是否需要非常准确？

实验九 高效液相色谱法分析咖啡中咖啡因含量

一、实验目的

(1) 理解和学习反相色谱的原理和应用。
(2) 掌握标准曲线定量法。
(3) 学习高效液相色谱仪的操作。

二、实验原理

高效液相色谱实验采用的标准曲线定量法与分光光度分析中的标准曲线法相似,即用欲测组分的标准样品绘制标准工作曲线。具体做法是:用标准样品配制成不同浓度的标准系列,在与欲测组分相同的色谱条件下,等体积准确量进样,测量各峰的峰面积或峰高,用峰面积或峰高对样品浓度绘制标准工作曲线,此标准工作曲线应是通过原点的直线。若标准工作曲线不通过原点,说明测定方法存在误差。标准工作曲线的斜率即为绝对校正因子。

在测定样品的组分含量时,要用与绘制的标准工作曲线完全相同的色谱条件作出色谱图,测量色谱峰的峰面积或峰高,然后根据峰面积和峰高在标准工作曲线上直接查出进入色谱柱中样品组分的浓度。根据进入色谱柱中样品组分的浓度、样品处理条件及进液量可计算出原样品中该组分的含量。

咖啡因又称咖啡碱,属黄嘌呤衍生物,化学名称为1,3,7-三甲基黄嘌呤,是可由茶叶或咖啡中提取而得的一种生物碱。它能兴奋大脑皮层,使人精神兴奋。咖啡中含咖啡因约为1.2%~1.8%,茶叶中约含2.0%~4.7%。可乐饮料、APC药片等中均含咖啡因。其分子式为 $C_8H_{10}O_2N_4$。样品在碱性条件下,用氯仿定量提取,采用 EconospHere C18 反相液相色谱柱进行分离,以紫外检测器进行检测,以咖啡因标准系列溶液的色谱峰面积对其浓度作工作曲线,再根据样品中的咖啡因峰面积,由工作曲线算出其浓度。

三、实验器材

LC-10A 液相色谱仪;C-R6A 数据处理机;色谱柱:EconospHere C18(100 mm×4.6 cm,3 μm);平头微量注射器。

四、实验试剂

甲醇(色谱纯);二次蒸馏水;氯仿(A. R.);1 mol · L^{-1} NaOH 溶液;NaCl(A. R.);Na_2SO_4(A. R.);咖啡因(A. R.);咖啡(1 000 mg · L^{-1} 咖啡因标准贮备溶液:将咖啡因在

110 ℃下烘干 1 h。准确称取 0.100 0 g 咖啡因,用氯仿溶解,定量转移至 100 mL 容量瓶中,用氯仿稀释至刻度)。

五、操作步骤

1. 色谱条件

柱温:室温;流动相:甲醇/水 = 60/40;流动相流量:1.0 mL·min^{-1};检测波长:275 nm。

2. 配制溶液

(1) 咖啡因标准系列溶液配制。

分别用吸量管吸取 0.40 mL、0.60 mL、0.80 mL、1.00 mL、1.20 mL、1.40 mL 咖啡因标准贮备液于 6 只 10 mL 容量瓶中,用氯仿定容至刻度,浓度分别为 40 mg·L^{-1},60 mg·L^{-1},80 mg·L^{-1},100 mg·L^{-1},120 mg·L^{-1},140 mg·L^{-1}。

(2) 样品制备。

准确称取 0.25 g 咖啡,用蒸馏水溶解,定量转移至 100 mL 容量瓶中,定容至刻度,摇匀。样品溶液分别进行干过滤(即用干漏斗、干滤纸过滤),弃去前过滤液,取后面的过滤液 25.00 mL 于 125 mL 分液漏斗中,加入 1.0 mL 饱和氯化钠溶液,1 mL 1 mol·L^{-1} NaOH 溶液,然后用 20 mL 氯仿分三次萃取(10 mL、5 mL、5 mL)。将氯仿提取液分离后经过装有无水硫酸钠小漏斗(在小漏斗的颈部放一团脱脂棉,上面铺一层无水硫酸钠)脱水,过滤于 25 mL 容量瓶中,最后用少量氯仿多次洗涤无水硫酸钠小漏斗,将洗涤液合并至容量瓶中,定容至刻度。

3. 绘制工作曲线

待液相色谱仪基线平直后,分别注入咖啡因标准系列溶液 10 μL,重复二次,要求二次所得的咖啡因色谱峰面积基本一致,否则继续进样,直至每次进样色谱峰面积重复,记下峰面积和保留时间。

4. 样品测定

分别注入样品溶液 10 μL,根据保留时间确定样品中咖啡因色谱峰的位置,再重复二次,记下咖啡因色谱峰面积。

实验结束后,按要求关好仪器。

六、数据记录与处理

(1) 根据咖啡因标准系列溶液的色谱图,绘制咖啡因峰面积与其浓度的关系曲线,将相关数据记录于表 11.18 中。

表 11.18　咖啡因峰面积与其浓度的关系曲线

咖啡因标准溶液浓度(mg·L^{-1})	40	60	80	100	120	140
保留时间(min)						
$A_{咖啡因}$(cm^2)						

(2) 根据样品中咖啡因色谱峰的峰面积,由工作曲线计算咖啡中咖啡因含量,将相关数

据记录于表 11.19 中。

表 11.19   咖啡中咖啡因含量测定

样　品	第一次	第二次	平均值
保留时间（min）			
$A_{咖啡因}$（cm^2）			
$h_{咖啡因}$（cm）			
咖啡中咖啡因含量			

七、思考题

(1) 用标准曲线法定量的优缺点是什么？

(2) 若标准曲线用咖啡因浓度对峰高作图，能给出准确结果吗？与本实验的标准曲线相比何者优越？为什么？

(3) 在样品干过滤时，为什么要弃去前过滤液？这样做会不会影响实验结果？为什么？

(4) 高效液相色谱柱一般可在室温下进行分离，而气相色谱柱则必须恒温，为什么？

八、注意事项

(1) 测定咖啡因的传统方法是先经萃取，再用分光光度法测定。由于一些具有紫外吸收的杂质同时被萃取，所以，测定结果具有一定误差。液相色谱法先经色谱柱高效分离后再检测分析，测定结果正确。实际样品成分往往比较复杂，如果不先萃取而直接进样，虽然操作简单，但会影响色谱柱寿命。

(2) 不同牌号的咖啡中咖啡因含量不大相同，称取的样品量可酌量增减。

(3) 若样品和标准溶液需保存，应置于冰箱中。

(4) 为获得良好结果，标准和样品的进样量要严格保持一致。

实验十   有机阳离子交换树脂交换容量的测定

一、实验目的

(1) 了解离子交换树脂交换容量的意义。

(2) 掌握阳离子交换树脂总交换容量和工作交换容量的测定原理和方法。

二、实验原理

离子交换剂可分为无机离子交换剂和有机离子交换剂两大类。有机离子交换剂常称为离子交换树脂。

离子交换树脂的交换容量是指每克干燥树脂或每毫升溶胀后的树脂所能交换的物质的量(mmol),用 Q 表示,它等于树脂所能交换离子的物质的量 n 除以交换树脂体积 V 或除以交换树脂的质量 m,即

$$Q = \frac{n}{V},\text{单位:mmol} \cdot \text{mL}^{-1}(\text{湿树脂})$$

或

$$Q = \frac{n}{m},\text{单位:mmol} \cdot \text{g}^{-1}(\text{干树脂})$$

上式表明,树脂的交换容量 Q 是单位体积或单位质量干树脂所能交换的物质的量。一般常用的树脂的 Q 约为 3 mmol · mL^{-1} 或 3 mmol · g^{-1}。

交换容量有总交换容量和工作交换容量之分。

总交换容量是用静态法(树脂和试液在一容器中达到交换平衡的分离法)测定的树脂内所有可交换基团全部发生交换时的交换容量,又称全交换容量。

工作交换容量是指在一定操作条件下,用动态法(柱上离子交换分离法)实际所测得的交换容量,它与溶液离子浓度、树脂床高度、流量、粒度大小以及交换形式等因素有关。

本实验是用酸碱滴定法测定强酸性阳离子交换树脂的总交换容量和工作交换容量。阳离子交换树脂可简写为 RH,当一定量的氢型阳离子树脂 RH 与一定量过量的 NaOH 标准溶液混合,达到交换平衡时:

$$\text{RH} + \text{NaOH} = \text{RNa} + \text{H}_2\text{O}$$

用 HCl 标准溶液滴定过量的 NaOH,即可求出树脂的总交换容量 Q。

当一定量的氢型阳离子交换树脂装入交换柱中后,用 Na$_2$SO$_4$ 溶液以一定的流速通过此交换柱时,Na$_2$SO$_4$ 中的 Na$^+$ 离子将与 RH 发生交换反应:

$$\text{RH} + \text{Na}^+ = \text{RNa} + \text{H}^+$$

交换出来的 H$^+$,用 NaOH 标准溶液滴定,可求得树脂的工作交换容量。

三、实验器材

烘箱;锥形瓶;25 mL 移液管;强酸性阳离子交换树脂 001×7 型;离子交换柱(可用 25 mL 酸式滴定管代替);玻璃棉(用蒸馏水浸泡洗净)。

四、实验试剂

3 mol · L^{-1} 盐酸;0.1 mol · L^{-1} NaOH 标准溶液;0.1 mol · L^{-1} 盐酸标准溶液;2.0 g · L^{-1} 酚酞-乙醇溶液;0.5 mol · L^{-1} Na$_2$SO$_4$ 溶液。

五、操作步骤

1. 树脂的预处理

市售的阳离子交换树脂,一般为 Na 型(RNa),使用前需将树脂用酸处理,使它转变

为 H 型：

$$RNa + H^+ \rightleftharpoons RH + Na^+$$

称取 20 g 苯乙烯阳离子交换树脂于烧杯中，加入 150 mL 3 mol·L^{-1} HCl 溶液，搅拌，浸泡 1～2 天。倾出上层 HCl 清液，换以新鲜的 3 mol·L^{-1} HCl 溶液，再浸泡 1～2 天，经常搅拌。倾出上层 HCl 溶液，用蒸馏水漂洗树脂直至中性，即得到 H 型阳离子交换树脂 RH。

2．阳离子交换树脂总交换容量的测定

（1）氢型树脂 RH 的干燥。

将预处理好的 RH 树脂用滤纸压干后，装于培养皿中，在 105 ℃ 下干燥 1 h，取出放于干燥器中，冷却至室温后称量得 m_1。然后再将树脂放回 105 ℃ 的烘箱中烘 0.5 h，取出，冷却，称量得 m_2，直至恒重为止。

（2）静态交换平衡。

准确称取干燥恒重的氢型阳离子交换树脂 1.000 g，放于 250 mL 干燥带塞的锥形瓶中，准确加入 100 mL 0.1 mol·L^{-1} NaOH 标准溶液，摇匀，盖好锥形瓶，放置 24 h，使之达到交换平衡。

（3）过量 NaOH 溶液的滴定。

用移液管从锥形瓶中准确移取 25 mL 交换后的 NaOH 溶液，加入 2 滴酚酞指示剂，用 0.1 mol·L^{-1} HCl 标准溶液滴定至红色刚好褪去，即为终点，记下消耗的 HCl 标准溶液体积，平行滴定三次。按下式计算树脂的总交换容量 Q（单位为 mmol·g^{-1}）：

$$Q = \frac{(c_{NaOH} V_{NaOH} - c_{HCl} V_{HCl})}{m_{干树脂}} \times \frac{100.00}{25.00} \quad (mmol \cdot g^{-1})$$

（4）使用过的树脂回收在一烧杯中，统一进行再生处理。

3．阳离子交换树脂工作交换容量的测定

（1）装柱。

将玻璃棉搓成花生米大小的小球，通过长玻璃棒将其装入酸式滴定管的下部，并使其平整。加入 10 mL 左右蒸馏水。将一定量 RH 树脂浸泡在水溶液中，用玻璃棒边搅拌边倒入酸式滴定管中，柱高 20 cm 左右。用蒸馏水将树脂洗成中性（用 pH 试纸检查），放出柱中多余的水，使柱的树脂上部余下 1 mL 左右水的液面。

注意 装柱和下步的交换过程中，不能出现树脂床流干的现象。流干时，形成固-气相，交换不能进行。流干现象容易从产生的气泡看出来。出现流干时，必须重新装柱。

（2）交换。

向交换柱中不断加入 0.5 mol·L^{-1} Na$_2$SO$_4$ 溶液，用 250 mL 容量瓶收集流出液，调节流量为 2～3 mL·min^{-1}。流过 100 mL Na$_2$SO$_4$ 溶液后，经常检查流出液的 pH，直至流出的 Na$_2$SO$_4$ 溶液与加入的 Na$_2$SO$_4$ 溶液 pH 相同时，停止加入 Na$_2$SO$_4$ 溶液，交换完毕。将收集液稀释至 250 mL，摇匀。

（3）工作交换容量的测定。

用移液管移取上述收集液 25 mL 3 份于 3 个 250 mL 锥形瓶中，均加入 2 滴酚酞，用 0.1 mol·L^{-1} NaOH 标准溶液滴定至微红色，记下消耗 NaOH 标准溶液体积。按下面公式计算 Q：

$$Q = \frac{(c_{NaOH} V_{NaOH})}{m_{树脂}} \times \frac{250.00}{25.00}$$

（4）实验完毕，将树脂统一回收到烧杯中，以便再生。取出玻璃棉。

六、数据记录与处理

1. 阳离子交换树脂总交换容量的测定

树脂总交换容量的测定的数据记录于表 11.20 中。

表 11.20　树脂总交换容量的测定

测定项目	第 1 次	第 2 次	平均值	相对相差
消耗的 HCl 标准溶液体积(mL)				
干树脂质量(g)				
树脂的总交换容量 Q(mmol·g^{-1})				

2. 阳离子交换树脂工作交换容量的测定

树脂工作交换容量的测定的数据记录于表 11.21 中。

表 11.21　树脂工作交换容量的测定

测定项目	第 1 次	第 2 次	平均值	相对相差
消耗的 NaOH 标准溶液体积(mL)				
干树脂质量(g)				
树脂的工作交换容量 Q(mmol·g^{-1})				

七、思考题

（1）市售树脂使用前应如何处理？

（2）交换过程中，柱中产生气泡，有何危害？

（3）根据强酸性阳离子交换树脂交换容量的测定原理，试设计测定强碱性阴离子交换树脂的交换容量测定方法。

（4）离子交换柱的形状大小(柱高、柱内径大小)对分离效果有何影响？

附　录

附录一　常用酸碱溶液的相对密度、质量分数与物质的量浓度对应表

名　称	化学式	分子量	比　重	质量分数（W/W）	物质的量浓度（粗略）（mol·L⁻¹）	1 L 1 mol·L⁻¹溶液所需量（mL）
盐酸	HCl	36.47	1.19	37.2%	12	84
			1.18	35.4%	11.8	
			1.1	20%	6	
硫酸	H₂SO₄	98.09	1.84	95.6%	18	28
			1.18	24.8%	3	
硝酸	HNO₃	63.02	1.42	70.98%	16	63
			1.4	65.3%	14.5	
			1.2	32.36%	6.1	
冰醋酸	CH₃COOH	60.05	1.05	99.5%	17.4	59
醋酸	CH₃COOH	60.05	1.075	80%	14.3	69.93
磷酸	H₃PO₄	98.06	1.71	85%	15	67
氨水	NH₄OH	35.05	0.9		15	67
			0.904	27%	14.3	70
			0.91	25%	13.4	
			0.96	10%	5.6	
氢氧化钠	NaOH	40	1.5	50%	19	53

附录二　弱酸、弱碱的解离常数

一、无机酸在水溶液中的解离常数(25℃)

名　称	化学式	K_a	pK_a
偏铝酸	$HAlO_2$	6.3×10^{-13}	12.2
亚砷酸	H_3AsO_3	6.0×10^{-10}	9.22
砷酸	H_3AsO_4	$6.3\times10^{-3}(K_1)$	2.2
		$1.05\times10^{-7}(K_2)$	6.98
		$3.2\times10^{-12}(K_3)$	11.5
硼酸	H_3BO_3	$5.8\times10^{-10}\ (K_1)$	9.24
		$1.8\times10^{-13}(K_2)$	12.74
		$1.6\times10^{-14}(K_3)$	13.8
次溴酸	$HBrO$	2.4×10^{-9}	8.62
氢氰酸	HCN	6.2×10^{-10}	9.21
碳酸	H_2CO_3	$4.2\times10^{-7}(K_1)$	6.38
		$5.6\times10^{-11}(K_2)$	10.25
次氯酸	$HClO$	3.2×10^{-8}	7.5
氢氟酸	HF	6.61×10^{-4}	3.18
高碘酸	HIO_4	2.8×10^{-2}	1.56
亚硝酸	HNO_2	5.1×10^{-4}	3.29
次磷酸	H_3PO_2	5.9×10^{-2}	1.23
亚磷酸	H_3PO_3	$5.0\times10^{-2}(K_1)$	1.3
		$2.5\times10^{-7}(K_2)$	6.6
磷酸	H_3PO_4	$7.52\times10^{-3}(K_1)$	2.12
		$6.31\times10^{-8}(K_2)$	7.2
		$4.4\times10^{-13}(K_3)$	12.36
焦磷酸	$H_4P_2O_7$	$3.0\times10^{-2}(K_1)$	1.52
		$4.4\times10^{-3}(K_2)$	2.36
		$2.5\times10^{-7}(K_3)$	6.6
		$5.6\times10^{-10}(K_4)$	9.25

名　称	化学式	K_a	pK_a
氢硫酸	H_2S	$1.3 \times 10^{-7}(K_1)$	6.88
		$7.1 \times 10^{-15}(K_2)$	14.15
亚硫酸	H_2SO_3	$1.23 \times 10^{-2}(K_1)$	1.91
		$6.6 \times 10^{-8}(K_2)$	7.18
硫酸	H_2SO_4	$1.0 \times 10^3(K_1)$	-3
		$1.02 \times 10^{-2}(K_2)$	1.99
硫代硫酸	$H_2S_2O_3$	$2.52 \times 10^{-1}(K_1)$	0.6
		$1.9 \times 10^{-2}(K_2)$	1.72
硅酸	H_2SiO_3	$1.7 \times 10^{-10}(K_1)$	9.77
		$1.6 \times 10^{-12}(K_2)$	11.8

二、有机酸在水溶液中的解离常数(25 ℃)

名　称	化学式	K_a	pK_a
甲酸	$HCOOH$	1.8×10^{-4}	3.75
乙酸	CH_3COOH	1.74×10^{-5}	4.76
草酸	$(COOH)_2$	$5.4 \times 10^{-2}(K_1)$	1.27
		$5.4 \times 10^{-5}(K_2)$	4.27
甘氨酸	$CH_2(NH_2)COOH$	1.7×10^{-10}	9.78
一氯乙酸	$CH_2ClCOOH$	1.4×10^{-3}	2.86
二氯乙酸	$CHCl_2COOH$	5.0×10^{-2}	1.3
三氯乙酸	CCl_3COOH	2.0×10^{-1}	0.7
丙酸	CH_3CH_2COOH	1.35×10^{-5}	4.87
丙烯酸	$CH_2 = CHCOOH$	5.5×10^{-5}	4.26
乳酸(丙醇酸)	$CH_3CHOHCOOH$	1.4×10^{-4}	3.86
丙二酸	$HOCOCH_2COOH$	$1.4 \times 10^{-3}(K_1)$	2.85
		$2.2 \times 10^{-6}(K_2)$	5.66
甘油酸	$HOCH_2CHOHCOOH$	2.29×10^{-4}	3.64
丙酮酸	$CH_3COCOOH$	3.2×10^{-3}	2.49
正丁酸	$CH_3(CH_2)_2COOH$	1.52×10^{-5}	4.82
异丁酸	$(CH_3)_2CHCOOH$	1.41×10^{-5}	4.85
3-丁烯酸	$CH_2 = CHCH_2COOH$	2.1×10^{-5}	4.68
异丁烯酸	$CH_2 = C(CH_2)COOH$	2.2×10^{-5}	4.66

名　称	化学式	K_a	pK_a
反丁烯二酸(富马酸)	HOCOCH—CHCOOH	$9.3 \times 10^{-4}(K_1)$	3.03
		$3.6 \times 10^{-5}(K_2)$	4.44
顺丁烯二酸(马来酸)	HOCOCH—CHCOOH	$1.2 \times 10^{-2}(K_1)$	1.92
		$5.9 \times 10^{-7}(K_2)$	6.23
酒石酸	HOCOCH(OH)—CH(OH)COOH	$1.04 \times 10^{-3}(K_1)$	2.98
		$4.55 \times 10^{-5}(K_2)$	4.34
正戊酸	$CH_3(CH_2)_3COOH$	1.4×10^{-5}	4.86
异戊酸	$(CH_3)_2CHCH_2COOH$	1.67×10^{-5}	4.78
戊二酸	$HOCO(CH_2)_3COOH$	$1.7 \times 10^{-4}(K_1)$	3.77
		$8.3 \times 10^{-7}(K_2)$	6.08
谷氨酸	HOCOCH$_2$CH$_2$—CH(NH$_2$)COOH	$7.4 \times 10^{-3}(K_1)$	2.13
		$4.9 \times 10^{-5}(K_2)$	4.31
		$4.4 \times 10^{-10}(K_3)$	9.358
正己酸	$CH_3(CH_2)_4COOH$	1.39×10^{-5}	4.86
异己酸	$(CH_3)_2CH(CH_2)_3$—COOH	1.43×10^{-5}	4.85
己二酸	HOCOCH$_2$CH$_2$CH$_2$—CH$_2$COOH	$3.8 \times 10^{-5}(K_1)$	4.42
		$3.9 \times 10^{-6}(K_2)$	5.41
柠檬酸	HOCOCH$_2$C(OH)—(COOH)CH$_2$COOH	$7.4 \times 10^{-4}(K_1)$	3.13
		$1.7 \times 10^{-5}(K_2)$	4.76
		$4.0 \times 10^{-7}(K_3)$	6.4
苯酚	C_6H_5OH	1.1×10^{-10}	9.96
邻苯二酚	$(o)C_6H_4(OH)_2$	3.6×10^{-10}	9.45
		1.6×10^{-13}	12.8
间苯二酚	$(m)C_6H_4(OH)_2$	$3.6 \times 10^{-10}(K_1)$	9.3
		$8.71 \times 10^{-12}(K_2)$	11.06
对苯二酚	$(p)C_6H_4(OH)_2$	1.1×10^{-10}	9.96
2,4,6-三硝基苯酚	$2,4,6\text{-}(NO_2)_3C_6H_2OH$	5.1×10^{-1}	0.29
苯甲酸	C_6H_5COOH	6.3×10^{-5}	4.2
水杨酸	$C_6H_4(OH)COOH$	$1.05 \times 10^{-3}(K_1)$	2.98
		$4.17 \times 10^{-13}(K_2)$	12.38
邻硝基苯甲酸	$(o)NO_2C_6H_4COOH$	6.6×10^{-3}	2.18
间硝基苯甲酸	$(m)NO_2C_6H_4COOH$	3.5×10^{-4}	3.46

名　称	化学式	K_a	pK_a
对硝基苯甲酸	$(p)NO_2C_6H_4COOH$	3.6×10^{-4}	3.44
邻苯二甲酸	$(o)C_6H_4(COOH)_2$	$1.1\times10^{-3}(K_1)$	2.96
		$4.0\times10^{-6}(K_2)$	5.4
间苯二甲酸	$(m)C_6H_4(COOH)_2$	$2.4\times10^{-4}(K_1)$	3.62
		$2.5\times10^{-5}(K_2)$	4.6
对苯二甲酸	$(p)C_6H_4(COOH)_2$	$2.9\times10^{-4}(K_1)$	3.54
		$3.5\times10^{-5}(K_2)$	4.46
乙二胺四乙酸 （EDTA）	$CH_2-N(CH_2COOH)_2$	$1.0\times10^{-2}(K_1)$	2
		$2.14\times10^{-3}(K_2)$	2.67
		$6.92\times10^{-7}(K_3)$	6.16
		$5.5\times10^{-11}(K_4)$	10.26

三、无机碱在水溶液中的解离常数（25 ℃）

名　称	化学式	K_b	pK_b
氢氧化铝	$Al(OH)_3$	$1.38\times10^{-9}(K_3)$	8.86
氢氧化银	$AgOH$	1.10×10^{-4}	3.96
氢氧化钙	$Ca(OH)_2$	3.72×10^{-3}	2.43
		3.98×10^{-2}	1.4
氨水	NH_3+H_2O	1.78×10^{-5}	4.75
氢氧化铅	$Pb(OH)_2$	$9.55\times10^{-4}(K_1)$	3.02
		$3.0\times10^{-8}(K_2)$	7.52
氢氧化锌	$Zn(OH)_2$	9.55×10^{-4}	3.02

四、有机碱在水溶液中的解离常数（25 ℃）

名　称	化学式	K_b	pK_b
甲胺	CH_3NH_2	4.17×10^{-4}	3.38
尿素（脲）	$CO(NH_2)_2$	1.5×10^{-14}	13.82
乙胺	$CH_3CH_2NH_2$	4.27×10^{-4}	3.37
乙醇胺	$H_2N(CH_2)_2OH$	3.16×10^{-5}	4.5
乙二胺	$H_2N(CH_2)_2NH_2$	$8.51\times10^{-5}(K_1)$	4.07
		$7.08\times10^{-8}(K_2)$	7.15

名　称	化学式	K_b	pK_b
二甲胺	$(CH_3)_2NH$	5.89×10^{-4}	3.23
三甲胺	$(CH_3)_3N$	6.31×10^{-5}	4.2
三乙胺	$(C_2H_5)_3N$	5.25×10^{-4}	3.28
丙胺	$C_3H_7NH_2$	3.70×10^{-4}	3.432
异丙胺	$i\text{-}C_3H_7NH_2$	4.37×10^{-4}	3.36
1,3-丙二胺	$NH_2(CH_2)_3NH_2$	$2.95\times10^{-4}(K_1)$	3.53
		$3.09\times10^{-6}(K_2)$	5.51
1,2-丙二胺	$CH_3CH(NH_2)CH_2NH_2$	$5.25\times10^{-5}(K_1)$	4.28
		$4.05\times10^{-8}(K_2)$	7.393
三丙胺	$(CH_3CH_2CH_2)_3N$	4.57×10^{-4}	3.34
三乙醇胺	$(HOCH_2CH_2)_3N$	5.75×10^{-7}	6.24
丁胺	$C_4H_9NH_2$	4.37×10^{-4}	3.36
异丁胺	$C_4H_9NH_2$	2.57×10^{-4}	3.59
叔丁胺	$C_4H_9NH_2$	4.84×10^{-4}	3.315
己胺	$H(CH_2)_6NH_2$	4.37×10^{-4}	3.36
苯胺	$C_6H_5NH_2$	3.98×10^{-10}	9.4
苄胺	C_7H_9N	2.24×10^{-5}	4.65
环己胺	$C_6H_{11}NH_2$	4.37×10^{-4}	3.36
吡啶	C_5H_5N	1.48×10^{-9}	8.83
邻氨基苯酚	$(o)H_2NC_6H_4OH$	5.2×10^{-5}	4.28
		1.9×10^{-5}	4.72
间氨基苯酚	$(m)H_2NC_6H_4OH$	7.4×10^{-5}	4.13
		6.8×10^{-5}	4.17
对氨基苯酚	$(p)H_2NC_6H_4OH$	2.0×10^{-4}	3.7
		3.2×10^{-6}	5.5
邻甲苯胺	$(o)CH_3C_6H_4NH_2$	2.82×10^{-10}	9.55
间甲苯胺	$(m)CH_3C_6H_4NH_2$	5.13×10^{-10}	9.29
对甲苯胺	$(p)CH_3C_6H_4NH_2$	1.20×10^{-9}	8.92
二苯胺	$(C_6H_5)_2NH$	7.94×10^{-14}	13.1
联苯胺	$H_2NC_6H_4C_6H_4NH_2$	$5.01\times10^{-10}(K_1)$	9.3
		$4.27\times10^{-11}(K_2)$	10.37

附录三　难溶电解质的溶度积常数（298.15 K）

难溶化合物	K_{sp}	难溶化合物	K_{sp}
$Ag_2C_2O_4$	3.4×10^{-11}	$CdC_2O_4 \cdot 3H_2O$	9.1×10^{-8}
Ag_2CO_3	8.1×10^{-12}	$CdCO_3$	5.2×10^{-12}
$Ag_2Cr_2O_7$	2.0×10^{-7}	CdS	8.0×10^{-27}
Ag_2CrO_4	1.1×10^{-12}	$Co(OH)_2$	1.6×10^{-15}
Ag_2S	6.3×10^{-50}	$Co(OH)_3$	2.0×10^{-44}
Ag_2SO_3	1.5×10^{-14}	$Co_3(PO_4)_2$	2.0×10^{-35}
Ag_2SO_4	1.4×10^{-5}	$CoCO_3$	1.4×10^{-13}
Ag_3AsO_4	1.0×10^{-22}	$CoHPO_4$	2.0×10^{-7}
Ag_3PO_4	1.4×10^{-16}	$\alpha\text{-}CoS$	4.0×10^{-21}
$AgBr$	5.0×10^{-13}	$\beta\text{-}CoS$	2.0×10^{-25}
$AgCl$	1.8×10^{-10}	$Cr(OH)_3$	6.3×10^{-31}
$AgCN$	1.2×10^{-16}	CrF_3	6.6×10^{-11}
AgI	8.3×10^{-17}	$Cu(IO_3)_2$	7.4×10^{-8}
$AgIO_3$	3.0×10^{-8}	$Cu(OH)_2$	2.2×10^{-20}
$AgOH$	2.0×10^{-8}	$Cu_2[Fe(CN)_6]$	1.3×10^{-16}
$AgSCN$	1.0×10^{-12}	Cu_2S	2.5×10^{-48}
$Al(OH)_3$	1.3×10^{-33}	CuS	6.3×10^{-36}
$AlPO_4$	6.3×10^{-19}	$Cu_3(PO_4)_2$	1.3×10^{-37}
As_2S_3	2.1×10^{-22}	$CuBr$	5.2×10^{-9}
$Ba_3(PO_4)_2$	3.4×10^{-23}	CuC_2O_4	2.3×10^{-8}
BaC_2O_4	1.6×10^{-7}	$CuCl$	1.2×10^{-6}
$BaCO_3$	5.1×10^{-9}	$CuCN$	3.2×10^{-20}
$BaCrO_4$	1.2×10^{-10}	$CuCO_3$	1.4×10^{-10}
BaF_2	1.0×10^{-6}	CuI	1.1×10^{-12}
$BaHPO_4$	3.2×10^{-7}	$CuSCN$	4.8×10^{-15}
$BaSO_3$	8.0×10^{-7}	$Fe(OH)_2$	8.0×10^{-16}
$BaSO_4$	1.1×10^{-10}	$Fe(OH)_3$	4.0×10^{-38}
$Be(OH)_2$无定形	1.6×10^{-22}	$FeCO_3$	3.2×10^{-11}
$BeCO_3 \cdot 4H_2O$	1.0×10^{-3}	$FePO_4$	1.3×10^{-22}
$Bi(OH)_3$	4.0×10^{-31}	FeS	3.7×10^{-19}

续表

难溶化合物	K_{sp}	难溶化合物	K_{sp}
$BiPO_4$	1.3×10^{-23}	Hg_2Cl_2	1.3×10^{-18}
Bi_2S_3	1.0×10^{-97}	$Hg(OH)_2$	3×10^{-26}
BiI_3	8.1×10^{-19}	$Hg_2(CN)_2$	5×10^{-40}
$BiO(NO_3)$	2.8×10^{-13}	$Hg_2(SCN)_2$	2.0×10^{-20}
$BiO(OH)$	4.0×10^{-10}	$Hg_2(OH)_2$	2×10^{-24}
$BiOBr$	3.0×10^{-7}	Hg_2Br_2	5.8×10^{-23}
$BiOCl$	1.8×10^{-31}	Hg_2CO_3	8.9×10^{-17}
$BiPO_4$	1.3×10^{-23}	$Hg_2C_2O_4$	2.0×10^{-13}
$Ca(OH)_2$	5.5×10^{-6}	Hg_2I_2	4.5×10^{-29}
$Ca[SiF_6]$	8.1×10^{-4}	Hg_2S	1.0×10^{-47}
$Ca_3(PO_4)_2$	2.0×10^{-29}	Hg_2SO_4	7.4×10^{-7}
$CaC_2O_4 \cdot H_2O$	4.0×10^{-9}	$HgS(黑)$	1.6×10^{-52}
$CaCO_3$	2.8×10^{-9}	$HgS(红)$	4.0×10^{-53}
$CaCrO_4$	7.1×10^{-4}	$K_2[PtCl_6]$	7.5×10^{-6}
CaF_2	2.7×10^{-11}	$K_2[SiF_6]$	8.7×10^{-7}
$CaHPO_4$	1.0×10^{-7}	Li_2CO_3	8.1×10^{-4}
$CaSiO_3$	2.5×10^{-8}	LiF	1.8×10^{-3}
$CaSO_3$	6.8×10^{-8}	Li_3PO_4	3.2×10^{-9}
$CaSO_4$	9.1×10^{-6}	$Mg(OH)_2$	1.8×10^{-11}
$CaWO_4$	8.7×10^{-9}	$MgCO_3$	3.5×10^{-8}
$Cd(OH)_2$	2.5×10^{-14}	MgF_2	6.5×10^{-9}
$Cd_3(PO_4)_2$	2.5×10^{-33}	$MgNH_4PO_4$	2.5×10^{-13}

附录四　标准电极电势

半反应	$E^{\ominus}(V)$	半反应	$E^{\ominus}(V)$
$Li^+ + e^- = Li$	3.045	$AgCl + e^- = Ag + Cl^-$	0.22
$K^+ + e^- = K$	2.942	$IO_3^- + 3H_2O + 6e^- = I^- + 6OH^-$	0.26
$Ba^{2+} + 2e^- = Ba$	2.90	$Hg_2Cl_2 + 2e^- = 2Hg^+ + 2Cl^-$	0.268
$Sr^{2+} + 2e^- = Sr$	2.86	$(0.1 \, mol \cdot L^- NaOH)$	
$Ca^{2+} + 2e^- = Ca$	2.76	$Cu^{2+} + 2e^- = Cu$	0.340

续表

半反应	$E^\ominus$ (V)	半反应	$E^\ominus$ (V)
$Na^+ + e^- = Na$	2.711	$VO^{2+} + 2H^+ + e^- = V^{3+} + H_2O$	0.36
$Mg^{2+} + 2e^- = Mg$	2.375	$Fe(CN)_6^{3-} + e^- = Fe(CN)_6^{4-}$	0.36
$Al^{3+} + 3e^- = Al$	1.706	$2H_2SO_4 + 2H^+ + 4e^- = S_2O_3^{2-} + 3H_2O$	0.40
$ZnO_2^{2-} + 2H_2O + 2e^- = Zn + 4OH^-$	1.216	$Cu^+ + e^- = Cu$	0.522
$Mn^{2+} + 2e^- = Mn$	1.18	$I_3^- + 2e^- = 3I^-$	0.534
$Sn(OH)_6^{2-} + 2e^- = HSnO_2^- + 3OH^- + H_2O$	0.96	$I_2 + 2e^- = 2I^-$	0.535
$SO_4^{2-} + H_2O + 2e^- = SO_3^{2-} + 2OH^-$	0.92	$IO_3^- + 2H_2O + 4e^- = IO^- + 4OH^-$	0.56
$TiO_2 + 4H^+ + 4e^- = Ti + 2H_2O$	0.89	$MnO_4^- + e^- = MnO_4^{2-}$	0.56
$2H_2O + 2e^- = H_2 + 2OH^-$	0.828	$H_3AsO_4 + 2H^+ + 2e^- = HAsO_2 + 2H_2O$	0.56
$HSnO_2^- + H_2O + 2e^- = Sn + 3OH^-$	0.79	$MnO_4^- + 2H_2O + 3e^- = MnO_2 + 4OH^-$	0.58
$Zn^{2+} + 2e^- = Zn$	0.763	$O_2 + 2H^+ + 2e^- = 2H_2O_2$	0.682
$Cr^{3+} + 3e^- = Cr$	0.74	$Fe^{3+} + e^- = Fe^{2+}$	0.77
$AsO_4^{3-} + 2H_2O + 2e^- = AsO_2^- + 4OH^-$	0.71	$Hg_2^{2+} + 2e^- = 2Hg$	0.796
$S + 2e^- = S^{2-}$	0.608	$Ag^+ + e^- = Ag$	0.799
$2CO_2 + 2H^+ + 2e^- = H_2C_2O_4$	0.49	$Hg^{2+} + 2e^- = Hg$	0.851
$Cr^{3+} + e^- = Cr^{2+}$	0.41	$2Hg^{2+} + 2e^- = Hg_2^{2+}$	0.907
$Fe^{2+} + 2e^- = Fe$	0.409	$NO_3^- + 3H^+ + 2e^- = HNO_2 + H_2O$	0.94
$Cd^{2+} + 2e^- = Cd$	0.403	$NO_3^- + 4H^+ + 3e^- = NO + 2H_2O$	0.96
$Cu_2O + H_2O + 2e^- = 2Cu + 2OH^-$	0.361	$HNO_2 + H^+ + e^- = NO + 2H_2O$	0.99
$Co^{2+} + 2e^- = Co$	0.28	$VO_2^+ + H^+ + e^- = VO^{2+} + H_2O$	1.00
$Ni^{2+} + 2e^- = Ni$	0.246	$N_2O_4 + 4H^+ + 4e^- = 2NO + 2H_2O$	1.03
$AgI + e^- = Ag + I^-$	0.15	$Br_2 + 2e^- = 2Br^-$	1.08
$Sn^{2+} + 2e^- = Sn$	0.136	$IO_3^- + 6H^+ + 6e^- = I^- + 3H_2O$	1.085
$Pb^{2+} + 2e^- = Pb$	0.126	$IO_3^- + 6H^+ + 5e^- = 1/2I_2 + 3H_2O$	1.195
$CrO_4^{2-} + 4H_2O + 3e^- = Cr(OH)_3 + 5OH^-$	0.12	$MnO_2 + 4H^+ + 2e^- = Mn^{2+} + 2H_2O$	1.23
$Ag_2S + 2H^+ + 2e^- = 2Ag + H_2S$	0.036	$O_2 + 4H^+ + 4e^- = 2H_2O$	1.23
$Fe^{3+} + 3e^- = Fe$	0.036	$Au^{3+} + 2e^- = Au^+$	1.29
$2H^+ + 2e^- = H_2$	0.000	$Cr_2O_7^{2-} + 14H^+ + 6e^- = 2Cr^{3+} + 7H_2O$	1.33
$NO_3^- + H_2O + 2e^- = NO_2^- + 2OH^-$	0.01	$Cl_2 + 2e^- = 2Cl^-$	1.358
$TiO^{2+} + 2H^+ + e^- = Ti^{3+} + H_2O$	0.10	$BrO_3^- + 6H^+ + 6e^- = Br^- + 3H_2O$	1.44
$S_4O_6^{2-} + 2e^- = 2S_2O_3^{2-}$	0.09	$Ce^{4+} + e^- = Ce^{3+}$	1.443

半反应	$E^{\ominus}$(V)	半反应	$E^{\ominus}$(V)
$AgBr + e^- = Ag + Br^-$	0.10	$ClO_3^- + 6H^+ + 6e^- = Cl^- + 3H_2O$	1.45
$S + 2H^+ + 2e^- = H_2S$(水溶液)	0.141	$PbO_2 + 4H^+ + 2e^- = Pb^{2+} + 2H_2O$	1.46
$Sn^{4+} + 2e^- = Sn^{2+}$	0.15	$MnO_4^- + 8H^+ + 5e^- = Mn^{2+} + 4H_2O$	1.491
$Cu^{2+} + e^- = Cu^+$	0.158	$Mn^{3+} + e^- = Mn^{2+}$	1.51
$BiOCl + 2H^+ + 3e^- = Bi + Cl^- + H_2O$	0.158	$BrO_3^- + 6H^+ + 5e^- = 1/2Br_2 + 3H_2O$	1.52
$SO_4^{2-} + 4H^+ + 2e^- = H_2SO_3 + H_2O$	0.20	$HClO + H^+ + e^- = 1/2Cl_2 + H_2O$	1.63
$MnO_4^- + 4H^+ + 3e^- = MnO_2 + 2H_2O$	1.679	$S_2O_8^{2-} + 5H_2O + 2e^- = 2SO_4^{2-} + 10H^+$	2.000
$H_2O_2 + 2H^+ + 2e^- = 2H_2O$	1.776	$O_3 + 2H^+ + 2e^- = O_2 + H_2O$	2.07
$Co^{3+} + e^- = Co^{2+}$	1.842	$F_2 + 2e^- = 2F^-$	2.87

附录五　　不同温度下水的密度

t(℃)	水 ρ(kg·m^{-3})	t(℃)	水 ρ(kg·m^{-3})	t(℃)	水 ρ(kg·m^{-3})	t(℃)	水 ρ(kg·m^{-3})
0	999.842 5	11	999.608 1	22	997.773 5	33	994.706 0
1	999.901 5	12	999.500 4	23	997.541 5	34	994.374 5
2	999.942 9	13	999.380 1	24	997.299 5	35	994.034 9
3	999.967 2	14	999.247 4	25	997.047 9	36	993.687 2
4	999.975 0	15	999.102 6	26	996.786 7	37	993.331 6
5	999.966 8	16	998.946 0	27	996.516 2	38	992.968 3
6	999.943 2	17	998.777 9	28	996.236 5	39	992.597 3
7	999.904 5	18	998.598 6	29	995.947 8	40	992.218 7
8	999.851 2	19	998.408 2	30	995.650 2	50	988.039 3
9	999.783 8	20	998.207 1	31	995.344 0	90	965.323 0
10	999.702 6	21	997.995 5	32	995.029 2		

附录六　不同温度下水的表面张力 σ(mN·m⁻¹)

t(℃)	σ	t(℃)	σ	t(℃)	σ	t(℃)	σ
0	75.64	17	73.19	26	71.82	60	66.18
5	74.92	18	73.05	27	71.66	70	64.42
10	74.22	19	72.90	28	71.50	80	62.61
11	74.07	20	72.75	29	71.35	90	60.75
12	73.93	21	72.59	30	71.18	100	58.85
13	73.78	22	72.44	35	70.38	110	56.89
14	73.64	23	72.28	40	69.56	120	54.89
15	73.59	24	72.13	45	68.74	130	52.84
16	73.34	25	71.97	50	67.91		

附录七　不同温度下水的饱和蒸汽压

温度℃	饱和蒸汽压 ×10² Pa	温度℃	饱和蒸汽压 ×10² Pa	温度℃	饱和蒸汽压 ×10² Pa	温度℃	饱和蒸汽压 ×10² Pa
0	6.105	13	14.973	26	33.609	39	69.917
1	6.567	14	15.981	27	35.649	40	73.759
2	7.058	15	17.049	28	37.796	41	77.78
3	7.579	16	18.177	29	40.054	42	81.99
4	8.134	17	19.372	30	42.429	43	86.39
5	8.723	18	20.634	31	44.923	44	91
6	9.35	19	21.968	32	47.547	45	95.83
7	10.017	20	23.378	33	50.301	46	100.86
8	10.726	21	24.865	34	53.193	47	106.12
9	11.478	22	26.434	35	56.229	48	111.6
10	12.278	23	28.088	36	59.412	49	117.35
11	13.124	24	29.834	37	62.751	50	123.34
12	14.023	25	31.672	38	66.251	51	1 013.25

附录八　常用酸、碱指示剂

中文名	变色 pH 范围	酸性色	碱性色	浓度(%)	溶　剂	100 mL 指示剂需 0.1 mol·L^{-1} NaOH 的量(mL)
间甲酚紫	1.2~2.8	红	黄	0.04	稀碱	1.05
麝香草酚蓝	1.2~2.8	红	黄	0.04	稀碱	0.86
溴酚蓝	3.0~4.6	黄	紫	0.04	稀碱	0.6
甲基橙	3.1~4.4	红	黄	0.02	水	—
溴甲酚绿	3.8~5.4	黄	蓝	0.04	稀碱	0.58
甲基红	4.4~6.2	红	黄	0.1	50%乙醇	—
氯酚红	4.8~6.4	黄	红	0.04	稀碱	0.94
溴酚红	5.2~6.8	黄	红	0.04	稀碱	0.78
溴甲酚紫	5.2~6.8	黄	紫	0.04	稀碱	0.74
溴麝香草酚蓝	6.0~7.6	黄	蓝	0.04	稀碱	0.64
酚红	6.4~8.2	黄	红	0.02	稀碱	1.13
中性红	6.8~8.0	红	黄	0.01	50%乙醇	—
甲酚红	7.2~8.8	黄	紫红	0.04	稀碱	1.05
间甲酚紫	7.4~9.0	黄	紫	0.04	稀碱	1.05
麝香草酚蓝	8.0~9.6	黄	蓝	0.04	稀碱	0.86
酚酞	8.2~10.0	无色	紫	0.1	96%乙醇	—
麝香草酚酞	9.3~10.5	无色	紫	0.1	50%乙醇	—
茜素黄 R	10.0~12.1	淡黄	棕红	0.1	50%乙醇	—

参 考 文 献

[1] 大连理工大学无机化学教研室.无机化学实验[M].2版.北京:高等教育出版社,2004.

[2] 陈若愚,朱建飞.无机与分析化学实验[M].2版.北京:化学工业出版社,2010.

[3] 武汉大学化学与分子科学学院实验中心.无机化学实验[M].2版.武汉:武汉大学出版社,2012.

[4] 北京师范大学无机化学教研室.无机化学实验[M].3版.北京:高等教育出版社,2001.

[5] 李生英,白林,徐飞.无机化学实验[M].北京:化学工业出版社,2008.

[6] 朱湛,傅引霞.无机化学实验[M].北京:北京理工大学出版社,2007.

[7] 吴建中.无机化学实验[M].北京:化学工业出版社,2008.

[8] 南京大学化学实验教学组.大学化学实验[M].北京:高等教育出版社,2002.

[9] 赵滨,马林,沈建中,等.无机与分析化学实验[M].上海:复旦大学出版社,2008.

[10] 吴茂英,肖楚民.微型无机化学实验[M].北京:化学工业出版社,2012.

[11] 丁杰.无机化学实验[M].北京:化学工业出版社,2010.

[12] 郑文杰,杨芳,刘应亮.无机化学实验[M].3版.广州:暨南大学出版社,2010.

[13] 文利柏,虎玉森,白红进.无机化学实验[M].北京:化学工业出版社,2012.

[14] 朱竹青,朱荣华.无机及分析化学实验[M].北京:中国农业大学出版社,2008.

[15] 周祖新.无机化学实验[M].上海:上海交通大学出版社,2009.

[16] 罗盛旭,范春蕾,王小红.无机及分析化学实验[M].北京:现代教育出版社,2008.

[17] 董彦杰.化学基础实验[M].北京:化学工业出版社,2012.

[18] 王小逸,夏定国.化学实验研究的基本技术与方法[M].北京:化学工业出版社,2011.

[19] 浙江大学化学系.基础化学实验[M].北京:科学出版社,2005.

[20] 四川大学化工学院,浙江大学化学系.分析化学实验[M].3版.北京:高等教育出版社,2002.

[21] 胡广林,张雪梅,徐宝荣.分析化学实验[M].北京:化学工业出版社,2010.

[22] 林志强.综合化学实验[M].北京:科学出版社,2005.

[23] 高占先.有机化学实验[M].4版.北京:高等教育出版社,2004.

[24] 赖桂春,朱文.有机化学实验[M].北京:中国农业大学出版社,2009.

[25] 黄涛,张治民.有机化学实验[M].2版.北京:高等教育出版社,1998.

[26] 汪清廉,沈凤嘉.有机化学实验[M].2版.北京:高等教育出版社,1994.

[27] 姜艳,韩国防.有机化学实验[M].2版.北京:化学工业出版社,2010.

[28] 赵建庄,符史良.有机化学实验[M].2版.北京:高等教育出版社,2007.

[29] 关烨第,李翠娟,葛树丰.有机化学实验[M].2版.北京:北京大学出版社,2002.

[30] 罗鸣,石士考,张雪英.物理化学实验[M].北京:化学工业出版社,2012.

[31] 王军,杨冬梅,张丽君,刘晓霞.物理化学实验[M].北京:化学工业出版社,2010.

[32] 庞素娟,吴洪达,等.物理化学实验[M].武汉:华中科技大学出版社,2009.

[33] 华南师范大学化学实验教学中心.物理化学实验[M].北京:化学工业出版社,2008.

[34] 唐林,孟阿兰,刘红天.物理化学实验[M].北京:化学工业出版社,2008.

[35] 夏海涛,等.物理化学实验[M].哈尔滨:哈尔滨工业大学出版社,2003.

[36] 杨仲年,曹允洁,徐秋红,等.物理化学实验[M].北京:化学工业出版社,2012.

[37] 武汉大学化学与分子科学学院实验中心.物理化学实验[M].2版.武汉:武汉大学出版社,2008.

[38] 沈阳化工大学物理化学教研室.物理化学实验[M].北京:化学工业出版社,2012.

[39] 郭子成,杨建一,罗青枝.物理化学实验[M].北京:北京理工大学出版社,2005.

[40] 张师愚,杨惠森.物理化学实验[M].北京:科学出版社,2002.

[41] 陈大勇,高永煜.物理化学实验[M].上海:华东理工大学出版社,2000.

[42] 华南理工大学物理化学教研室.物理化学实验[M].广州:华南理工大学出版社,2003.

[43] 淮阴师范学院化学系.物理化学实验[M].2版.北京:高等教育出版社,2003.

[44] 北京大学化学系物理化学教研室.物理化学实验[M].3版.北京:北京大学出版社,1995.

[45] 韩喜江,张天云.物理化学实验[M].哈尔滨:哈尔滨工业大学出版社,2004.

[46] 复旦大学,等.物理化学实验[M].3版.北京:高等教育出版社,2004.

[47] 王舜.物理化学组合实验[M].北京:科学出版社,2011.

[48] 冯玉红,等.现代仪器分析实用教程[M].北京:北京大学出版社,2008.

[49] 北京大学生物系生物化学教研室.生物化学实验指导[M].北京:高等教育出版社,1990.

[50] 吕淑霞.基础生物化学实验指导[M].北京:中国农业出版社,2003.

[51] 白玲,霍群.基础生物化学实验[M].2版.上海:复旦大学出版社,2008.

[52] 胡琼英,狄洌.生物化学实验[M].北京:化学工业出版社,2008.

[53] 张龙翔,张庭芳,李令媛.生化实验方法和技术[M].2版.北京:高等教育出版社,2003.

[54] 王秀奇,秦淑媛,高天慧,等.基础生物化学实验[M].2版.北京:高等教育出版社,2002.

[55] 刘志国,等.生物化学实验[M].武汉:华中科技大学出版社,2007.

[56] 李健武,等.生物化学实验原理和方法[M].北京:北京大学出版社,2004.

[57] 刘永军,郭守华,杨晓玲.植物生理生化实验[M].北京:中国农业科技出版社,2002.

[58] 张剑荣,戚苓,方惠群.仪器分析实验[M].北京:科学出版社,2002.

[59] 王亦军,吕海涛.仪器分析实验[M].北京:化学工业出版社,2009.

[60] 白玲,石国荣,罗盛旭.仪器分析实验[M].北京:化学工业出版社,2010.

[61] 李志富,干宁,颜军.仪器分析实验[M].武汉:华中科技大学出版社,2012.

[62] 史永刚.仪器分析实验技术[M].北京:中国石化出版社,2012.

[63] 罗立强,徐引娟.仪器分析实验[M].北京:中国石化出版社,2012.